Heike Homrighausen

Klett

Ich kann ... Mathe

Lineare und quadratische Funktionen und Gleichungen

7. – 10. Klasse

Mathematik

Schritt für Schritt verstehen

Klett Lerntraining

Heike Homrighausen ist Gymnasiallehrerin für Mathematik, in der Lehreraus- und -weiterbildung tätig und langjährige Autorin von Lernhilfen.

Bibliografische Information der Deutschen Nationalbibliothek
Die Deutsche Nationalbibliothek verzeichnet diese Publikation in der Deutschen Nationalbibliografie; detaillierte bibliografische Daten sind im Internet über http://dnb.dnb.de abrufbar.

Auflage 3 2 | 2017 2016 2015
Die letzten Zahlen bezeichnen jeweils die Auflage und das Jahr des Druckes.

www.klett-lerntraining.de

Redaktion: Ulrike Klein, Berlin; Julia Mühleisen
Covergestaltung und Layout: Sabine Kaufmann, Stuttgart
Titelfoto: Corbis (Mike Kemp/Blend Images), Düsseldorf
Illustrationen: Dr. Martin Lay, Breisach a. Rh.: S. 59, 60
Satz: DTP-studio Andrea Eckhardt, Göppingen
Druck: Grafisches Centrum Cuno GmbH & Co. KG, Calbe (Saale)
Printed in Germany
ISBN 978-3-12-927344-9

Inhaltsverzeichnis

5 Quadratische Funktionen

Kompetenzübersicht

1 Lineare Funktionen

Ich kann ...

2 Eigenschaften von linearen Funktionen – Lösen von linearen Gleichungen

Ich kann ...

3 Lagebeziehungen von Geraden – Lineare Gleichungssysteme

Ich kann …

4 Verschiedene Lösungsverfahren für quadratische Gleichungen

Ich kann …

5 Quadratische Funktionen

Ich kann ...

Liebe Schülerin, lieber Schüler,

mit diesem Buch kannst du den Themenbereich „Lineare und quadratische Funktionen und Gleichungen“ wiederholen und üben – in ganz kleinen Schritten.

Der komplette Stoff ist **Kompetenzen** zugeordnet – die kennst du vielleicht aus der Schule. Kompetenzen fangen immer mit dem Satz „Ich kann …“ an und beschreiben genau, was du können musst.

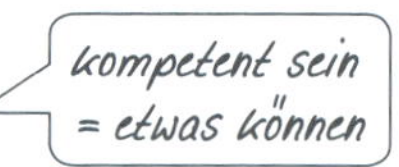

So arbeitest du mit dem Buch:
Suche dir im Inhaltsverzeichnis das Thema heraus, das du wiederholen möchtest. (Suchst du nach einer einzelnen Kompetenz, findest du sie in der Kompetenzübersicht.)

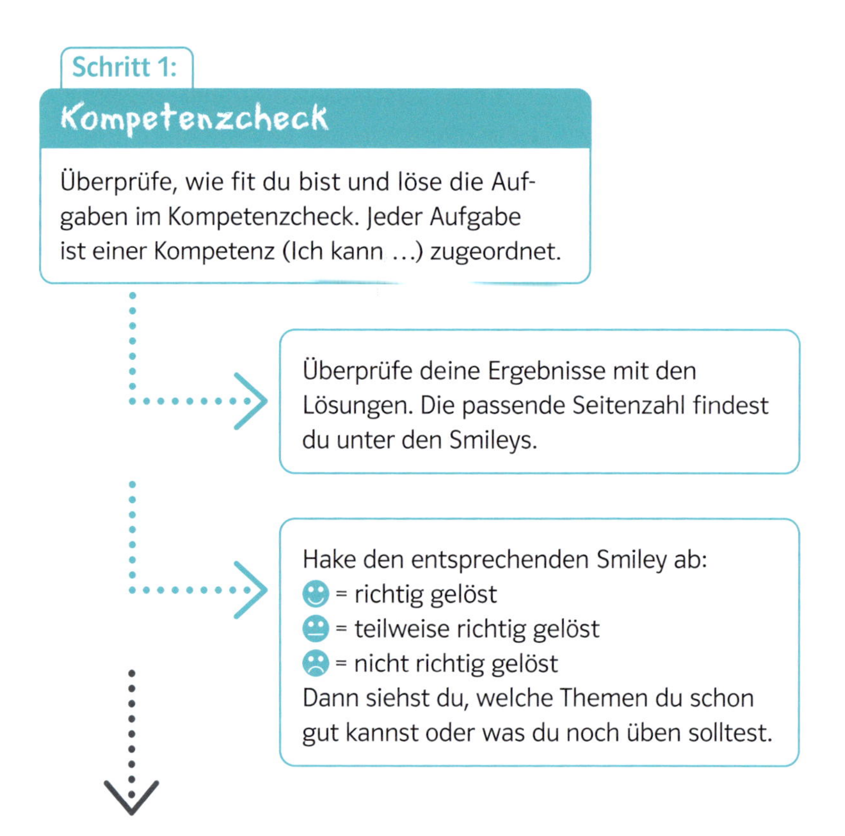

Schritt 2:

Schritt-für-Schritt-Erklärungen

Lies die Erklärungen gründlich durch. Hier findest du alle wichtigen Fachbegriffe und Formeln. Alles ist ganz kleinschrittig und mit vielen Beispielen erklärt, damit du leicht verstehst, wie du vorgehen musst und was du beachten solltest.

Schritt 3:

Übungsaufgaben

Löse die Übungsaufgaben. An den Punkten neben der Aufgabennummer siehst du, wie schwierig die Aufgabe ist. (●○○ = leicht, ●●○ = mittel, ●●● = schwierig)

Die Lösungen zu den Aufgaben findest du hinten im Buch. Sei ehrlich zu dir selbst und sieh erst nach, wenn du Aufgaben fertig bearbeitet hast.

Schritt 4:

Abschlusskompetenzcheck

Wenn du ein ganzes Kapitel abgeschlossen hast, teste dich mit dem Abschlusskompetenzcheck. Er enthält Aufgaben zu allen Kompetenzen des Kapitels.

Überprüfe deine Ergebnisse mit den Lösungen hinten im Buch und hake richtig gelöste Aufgaben ab.

Wir wünschen dir viel Erfolg!

1 Lineare Funktionen

Was sind Zuordnungen und Funktionen?

Kompetenzcheck

Ich kann …	Aufgabe	Ergebnis
… entscheiden, ob ein Graph zu einer Funktion gehört oder nicht.	**Aufgabe 1** Welcher Graph gehört zu einer Funktion? Kreuze an. a) ☐ b) ☐ c) ☐	→ S. 158
… entscheiden, ob eine Zuordnung eine Funktion ist oder nicht.	**Aufgabe 2** Welche Zuordnung ist eine Funktion? Kreuze an. ☐ Zahl → das Doppelte der Zahl ☐ Alter → Körpergröße ☐ Kantenlänge eines Würfels → Volumen	→ S. 158
… verschiedene Darstellungsformen einer Funktion ineinander übersetzen.	**Aufgabe 3** Ordne die Funktionsterme f, g und h jeweils einer Wertetabelle a), b), c) und einem Graphen ① – ③ zu. (Wertetabellen siehe unten) $f(x) = -x + 1$ $g(x) = x^2$ $h(x) = \frac{1}{2}x$ a) ______ b) ______ c) ______	→ S. 158

Wertetabellen zu Aufgabe 3:

a)

x	y
0	1
1	0
2	−1

b)

x	y
0	0
1	0,5
2	1

c)

x	y
0	0
1	1
2	4

Schritt-für-Schritt-Erklärung

Fachbegriffe

Was ist eine Zuordnung?

Häufig gibt es Situationen, in denen eine erste **gegebene Größe** (Ausgangsgröße) eine **zweite Größe bestimmt**. Dies nennt man mathematisch auch eine **Zuordnung**, d.h., einer gegebenen Größe wird eine zweite Größe **zugeordnet**. Eine Zuordnung kann auf verschiedene Arten dargestellt werden:

Die zweite Größe ist abhängig von der ersten gegebenen Größe.

- **tabellarisch**
  In einer **Wertetabelle** wird jeder Ausgangsgröße ein Wert zugeordnet.

a)

Alter in Jahren	10	11	12
Körpergröße (in cm)	134 – 138	138 – 143	143 – 149

b)

Äpfel (in kg)	0,5	1	2	2,5
Preis (in €)	0,75	1,50	3	3,75

- **durch eine Zuordnungsvorschrift**
  Die Zuordnungsvorschrift sagt, wie die zugeordnete Größe bestimmt bzw. berechnet werden kann.

in Worten

a) Alter → Körpergröße
„Dem Alter wird die Körpergröße zugeordnet."

b) Gewicht der Äpfel → Preis
„Dem Gewicht wird der Preis zugeordnet."
oder
„Der Preis ist abhängig vom Gewicht".

Der Pfeil bedeutet „wird zugeordnet".

Rechenvorschrift

a) –

b) $x \rightarrow 1{,}5 \cdot x$

- **grafisch in einem Koordinatensystem**
  Die gegebene Größe (Ausgangsgröße) wird an der x-Achse abgetragen, die zugeordnete Größe an der y-Achse.

a) Körpergröße (in cm) über Alter: 130, 135, 140, 145, 150; 9, 10, 11, 12, 13, 14, 15, 16, 17, 18, Alter

b)

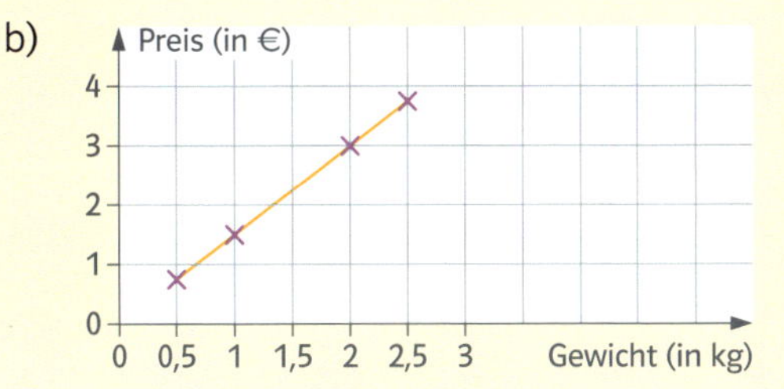

Merke: Die verschiedenen Darstellungsarten können ineinander umgewandelt werden.

Übungsaufgaben

Aufgabe 1 ●○○

Schreibe die Zuordnungen als Zuordnungsvorschrift mit dem Pfeil →.

a) Der Tageszeit wird die Temperatur zugeordnet.
b) Der Fahrtzeit wird die zurückgelegte Strecke zugeordnet.
c) Der Preis wird der Anzahl zugeordnet.
d) Die Körpergröße ist abhängig vom Alter.
e) Die Anzahl der Lehrer an einer Schule ist abhängig von der Anzahl der Klassen.
f) Der Flächeninhalt eines Quadrats hängt von der Seitenlänge ab.

Aufgabe 2 ●○○

Schreibe die Zuordnung in Worten mit den Satzbausteinen „… wird … zugeordnet." oder „… ist abhängig von …"

a) Anzahl der verbrauchten Einheiten → Handykosten
b) Punktezahl in Klassenarbeit → Note
c) verkaufte Menge → Preis
d) Alter eines Kindes → Wachstum des Kindes

Aufgabe 3 ●○○

Lies die fehlenden Werte aus dem Schaubild ab.

a)

Uhrzeit	8	10	12	16	20
Temperatur in °C	20	29	33		

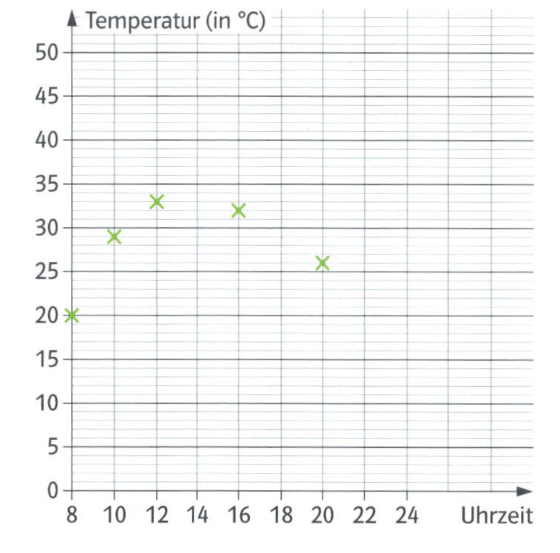

b)

Geschwindigkeit in km/h	20		80	100
Bremsweg in m	4	36		100

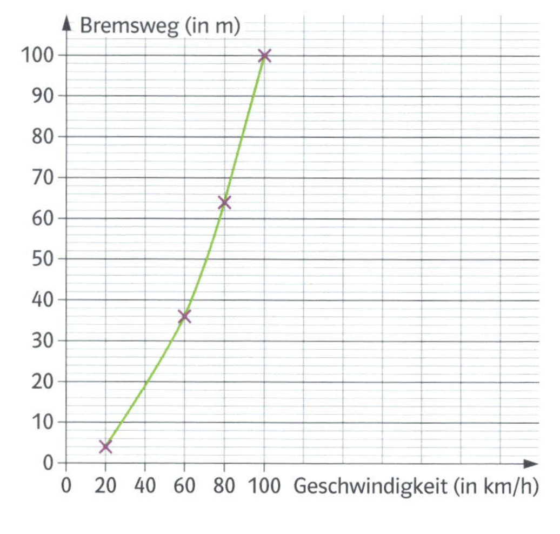

Schritt-für-Schritt-Erklärung

Fachbegriffe

Was ist eine Funktion?

Eine **eindeutige Zuordnung**, die jeder Größe (Zahl) **genau eine** bestimmte Größe (Zahl) zuordnet, heißt **Funktion**. Meist wird die **gegebene Größe** als **x-Wert**, die **zugeordnete Größe** als **Funktionswert** von x bezeichnet.

So gehst du vor

So kannst du erkennen, ob eine Zuordnung eine Funktion ist:

Jeder gegebenen Größe (Zahl) wird nur eine Größe (Zahl) zugeordnet, d.h.

- zu jeder Ausgangsgröße gibt es nur eine abhängige Größe.
  Tipp: Stelle dir eine Funktion als eine Maschine vor. Gibt man eine Größe (Zahl) in die Maschine, dann darf nur eine Größe (Zahl) herauskommen.

Beispiele:

a) Funktion

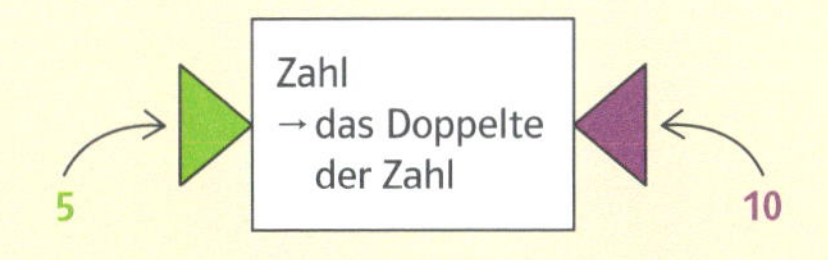

b) keine Funktion

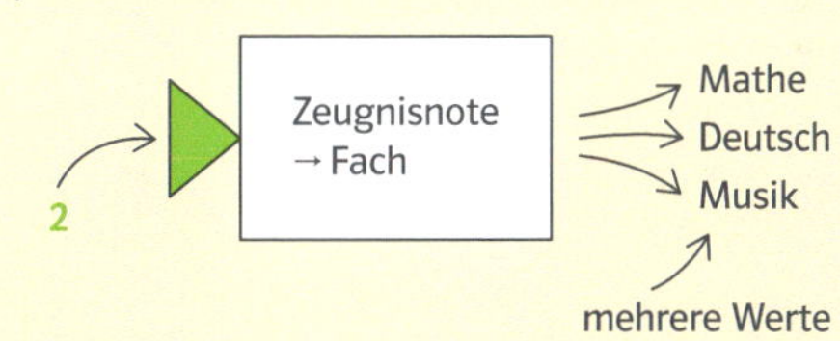

- in der **Wertetabelle** darf jede **Ausgangsgröße** nur **einmal** auftauchen.

Beispiele:

a) Funktion

Gewicht in kg	1	3	5
Preis in €	1,50	4,50	5

b) keine Funktion

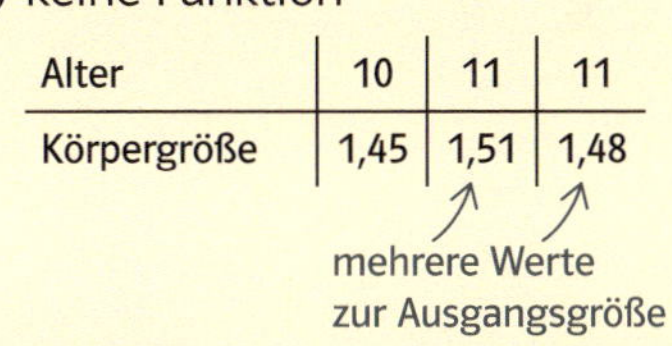

Alter	10	11	11
Körpergröße	1,45	1,51	1,48

- im Schaubild darf es zu jedem Wert der x-Achse nur einen Wert der y-Achse geben.

Beispiele:

a) Funktion

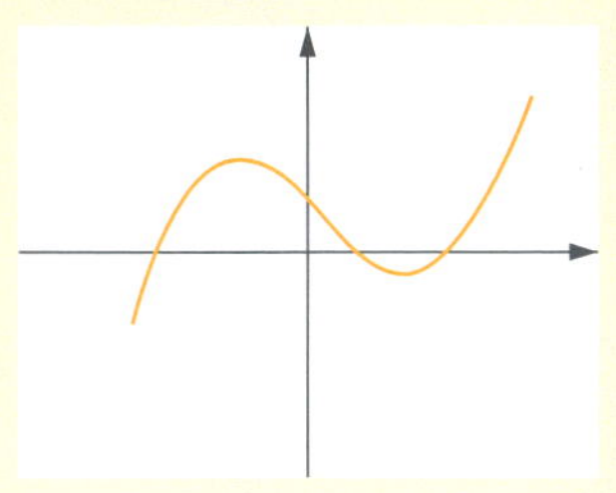

b) keine Funktion

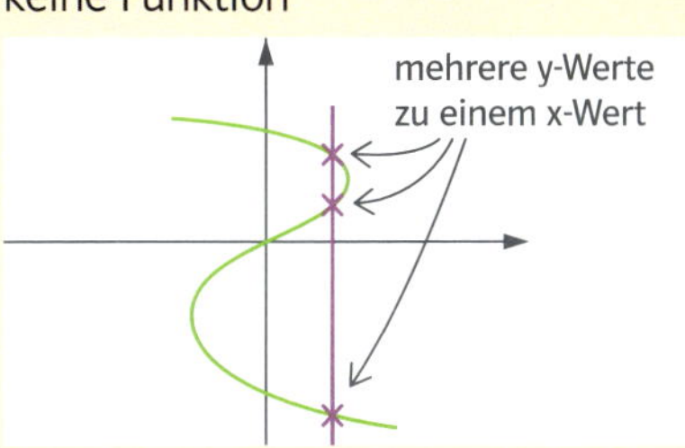

Schritt-für-Schritt-Erklärung

Fachbegriffe

Eine Funktion kann auf **verschiedene Arten dargestellt** werden:

1. Jede Funktion erhält einen Kleinbuchstaben als Namen, meist f, g oder h. Eine **Vorschrift** legt fest, wie die Funktionswerte berechnet werden können. Man nennt

Name der Funktion

$f(x) = 2 \cdot x$ (sprich: „f von x gleich 2 mal x")

Funktionsterm

Funktionsgleichung

Für die Variable x können verschiedene Zahlen eingesetzt werden, und man erhält dann die zugehörige Zahl.

Beispiel:
Setze −1 für x in den Funktionsterm $f(x) = 2 \cdot x$ ein.

$f(-1) = 2 \cdot (-1) = -2$

Sprich: „f von −1"

Das bedeutet:
An der **Stelle** $x = -1$ hat f den **Funktionswert −2**.

2. In einer **Wertetabelle** kann man zu jedem x-Wert den zugehörigen Funktionswert (y-Wert) berechnen und angeben.

Beispiel: $f(x) = 2 \cdot x$

x	−1	0	$\frac{1}{2}$	1
y	$2 \cdot (-1) = -2$	$2 \cdot (0) = 0$	$2 \cdot \frac{1}{2} = 1$	$2 \cdot 1 = 2$

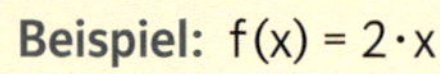

3. Das **Schaubild** einer Funktion nennt man auch Graph. Der **Graph** besteht aus allen Punkten P(x | y).

P(x | y)
x-Wert y-Wert

Beispiel: $f(x) = 2 \cdot x$

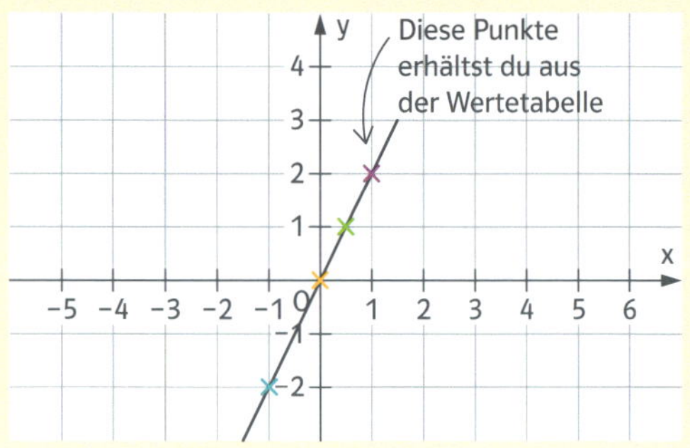

Übungsaufgaben

Aufgabe 4 ●○○

Welche Zuordnungen sind Funktionen? Kreuze an und begründe.

a) ☐ Seitenlänge eines Quadrates → Umfang eines Quadrates

b) ☐ Umfang eines Quadrates → Seitenlänge eines Quadrates

c) ☐ Körpergröße → Schuhgröße

d) ☐ Zahl → Hälfte der Zahl

Aufgabe 5 ●○○

Welche Wertetabelle gehört zu einer Funktion? Kreuze an und begründe.

a) ☐

x	y
−1	4
0	3
1	4
2	5
3	6

b) ☐

x	y
−1	1
0	0
$\frac{1}{2}$	$\frac{1}{4}$
2	4

c) ☐

x	y
9	−3
4	−2
1	−1
0	0
4	2
9	3

Aufgabe 6 ●○○

Welche Abbildungen zeigen keinen Funktionsgraphen? Begründe.

a)

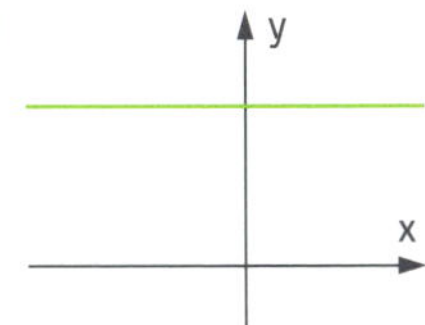

b)

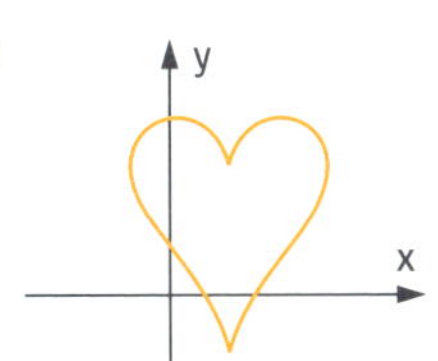

c)

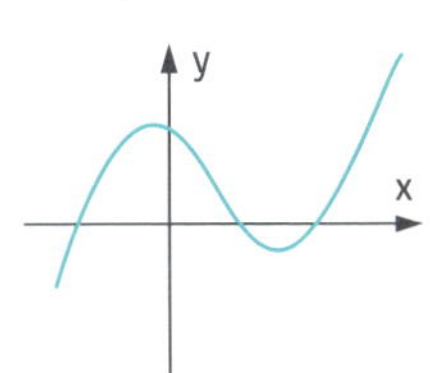

d)

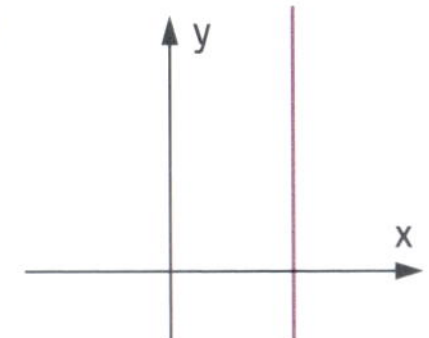

e)

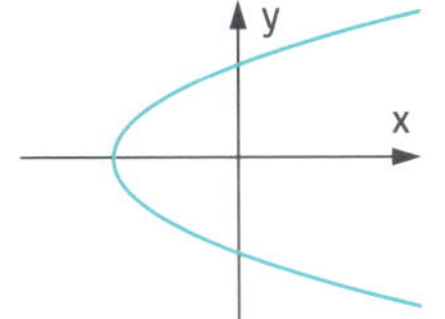

f)

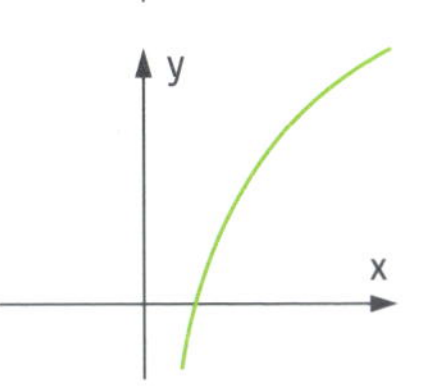

Übungsaufgaben

Aufgabe 7 ●○○

Ordne die Funktionsgleichungen von ① – ③ jeweils einer Wertetabelle a) – c) und einem Graphen f, g und h zu.

① $y = x + 1$ ② $y = 2x$ ③ $y = \frac{1}{x}$

a)

x	y
0	–
1	1
2	0,5
3	$\frac{1}{3}$

b)

x	y
0	0
1	2
2	4
3	6

c)

x	y
0	1
1	2
2	3
3	4

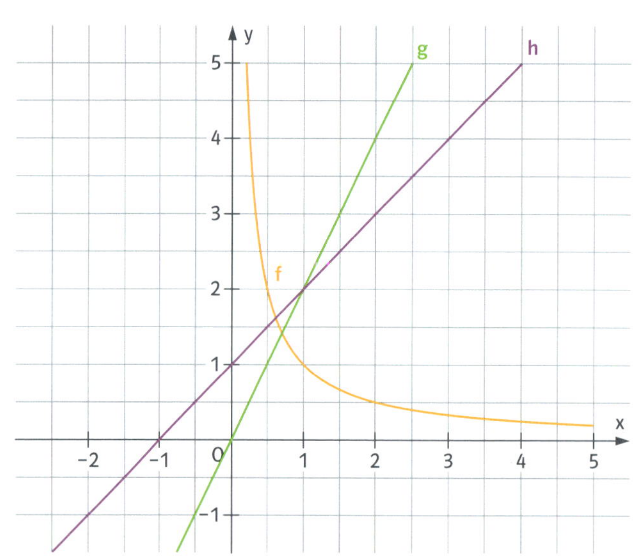

Besondere lineare Funktionen mit $f(x) = m \cdot x$ – proportionale Funktionen

Kompetenzcheck

Ich kann …	Aufgabe	Ergebnis

Ich kann … … entscheiden, ob eine Funktion proportional ist.

Aufgabe 1
Liegt eine proportionale Funktion vor? Kreuze an und begründe.

		Begründung
☐	Anzahl an Stickerpäckchen → Preis	
☐	Zahl → das Doppelte der Zahl	
☐	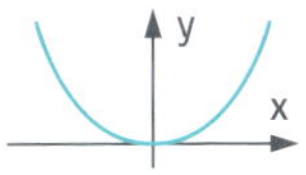	

Ergebnis: → S. 158

Ich kann … … bei einer gegebenen Wertetabelle überprüfen, ob eine proportionale Funktion vorliegen kann.

Aufgabe 2
Liegt eine proportionale Funktion vor? Kreuze an und begründe.

	Wertetabelle				Begründung
☐ x	−1	0	1	2	
y	2,5	0	−2,5	−5	
☐ x	−1	0	1	2	
y	−1	1	3	5	

Ergebnis: → S. 158

Ich kann … … eine Wertetabelle so ergänzen, dass sie zu einer proportionalen Funktion gehört.

Aufgabe 3
Ergänze die Tabelle so, dass sie zu einer proportionalen Funktion gehören kann und gib eine zugehörige Funktionsgleichung an.

y = ____________

x	2	1	−3
y	−4		

y = ____________

x	4		
y	2	6	−4

Ergebnis: → S. 159

Ich kann … … überprüfen, ob ein gegebener Punkt auf dem Graphen einer proportionalen Funktion liegt.

Aufgabe 4
Überprüfe jeweils, ob der Punkt auf dem Graphen der proportionalen Funktion liegt.

a) $f(x) = 4x$; $P(1 \mid 4)$ b) $f(x) = \frac{1}{2}x$; $P(4 \mid 2)$

Ergebnis: → S. 159

Schritt-für-Schritt-Erklärung

Fachbegriffe

Was ist eine proportionale Funktion?

Eine Zuordnung beschreibt eine **proportionale Funktion**, wenn gilt:
Wird der x-Wert halbiert, verdoppelt, verdreifacht, vervierfacht, …, dann wird auch der zugehörige y-Wert (Funktionswert) halbiert, verdoppelt, verdreifacht, vervierfacht, ….
Man sagt, die x- und y-Werte sind **proportional** zueinander und es gilt für $x \neq 0$:

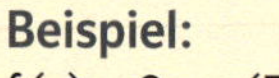

$$\frac{y}{x} = m$$

Proportionalitätsfaktor

Das heißt, teilt man eine zugeordnete Zahl durch die gegebene Zahl, erhält man jedes Mal die **gleiche Zahl m** bzw. das gleiche Ergebnis m.

So gehst du vor

So kann man eine proportionale Funktion darstellen:

Beispiel:

1. mit einer **Funktionsgleichung** der Form $f(x) = mx$ bzw. der Gleichung des Graphen mit $y = mx$.

   $f(x) = 2x$ (Funktionsgleichung)
   $y = 2x$ (Gleichung des Graphen)

   Dabei ist m eine feste Zahl, der sogenannte Proportionalitätsfaktor.

   $m = 2$

2. mit einer **Wertetabelle**
   Dabei gilt:
   - $\frac{y}{x} = m$, d.h. y geteilt durch x ist immer die **gleiche Zahl** m.
   - Zu einem **gegebenen x-Wert** erhältst du den zugeordneten **y-Wert durch Multiplikation mit m.**
   - Zu einem **gegebenen y-Wert** erhältst du den zugehörigen **x-Wert durch Division durch m.**

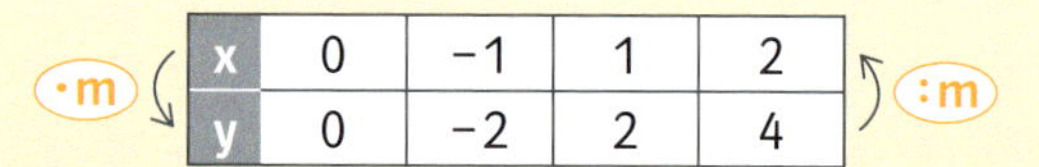

x	0	−1	1	2
y	0	−2	2	4

3. **grafisch**
   Jeder Graph einer proportionalen Zuordnung ist eine **Gerade durch den Ursprung** (kurz **Ursprungsgerade**).
   Es genügt, wenn du einen Punkt einzeichnest und mit dem Ursprung verbindest oder wenn du zwei Punkte einzeichnest und verbindest.

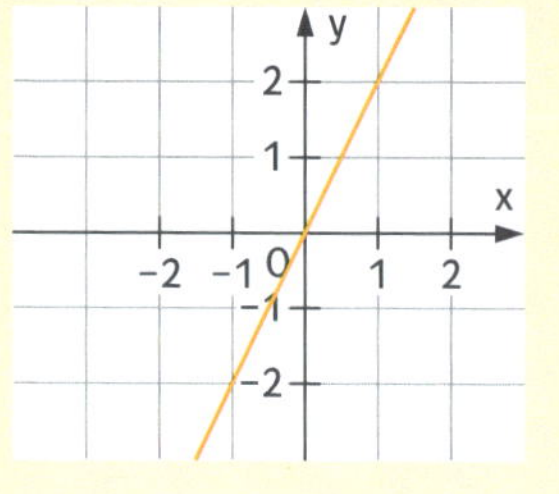

$y = m \cdot x$ ist die zugehörige Geradengleichung.

Schritt-für-Schritt-Erklärung

So gehst du vor

So kannst du überprüfen, ob ein Punkt auf dem Graphen einer proportionalen Funktion liegt:

Mache eine **Punktprobe**.

1. Setze die x-Koordinate des Punktes für x in die Geradengleichung ein und berechne den zugehörigen y-Wert.
2. Ist die y-Koordinate des Punktes gleich, liegt der Punkt auf der Geraden.

Beispiel: $y = \frac{1}{2}x$

a) A(4 | 2)

$y = \frac{1}{2} \cdot 4 = \frac{4}{2} = 2$ ✓

b) B(8 | 6)

$y = \frac{1}{2} \cdot 8 = \frac{8}{2} = 4 \neq 6$

B liegt also nicht auf dem Graphen von $y = \frac{1}{2}x$.

Übungsaufgaben

Aufgabe 8 ●○○

Entscheide, ob eine proportionale Funktion vorliegt oder nicht und begründe.

Ausgangsgröße	zugeordnete Größe	proportionale Zuordnung	Begründung
Seitenlänge eines Quadrats	Umfang des Quadrats	☐ ja ☐ nein	
Seitenlänge eines Quadrats	Flächeninhalt des Quadrats	☐ ja ☐ nein	
Anzahl der Testaufgaben	Zeit für die Bearbeitung	☐ ja ☐ nein	
Gewicht	Körpergröße	☐ ja ☐ nein	
Gewicht der Äpfel (in kg)	Preis	☐ ja ☐ nein	

Aufgabe 9 ●○○

Entscheide, ob eine proportionale Funktion vorliegt oder nicht und begründe.

a)

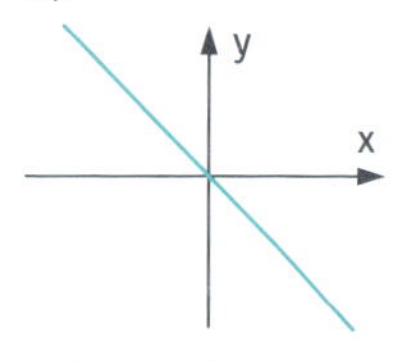

☐ ja ☐ nein

b)

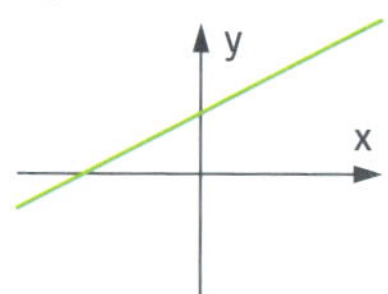

☐ ja ☐ nein

c)

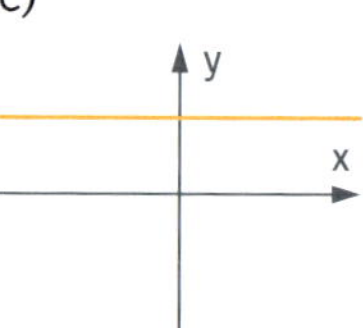

☐ ja ☐ nein

Aufgabe 10 ●○○

Entscheide, ob eine proportionale Funktion vorliegt oder nicht und begründe.

a)

x	y
−1	−4
0	−2
1	0
2	2

☐

b)

x	y
−1	−3
0	0
1	3
2	6

☐

c)

x	y
−2,5	1,25
−1	0,5
4	−2
6	−3

☐

Aufgabe 11 ●○○

Ergänze die Tabelle so, dass die Zuordnungen proportional sind und schreibe die zugehörige Funktionsgleichung auf.

a)

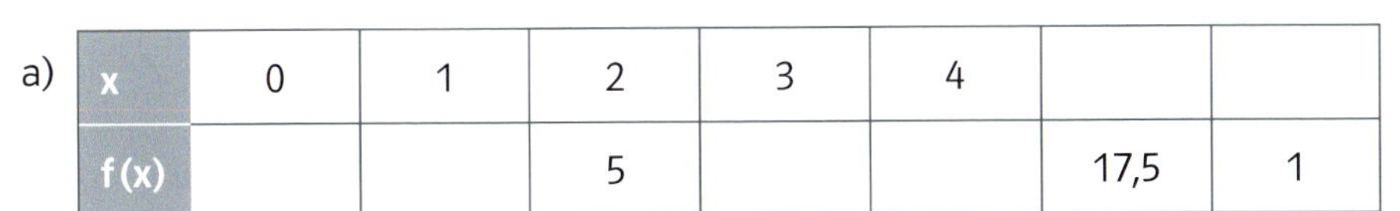

x	0	1	2	3	4		
f (x)			5			17,5	1

y = __________________

b)

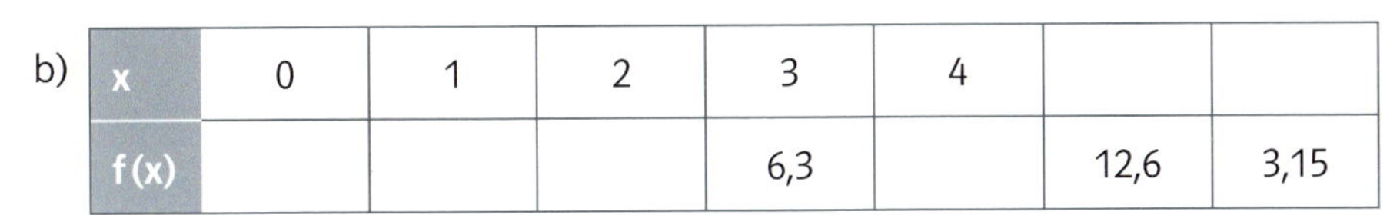

x	0	1	2	3	4		
f (x)				6,3		12,6	3,15

y = __________________

Aufgabe 12 ●●○

Die beiden Punkte P und Q liegen auf dem Graphen einer proportionalen Funktion. Berechne den fehlenden Wert.

a) P(1 | 2); Q(3 | ␣) b) P(2 | −1); Q(4 | ␣) c) P(−2 | 6); Q(4 | ␣)

d) P(1 | 4); Q(␣ | −8) e) P(−3 | −6); Q(␣ | 1) f) P(4 | −6); Q(␣ | 9)

Aufgabe 13 ●○○

Überprüfe, welcher Punkt auf dem Graphen welcher proportionalen Zuordnung liegt.

A(3 | 1), B(1 | 3), C(0 | 0), D(3 | 3), E(−1 | −3), F(−9 | −3)

a) $y = 3x$ b) $y = x$ c) $y = \frac{1}{3}x$

Die Steigung m – Bestimmung der Geradengleichung und Zeichnen von Geraden

Kompetenzcheck

Ich kann …	Aufgabe	Ergebnis
… die Steigung m mithilfe eines Steigungsdreiecks bestimmen und die Geradengleichung angeben.	**Aufgabe 1** Gib zu jeder Geraden die zugehörige Steigung m und eine Geradengleichung der Form $y = mx$ an. a) $y =$ ______ b) $y =$ ______ c) $y =$ ______ d) $y =$ ______	→ S. 159
… die Geradengleichung mithilfe von einem oder zwei Punkten bestimmen.	**Aufgabe 2** Der Punkt bzw. beide Punkte liegen auf einer Ursprungsgeraden. Gib die Geradengleichung an. a) $P(3 \mid 2)$ $m =$ ____; $y =$ ______ b) $P(-4 \mid 2)$; $Q(2 \mid -1)$ $m =$ ____; $y =$ ______	→ S. 159
… die Gerade (einer proportionalen Funktion) mithilfe der Geradengleichung zeichnen.	**Aufgabe 3** Zeichne die Geraden. a) $y = 2x$ b) $y = \frac{2}{3}x$ c) $y = -3x$	→ S. 159
… die Eigenschaften von proportionalen Funktionen anwenden.	**Aufgabe 4** a) Gib an, ob die Gerade steigt oder fällt. ① $y = \frac{1}{2}x$ ② $y = -3x$ ③ $y = \frac{4}{3}x$ ④ $y = -\frac{1}{2}x$ b) Ordne die Geraden nach der Eigenschaft „ist steiler als“. ① $y = 5x$ ② $y = \frac{1}{5}x$ ③ $y = 1{,}2x$ ④ $y = x$	→ S. 159

Schritt-für-Schritt-Erklärung

Fachbegriffe

Was ist die Steigung m?

Bei einer proportionalen Funktion mit der Geradengleichung $y = mx$ gibt **m** die **Steigung** der Geraden an.

Die Steigung m bestimmt den Verlauf der Geraden:
Die Gerade **steigt**, wenn m positiv (**m > 0**) ist. Die Gerade verläuft vom III. in den I. Quadranten, d.h. von links unten nach rechts oben.
Die Gerade **fällt**, wenn m negativ (**m < 0**) ist. Die Gerade verläuft vom II. in den IV. Quadranten, d.h. von links oben nach rechts unten.

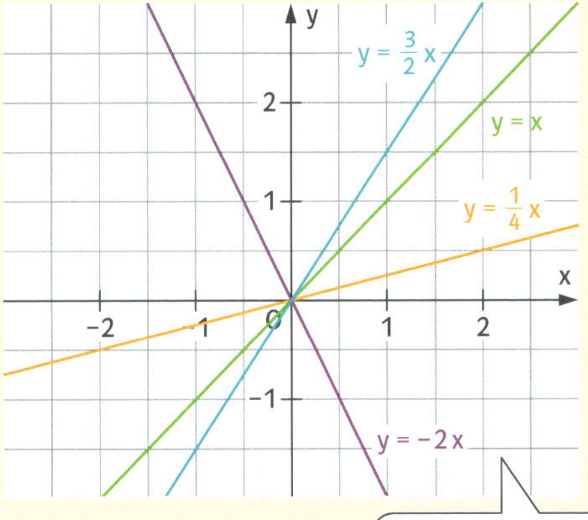

Merke: Je größer m ist, desto steiler ist die Gerade.

Merke:
Den Verlauf eines Graphen beschreibt man immer dem Verlauf der x-Achse nach, also von links nach rechts.

So gehst du vor

So kannst du die Steigung m bestimmen:

I. Die Gerade ist gegeben

1. Suche einen Punkt auf der Geraden, der auf einem **Gitterpunkt** bzw. einer Kästchenecke liegt. Zeichne ausgehend vom Ursprung ein **Steigungsdreieck** ein.
2. Bestimme die Seitenlängen des Dreiecks durch
   a) Kästchen zählen,
   b) Ablesen der Längen im Schaubild,
   c) Koordinaten des zugehörigen Gitterpunkts und berechnen mit der Formel

$m = \frac{y}{x}$. ← senkrechter Wert (y), ← waagrechter Wert (x)

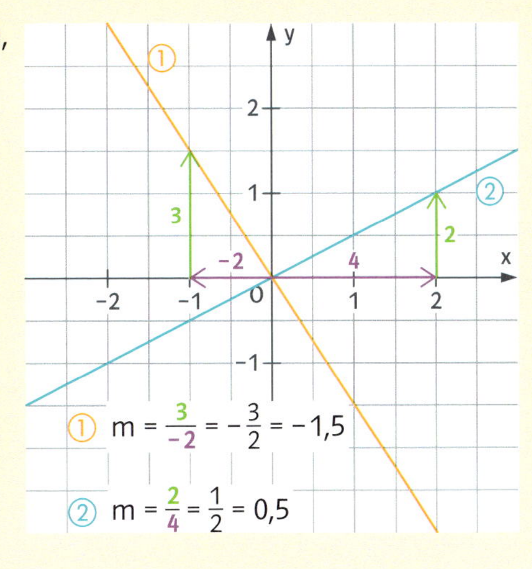

Schritt-für-Schritt-Erklärung

So gehst du vor

II. Ein Punkt ist gegeben

Berechne m mit der Formel $m = \frac{y}{x}$.

Schreibe also die y-Koordinate des Punktes in den Zähler, die x-Koordinate in den Nenner.

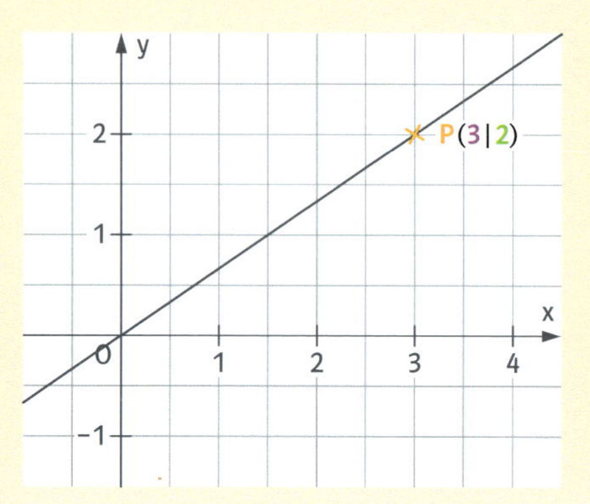

Beispiele:

a) P(3 | 2), also $m = \frac{2}{3}$

b) P(−2 | 5), also $m = \frac{5}{-2} = -\frac{5}{2} = -2{,}5$

Übungsaufgaben

Aufgabe 14

Beschreibe den Verlauf der Geraden und vergleiche die Lage mit den Geraden $y = x$ bzw. $y = -x$. Nutze dafür die Eigenschaft „ist steiler als" bzw. „ist flacher als".

a) $y = 3x$ b) $y = -\frac{1}{4}x$ c) $y = \frac{2}{3}x$

d) $y = \frac{5}{4}x$ e) $y = -1{,}2x$ f) $y = -0{,}75x$

Aufgabe 15

Ordne die Geraden nach der Eigenschaft „ist steiler als".

① $y = 1{,}5x$ ② $y = \frac{2}{3}x$ ③ $y = \frac{1}{2}x$ ④ $y = 2x$

Aufgabe 16

Die Gerade einer proportionalen Funktion geht durch den Punkt P. Gib eine zugehörige Geradengleichung an.

a) $P(2\,|\,-1)$; $y =$ ____________ b) $P(3\,|\,9)$; $y =$ ____________

c) $P(-2\,|\,3)$; $y =$ ____________ d) $P(-3\,|\,-1)$; $y =$ ____________

Aufgabe 17

Kreuze an und ergänze die fehlenden Angaben in der Tabelle.

Gleichung	Steigung m	Die Gerade ...	Punkt P
$y =$ ____________	$m =$ ____________	☐ steigt ☐ fällt	$P(1\,|\,4)$
$y =$ ____________	$m =$ ____________	☐ steigt ☐ fällt	$P(-2\,|\,1)$
$y = -\frac{3}{4}x$	$m =$ ____________	☐ steigt ☐ fällt	$P(8\,|\;\;)$
$y = 3x$	$m =$ ____________	☐ steigt ☐ fällt	$P(\;\;|\,6)$
$y =$ ____________	$m = \frac{4}{5}$	☐ steigt ☐ fällt	$P(-5\,|\;\;)$
$y =$ ____________	$m = -\frac{2}{\;\;}$	☐ steigt ☐ fällt	$P(-10\,|\,4)$

Übungsaufgaben

Aufgabe 18

Gib zu jeder Geraden die zugehörige Steigung und Geradengleichung an.

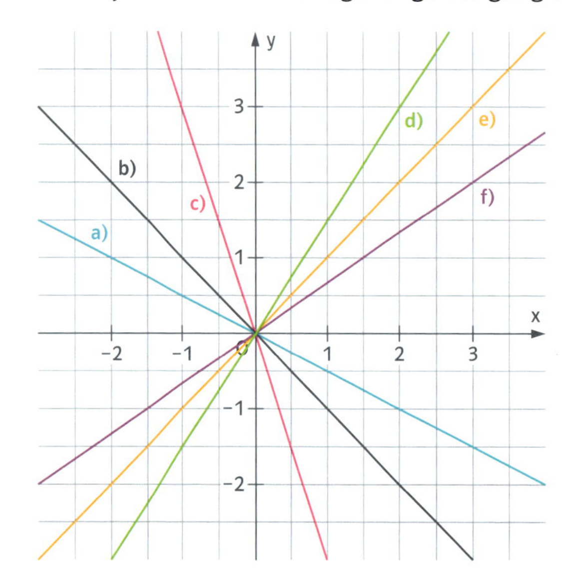

a) m = ____________; y = ____________

b) m = ____________; y = ____________

c) m = ____________; y = ____________

d) m = ____________; y = ____________

e) m = ____________; y = ____________

f) m = ____________; y = ____________

Aufgabe 19

In dem Schaubild siehst du die Geraden a) – f) und unten die zugehörigen Geradengleichungen.

Welche Geradengleichungen sind richtig, welche falsch? Korrigiere die falschen.

a) $y = 2{,}5x$

b) $y = \frac{2}{3}x$

c) $y = \frac{1}{3}x$

d) $y = \frac{1}{2}x$

e) $y = -x$

f) $y = 3x$

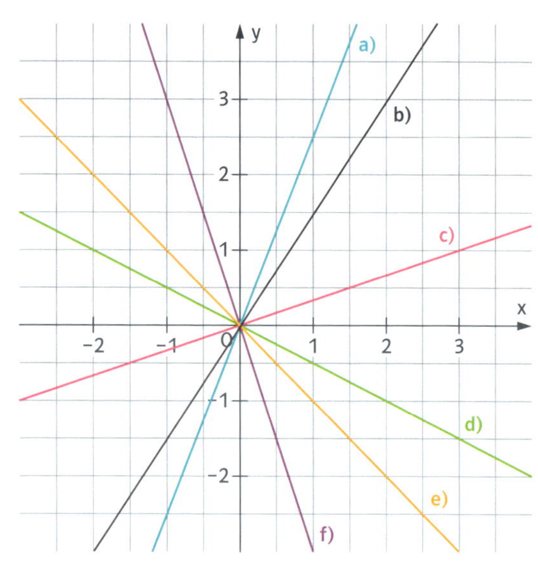

Aufgabe 20

Gib zu jeder Geraden die zugehörige Steigung und Geradengleichung an.

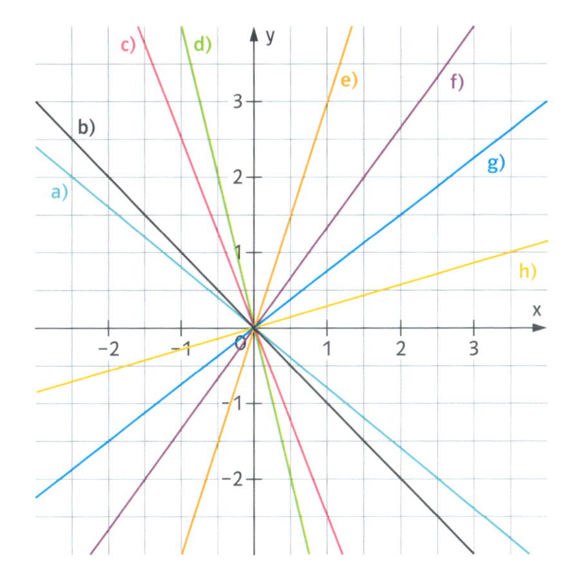

a) m = __________ ; y = __________

b) m = __________ ; y = __________

c) m = __________ ; y = __________

d) m = __________ ; y = __________

e) m = __________ ; y = __________

f) m = __________ ; y = __________

g) m = __________ ; y = __________

h) m = __________ ; y = __________

Schritt-für-Schritt-Erklärung

So gehst du vor

So kannst du Geraden von proportionalen Funktionen zeichnen:

I. Ein (geeigneter) Punkt ist gegeben

1. Markiere den gegebenen Punkt im Koordinatensystem.
2. Zeichne mit deinem Lineal oder Geodreieck eine Gerade durch P und den Ursprung O.
3. Bestimme gegebenenfalls die Steigung m mit $m = \frac{y}{x}$ und gib die Geradengleichung $y = mx$ an.

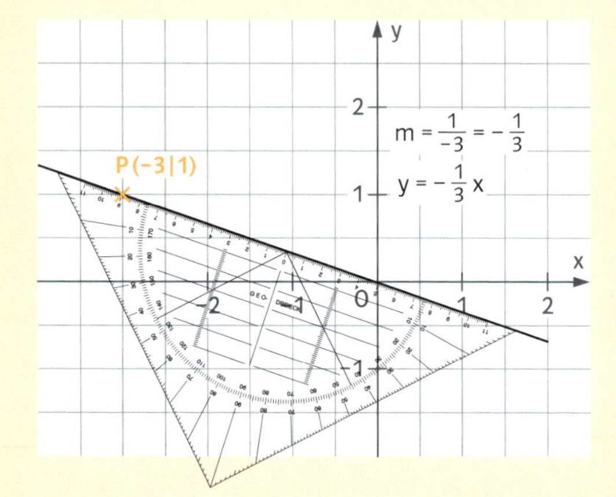

So gehst du vor

II. Die Geradengleichung ist gegeben

1. Schreibe die Steigung m als Bruch.
   Beachte:
   Ist m eine ganze Zahl, z. B. $m = -3$, dann gilt: $m = \frac{-3}{1}$.
2. Gehe vom Ursprung aus y Schritte nach oben ($y > 0$) oder unten ($y < 0$).
3. Gehe dann x Schritte nach rechts und markiere den Punkt.
4. Zeichne eine Gerade durch den Punkt und den Ursprung.

Du kannst die Schritte 2 und 3 auch vertauschen.

Beispiel: $y = 1{,}5x$

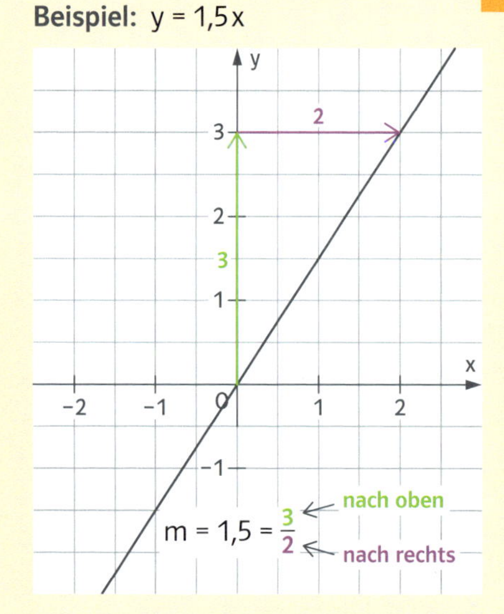

Beachte:
Du kannst auch immer m Schritte nach oben oder unten gehen und 1 Schritt nach rechts. Die Zeichnung wird dann aber vielleicht nicht immer genau, z. B. bei $m = 1{,}2$.
Da wäre das Steigungsdreieck mit $m = 1{,}2 = \frac{12}{10} = \frac{6}{5}$ besser zu zeichnen.

Übungsaufgaben

Aufgabe 21 ●○○

Der Graph einer proportionalen Funktion geht durch den Punkt P. Zeichne die zugehörige Gerade in ein Koordinatensystem und gib die Geradengleichung an.

a) $P(2\,|\,6)$ b) $P(-3\,|\,-1{,}5)$ c) $P(-0{,}5\,|\,0{,}75)$ d) $P(4\,|\,-3)$

Aufgabe 22 ●○○

Zeichne die Geraden mithilfe des Steigungsdreiecks in das Koordinatensystem.

a) $y = x$

b) $y = 2x$

c) $y = -3x$

d) $y = 2{,}5x$

e) $y = -1{,}5x$

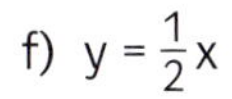

f) $y = \frac{1}{2}x$

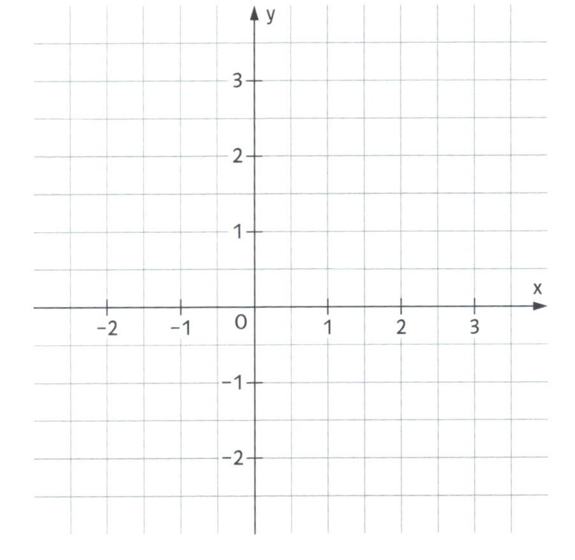

Aufgabe 23 ●○○

Zeichne die Geraden in ein Koordinatensystem.

a) $y = \frac{2}{3}x$ b) $y = -\frac{4}{5}x$ c) $y = \frac{1}{4}x$ d) $y = -\frac{3}{2}x$

Aufgabe 24 ●●○

Zeichne die Geraden in ein Koordinatensystem.

a) $y = -1{,}2x$ b) $y = 0{,}6x$ c) $y = -0{,}3x$ d) $y = 1{,}4x$

Lineare Funktionen – Zeichnen von Geraden mit $y = mx + c$

Kompetenzcheck

Ich kann …	Aufgabe	Ergebnis
… entscheiden, ob es sich bei einer Funktion um eine lineare Funktion handelt.	**Aufgabe 1** Liegt eine lineare Funktion vor? Kreuze an.	☺ 😐 ☹ → S. 160
… die Bedeutung der Parameter m und c deuten.	**Aufgabe 2** a) Gib jeweils die Steigung m und den y-Achsenabschnitt c an. ① $f(x) = \frac{1}{2}x - 3$ m = ____; c = ____ ② $f(x) = 3$ m = ____; c = ____ ③ $f(x) = \frac{1}{2} - 2x$ m = ____; c = ____ b) Gib die zugehörige Geradengleichung an. ① $m = -1$; $c = 2$ y = ____ ② $m = \frac{2}{5}$; $c = 0$ y = ____ ③ $m = 0$; $c = -3$ y = ____	☺ 😐 ☹ → S. 160

Tabelle zu Aufgabe 1:

Funktionsgleichung	lineare Funktion
$f(x) = 2x - 2$	☐ ja ☐ nein
$f(x) = 5 - \frac{1}{2}x$	☐ ja ☐ nein
$f(x) = x^2 + 1$	☐ ja ☐ nein
$f(x) = \frac{1}{x} - 3$	☐ ja ☐ nein
$f(x) = 2$	☐ ja ☐ nein

Kompetenzcheck

Ich kann …	Aufgabe	Ergebnis
… den Graphen einer linearen Funktion zeichnen.	**Aufgabe 3** Zeichne die Geraden in ein Koordinatensystem. a) $y = -2x + 1$ b) $y = \frac{2}{3}x - 2$ c) $y = -\frac{4}{3}x + 2$	☺ 😐 ☹ → S. 160
… überprüfen, ob ein Punkt auf dem Graphen einer linearen Funktion liegt.	**Aufgabe 4** Überprüfe, ob der Punkt P auf der Geraden liegt. a) $y = 2x - 2$; $P(-1 \mid -4)$ ____________ b) $y = -x + 2$; $P(-1 \mid 3)$ ____________	☺ 😐 ☹ → S. 160

Schritt-für-Schritt-Erklärung

Fachbegriffe

Was sind lineare Funktionen?

Eine Funktion f mit der Funktionsgleichung **$f(x) = mx + c$** heißt **lineare Funktion.**
Der zugehörige Graph ist eine **Gerade** mit der **Steigung m.**
Die Gerade schneidet die y-Achse im **Punkt P(0 | c)**; deshalb heißt **c** auch **y-Achsenabschnitt.**

Beachte:
Die Summanden können auch vertauscht sein:
$y = 2x + 1 = 1 + 2x$
c ist die alleinstehende Zahl,
m ist die Zahl vor x.

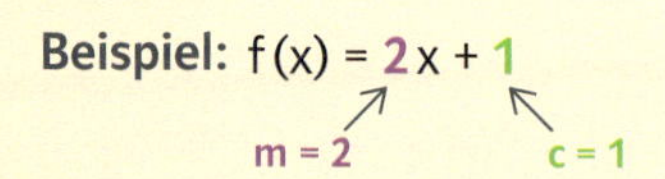

Schnittpunkt mit der y-Achse: P(0 | 1)

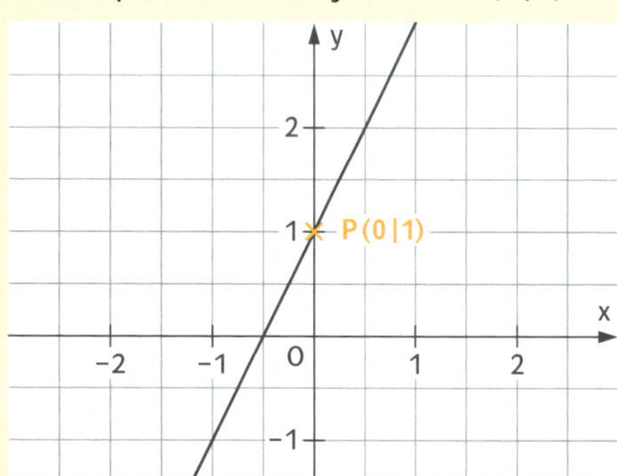

Sonderfälle:

- **c = 0**
  Ist der y-Achenabschnitt $c = 0$m, erhältst du die Gleichung einer **proportionalen Funktion** f mit **$f(x) = mx$.**
  Merke:
  Das **c verschiebt** die Ursprungsgerade auf der y-Achse **nach oben** ($c > 0$) oder **unten** ($c < 0$).

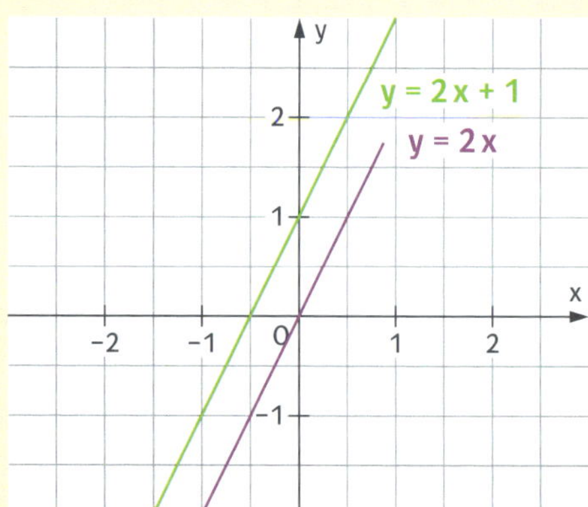

- **m = 0**
  Die Gerade hat keine Steigung und es gilt: **$y = c$.**
  Wenn eine Gerade keine Steigung hat, verläuft sie flach, d.h. **parallel zur x-Achse durch den Punkt P(0 | c).**

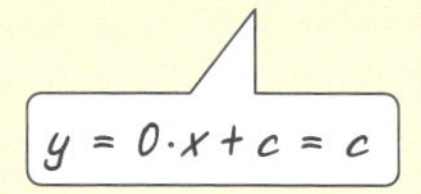

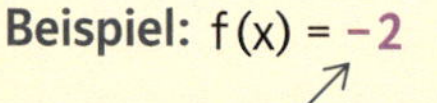

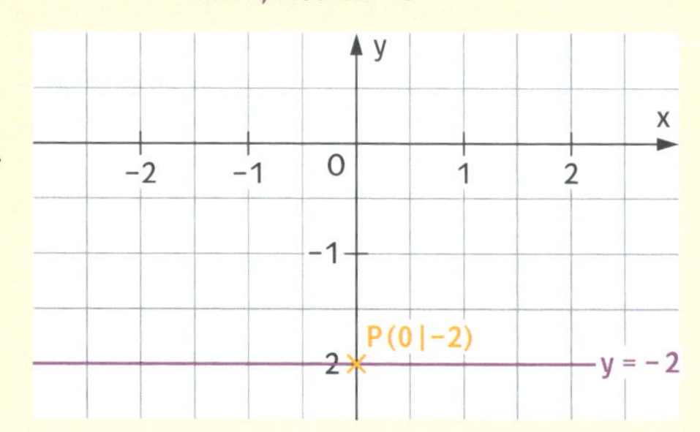

Schritt-für-Schritt-Erklärung

So gehst du vor

So kannst du die y-Werte von Punkten berechnen:

Beispiel:
$y = 2x + 1$; $A(-3\,|\,y)$

Setze den gegebenen x-Wert statt x in die Geradengleichung ein und berechne den y-Wert.

$y = 2\cdot(-3) + 1$
$= -6 + 1$
$= -5$

Also ist $A(-3\,|\,-5)$.

So gehst du vor

So kannst du überprüfen, ob ein Punkt auf einer Geraden liegt:

Mache eine **Punktprobe**.
Mit einer Punktprobe kannst du überprüfen, ob ein Punkt auf dem Graphen einer Funktion liegt oder nicht.
Dazu setzt du die x-Koordinate eines Punktes in die Funktionsgleichung ein. Stimmt der berechnete y-Wert mit dem gegebenen y-Wert überein, dann liegt der Punkt auf dem Graphen. Sonst liegt der Punkt nicht auf dem Graphen.

Beispiel: $y = -\frac{1}{2}x + 4$

a) $A(-3\,|\,5{,}5)$

$-\frac{1}{2}\cdot(-3) + 4$
$= \frac{3}{2} + 4$
$= 1{,}5 + 4 = 5{,}5$ ✓

A liegt also auf der Geraden.

b) $B(4\,|\,-2)$

$-\frac{1}{2}\cdot 4 + 4$
$= -2 + 4$
$= 2 \neq -2$

B liegt also nicht auf der Geraden.

Übungsaufgaben

Aufgabe 25 ●○○

Liegt eine lineare Funktion vor? Kreuze an.

Funktionsgleichung	lineare Funktion
$f(x) = 5x - \frac{1}{2}$	☐ ja ☐ nein
$f(x) = \frac{1}{2}x$	☐ ja ☐ nein
$f(x) = 2x^2 - 1$	☐ ja ☐ nein
$f(x) = -5$	☐ ja ☐ nein
$f(x) = 3 - 4x$	☐ ja ☐ nein
$f(x) = 0$	☐ ja ☐ nein
$f(x) = \frac{1}{x} - 2$	☐ ja ☐ nein

Aufgabe 26 ●○○

Gib die zugehörige Geradengleichung an.

a) $m = -\frac{1}{2}$; $c = 4$
b) $m = 4$; $c = 0$
c) $m = 1$; $c = -\frac{1}{4}$
d) $m = 0$; $c = \frac{1}{2}$
e) $m = -1{,}5$; $c = 1$
f) $m = -\frac{2}{3}$; $c = \frac{3}{2}$

Aufgabe 27 ●○○

Ergänze jeweils die Steigung m und den y-Achsenabschnitt c und überprüfe, ob die Punkte auf der Geraden liegen. Kreuze dann an.

Gleichung	m	c	Liegt A(3 | 2) auf der Geraden?	Liegt B(−2 | 4) auf der Geraden?
$y = -x + 1$			☐ ja ☐ nein	☐ ja ☐ nein
$y = 2$			☐ ja ☐ nein	☐ ja ☐ nein
$y = \frac{1}{2}x + 5$			☐ ja ☐ nein	☐ ja ☐ nein
$y = \frac{5}{2} - \frac{3}{4}x$			☐ ja ☐ nein	☐ ja ☐ nein
$y = 3x - 7$			☐ ja ☐ nein	☐ ja ☐ nein

Schritt-für-Schritt-Erklärung

So gehst du vor

So kannst du Geraden zeichnen:

Jede Gerade ist durch zwei Punkte eindeutig festgelegt.

Beispiel: $y = 1{,}5x - 1$

1. Bestimme die Steigung m und den y-Achsenabschnitt c.
   Merke: m ist immer die Zahl (mit Vorzeichen) vor dem x.

   $m = 1{,}5 = \frac{3}{2}$

   $c = -1$

2. Markiere den Schnittpunkt mit der y-Achse, also P(0 | c).
3. Markiere ausgehend von P(0 | c) einen weiteren Punkt mithilfe des Steigungsdreiecks.
   a) Gehe dazu ausgehend von P den Zähler von m in y-Richtung (also nach oben oder unten) und den Nenner nach rechts in x-Richtung.
   oder
   b) Gehe ausgehend von P einen Schritt nach rechts und m Schritte in y-Richtung nach oben (m > 0) oder nach unten (m < 0).
4. Zeichne mit deinem Geodreieck durch beide Punkte eine Gerade.

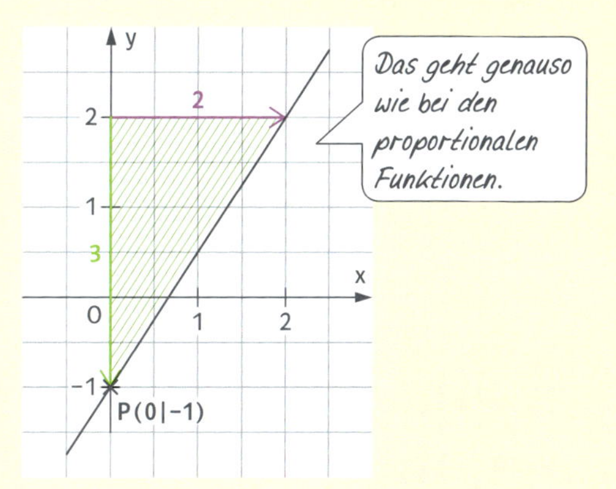

Übungsaufgaben

Aufgabe 28 ●○○

Zeichne die Geraden in das Koordinatensystem und gib die zugehörige Geradengleichung an.

a) $m = 1; \quad c = -3$

$y =$ ______

b) $m = 2; \quad c = -1$

$y =$ ______

c) $m = 3; \quad c = -0{,}5$

$y =$ ______

d) $m = \frac{1}{2}; \quad c = 2$

$y =$ ______

e) $m = \frac{4}{3}; \quad c = -2$

$y =$ ______

f) $m = 1{,}5; \quad c = -3$

$y =$ ______

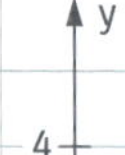

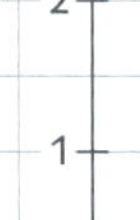
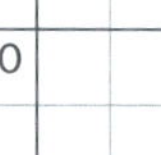
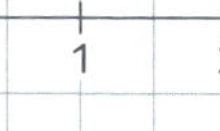
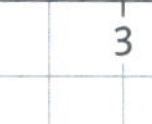

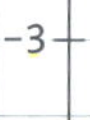

Aufgabe 29 ●○○

Zeichne die Geraden in ein Koordinatensystem und gib die zugehörige Geradengleichung an.

a) $m = -1; \quad c = 1$
b) $m = -2; \quad c = 3$
c) $m = -3; \quad c = 1{,}5$
d) $m = -\frac{1}{2}; \quad c = 2$
e) $m = -\frac{2}{3}; \quad c = 1$
f) $m = -\frac{6}{5}; \quad c = -1$

Aufgabe 30 ●○○

Zeichne die Geraden in ein Koordinatensystem.

a) $y = 2x + 1$
b) $y = -x + 2$
c) $y = \frac{1}{2}x - 1$
d) $y = 3x + 4$
e) $y = -\frac{2}{3}x + 3$
f) $y = -\frac{4}{3}x + 2{,}5$

Tipp: Bestimme m und c!

Aufgabe 31 ●○○

Zeichne die Geraden in ein Koordinatensystem.

a) $y = x$ b) $y = 2$ c) $y = \frac{4}{7}x - \frac{1}{2}$

d) $y = \frac{2}{3}x - 2{,}5$ e) $y = -\frac{1}{6}x + 3$ f) $y = -\frac{3}{2}$

Aufgabe 32 ●●○

Zeichne die Geraden in ein Koordinatensystem.

a) $y = 0{,}4x - 1$ b) $y = -1{,}2x + 3{,}5$ c) $y = \frac{5}{2} - \frac{4}{3}x$

d) $y = \frac{x}{3}$ e) $2x - 1 = y$ f) $y + 1 = -\frac{2}{5}x$

Aufgabe 33 ●●○

Im Schaubild siehst du Geraden und die zugehörigen Gleichungen.
Welche Gleichungen sind richtig, welche falsch? Korrigiere die falschen.

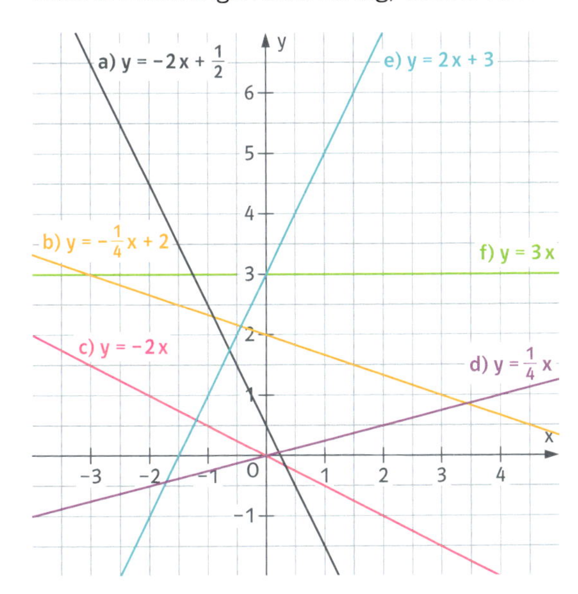

Aufgabe 34 ●●○

Zeichne die Geraden jeweils in ein Koordinatensystem und verschiebe sie in y-Richtung. Gib die neue Geradengleichung an.

1 LE entspricht 1 cm.

a) $y = \frac{1}{2}x$; 2 LE nach oben

b) $y = 2x - 1$; 3 LE nach oben

c) $y = \frac{1}{4}x + 2$; 4 LE nach unten

d) $y = -\frac{4}{5}x + 1$; 1,5 LE nach oben

Bestimmung der Funktionsgleichung einer linearen Funktion

Kompetenzcheck

Ich kann ...	Aufgabe	Ergebnis
... die Geradengleichung am Graphen direkt ablesen.	**Aufgabe 1** Bestimme zu jeder Geraden die Geradengleichung. a) y = ________ b) y = ________ c) y = ________ d) y = ________	→ S. 161
... die Geradengleichung mithilfe der Steigung und eines Punktes bestimmen.	**Aufgabe 2** Von einer Geraden mit $y = mx + c$ sind die Steigung m und ein Punkt P gegeben. Bestimme die zugehörige Geradengleichung. a) $m = 2$; $P(-2 \mid 4)$ y = ________ b) $m = -\frac{1}{2}$; $P(4 \mid -4)$ y = ________	→ S. 161
... die Geradengleichung mithilfe von zwei Punkten bestimmen.	**Aufgabe 3** Von einer Geraden mit $y = mx + c$ sind zwei Punkte gegeben. Bestimme die zugehörige Geradengleichung. a) $P(2 \mid 3)$; $Q(4 \mid 4)$ m = ________; y = ________ b) $A(-1 \mid 5{,}5)$; $B(2 \mid 4)$ m = ________; y = ________	→ S. 161

Schritt-für-Schritt-Erklärung

So gehst du vor

So kannst du die Geradengleichung einer linearen Funktion bestimmen:

I. Die Steigung m und ein Punkt P sind gegeben

Beispiel: $m = -2$; $P(\underbrace{4}_{x}|\underbrace{5}_{y})$

1. Schreibe die allgemeine Geradengleichung auf und setze m ein.
   $y = mx + c$
   $y = -2x + c$
2. Setze für x die x-Koordinate des Punktes ein und für y die y-Koordinate.
   $5 = -2 \cdot 4 + c$
3. Berechne c durch Äquivalenzumformungen oder Umkehrrechnen.
   $5 = -8 + c \quad |+8$
   $13 = c$
4. Setze c (und m) in die allgemeine Geradengleichung ein.
   $\mathbf{y = -2x + 13}$

Dieses Verfahren heißt Punkt-Steigungsform.

II. Die Gerade ist gegeben

Beispiel:

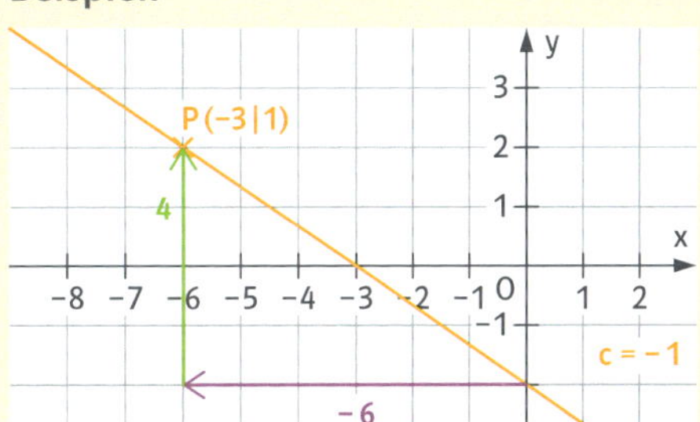

1. Markiere den y-Achsenabschnitt und lies c ab.
2. Suche einen Punkt der Geraden, der auf einem Gitterpunkt bzw. einer Kästchenecke liegt. Zeichne das Steigungsdreieck ein.
3. Bestimme die Seitenlängen des Dreiecks.
   a) durch Kästchen zählen.
   b) durch Rechnung.
   Dies sind $y - c$ und x.

   Berechne dann m mit

   $m = \frac{\text{senkrechter Wert}}{\text{waagrechter Wert}}$

   oder

   $m = \frac{y - c}{x}$

   $m = \frac{4}{-6} = -\frac{4}{6} = -\frac{2}{3}$

   oder

   $m = 1 - \frac{(-1)}{-3} = \frac{2}{-3} = -\frac{2}{3}$
4. Setze m und c in die allgemeine Geradengleichung ein.

   Also ist $\mathbf{y = -\frac{2}{3}x - 1}$.

Schritt-für-Schritt-Erklärung

So gehst du vor

III. Zwei Punkte sind gegeben

1. Im Schaubild markieren die beiden Punkte 2 Ecken des Steigungsdreiecks. Berechne also die zugehörigen Seitenlängen. Dies sind

   $\underbrace{y_2 - y_1}_{\text{Differenz der y-Werte}}$ und $\underbrace{x_2 - x_1}_{\text{Differenz der x-Werte}}$

   Dieses Verfahren heißt Zwei-Punkte-Form.

Beispiel:
P(−4|4); Q(2|1)

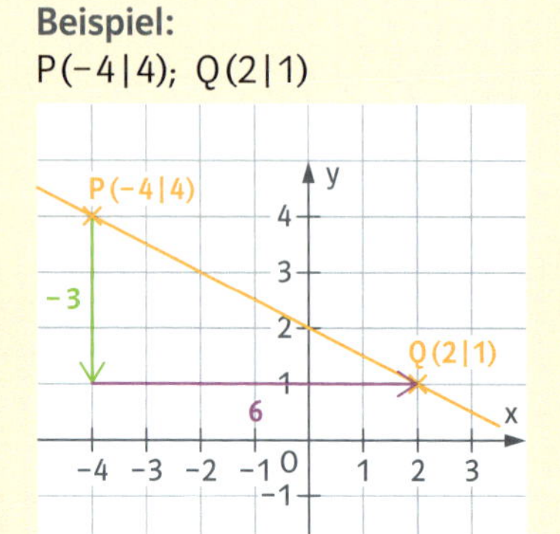

2. Berechne m mit

   $m = \frac{\text{Differenz der y-Werte}}{\text{Differenz der x-Werte}}$

   oder kurz: $m = \frac{y_2 - y_1}{x_2 - x_1}$

$y_2 - y_1 = 1 - 4 = -3$
$x_2 - x_1 = 2 - (-4) = 6$
Achte auf die Vorzeichen!

$m = \frac{1-4}{2-(-4)} = -\frac{3}{6} = -\frac{1}{2}$

Tipp: Wie bei proportionalen Funktionen gilt auch hier $m = \frac{y}{x}$.

3. Setze nun m und einen Punkt in die allgemeine Geradengleichung ein und berechne c.

$y = mx + c$,
setze m und Q ein.

$1 = -\frac{1}{2} \cdot 2 + c$

$1 = -1 + c \quad | +1$

$2 = c$

4. Setze c und m in die allgemeine Geradengleichung ein.

$\mathbf{y = -\frac{1}{2}x + 2}$

Übungsaufgaben

Aufgabe 35 ●○○

Von einer Geraden mit $y = mx + c$ sind die Steigung m und ein Punkt P gegeben. Bestimme die zugehörige Geradengleichung.

a) $m = 3$; P(−2|−1) b) $m = -2$; P(3|1) c) $m = -1$; P(4|−2)

d) $m = \frac{2}{5}$; P(−1|2) e) $m = \frac{1}{4}$; P(8|6) f) $m = 0$; P(3|−2)

Aufgabe 36 ●●○

Eine lineare Funktion hat die Funktionsgleichung $y = mx + 2$. Berechne die Steigung m, so dass der Punkt P auf der Geraden liegt. Gib die zugehörige Gleichung an.

a) P(3 | 5) b) P(−2 | 5) c) P(6 | −1) d) P(−1 | 2)

Aufgabe 37 ●●○

Eine Gerade ist parallel zur gegebenen Gerade und verläuft durch den angegebenen Punkt. Bestimme die Geradengleichung.

a) $y = \frac{1}{2}x - 2$; P(2 | 6) b) $y = -\frac{3}{4}x + 4$; P(−4 | −1)

c) $y = x + 5$; P(1,5 | 2) d) $y = -1$; P(−2 | 4)

Aufgabe 38 ●●○

Eine Gerade hat die Gleichung $y = -2x + c$.
Bestimme c so, dass der Punkt P auf der Geraden liegt und gib die Geradengleichung an.

a) P(−1 | 2) b) P(2 | −5) c) P(6 | −1) d) P(−3 | −1)

Aufgabe 39 ●○○

Ergänze in der Geradengleichung jeweils die Steigung m.

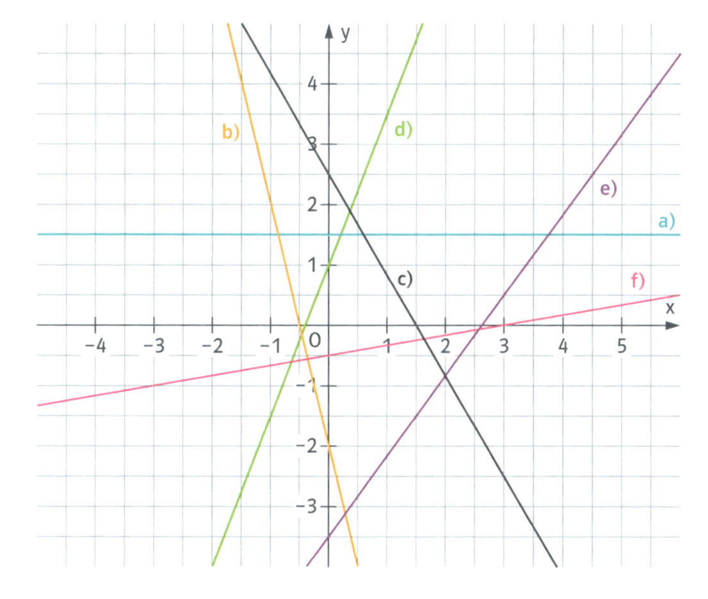

a) y = ______ x + 1,5 b) y = ______ x − 2 c) y = ______ x + 2,5

d) y = ______ x + 1 e) y = ______ x − 3,5 f) y = ______ x − 0,5

Übungsaufgaben

Aufgabe 40

Bestimme zu jeder Geraden die zugehörige Funktionsgleichung.

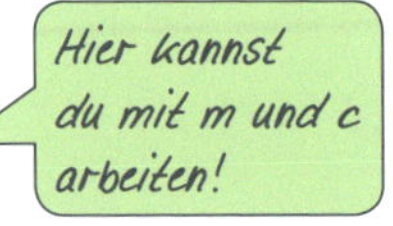

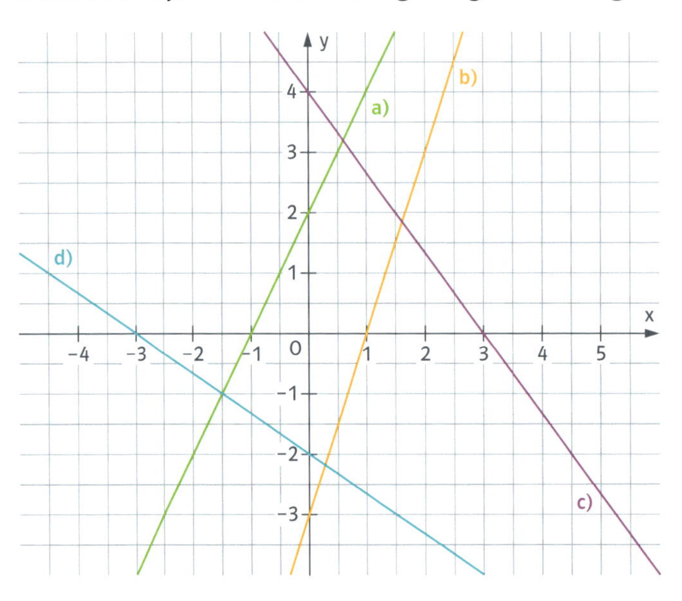

Aufgabe 41

Eine Gerade geht durch zwei Punkte P und Q. Gib die zugehörige Geradengleichung an.

a) P(0 | 4); Q(−1 | 3); y = ____________

b) P(3 | 1); Q(−6 | 4); y = ____________

c) P(−2 | 0); Q(4 | −3); y = ____________

d) P$\left(-1 \mid -\frac{1}{2}\right)$; Q(4 | −3); y = ____________

e) P(−5 | 5,5); Q(2 | 2); y = ____________

f) P(2 | 3); Q(−1 | −2); y = ____________

g) P(1 | 2); Q(2 | 4); y = ____________

h) P(2 | 1); Q(−4 | −1); y = ____________

Aufgabe 42 ●●○

Bestimme zu jeder Geraden die zugehörige Geradengleichung.

Hier kannst du schlecht ablesen. Suche deshalb 2 markante Punkte!

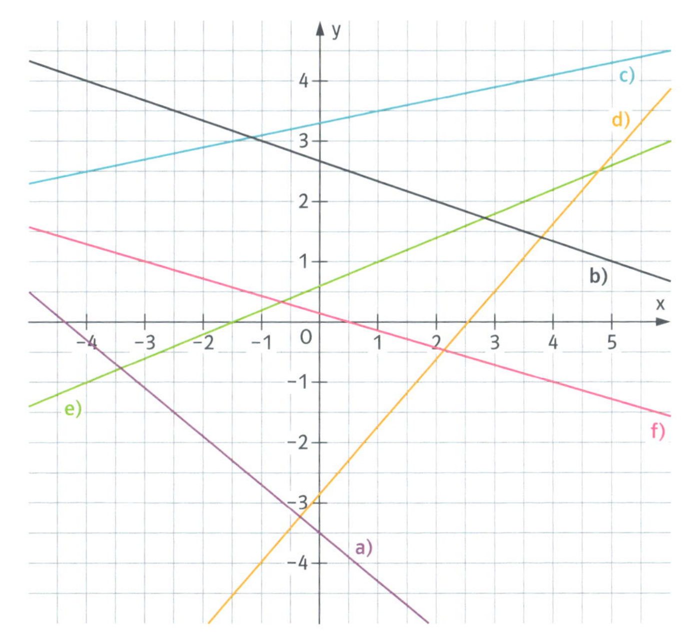

Aufgabe 43 ●●●

Liegen die drei Punkte jeweils auf einer Geraden? Begründe.

a) $A(2\,|\,-0{,}5)$, $B(4\,|\,-1)$, $C(-2\,|\,0{,}5)$
b) $A(1\,|\,8)$, $B(-2\,|\,-11)$, $C(4\,|\,7)$
c) $A(2\,|\,-5)$, $B(1\,|\,-3)$, $C(5\,|\,-11)$
d) $A(3\,|\,5)$, $B(-6\,|\,2)$, $C(-1\,|\,7)$

Abschlusskompetenzcheck

	Ich kann ...	✓

1 **... entscheiden, ob eine Zuordnung eine Funktion ist oder nicht.**
Bei welchen Schaubildern handelt es sich um Graphen von Funktionen?

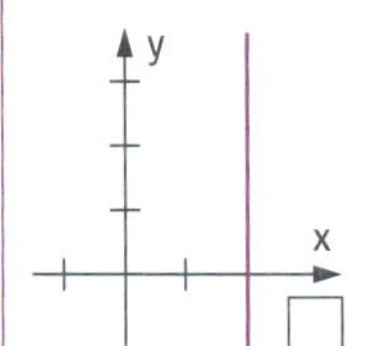

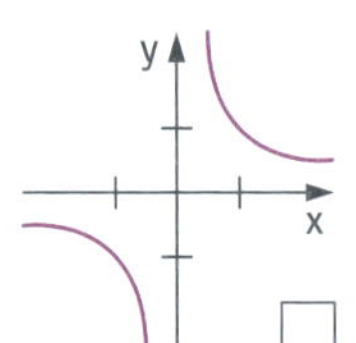

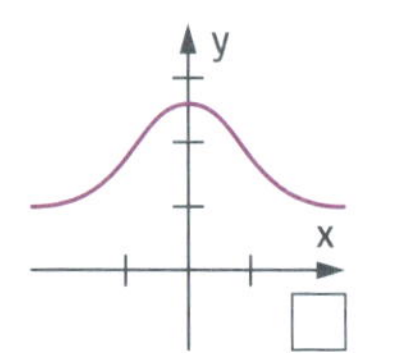

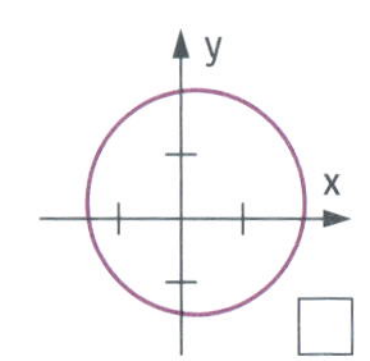

2 **... verschiedene Darstellungsformen einer Funktion ineinander übersetzen.**
Ordne der Wertetabelle bzw. den Graphen die passende Gleichung zu.

a)

x	−1	0	1	2	3
y	1	0	1	4	9

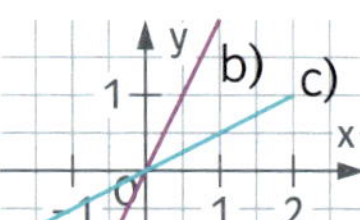

$y = 2x$ ____________

$y = x^2$ ____________

$y = \frac{1}{2}x$ ____________

3 **... entscheiden, ob eine Funktion proportional ist.**
Handelt es sich um proportionale Funktionen? Kreuze an.

☐ Personenzahl → Gesamtgewicht aller Personen

☐ Euro → US-Dollar

☐ Länge einer Seite → Umfang eines gleichseitigen Fünfecks

4 **... die Gleichung einer proportionalen Funktion angeben.**
Gib jeweils die Gleichung der Geraden der proportionalen Funktion an.

a) P(−2|−4) $y =$ ____________

b) P(−4|6); Q(6|−9) $y =$ ____________

c)

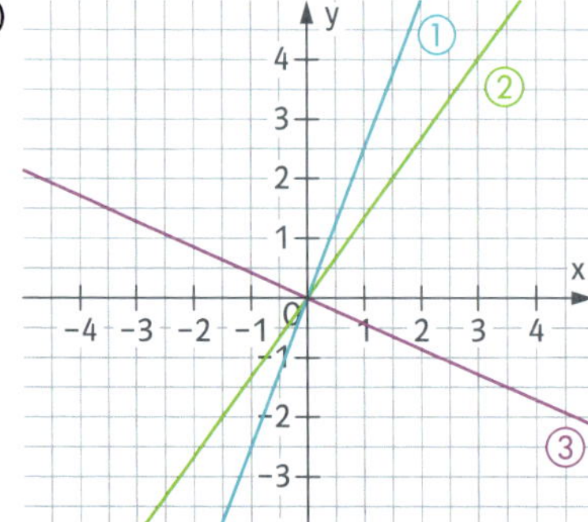

① $y =$ ____________

② $y =$ ____________

③ $y =$ ____________

	Ich kann ...	✓
5	**... die Gerade einer proportionalen Funktion zeichnen.** Zeichne die Geraden in ein Koordinatensystem. a) $y = -3x$ b) $y = \frac{2}{3}x$ c) $y = -1{,}5x$	
6	**... den Graphen einer linearen Funktion zeichnen.** Zeichne die Geraden in ein Koordinatensystem. a) $y = 2x - 1$ b) $y = -\frac{1}{4}x + 3$ c) $y = \frac{4}{3}x + 1$ d) $y = 2$	
7	**... überprüfen, ob ein Punkt auf einer Geraden liegt.** Kreuze alle Punkte an, die auf der Geraden mit $y = \frac{1}{2}x - 2$ liegen. ☐ A(2 | 1) ☐ B(0 | −2) ☐ C(−2 | −3) ☐ D(1 | −1,5)	
8	**... die Geradengleichung einer linearen Funktion bestimmen.** Gib jeweils die Gleichung der zugehörigen Geraden an. a) $m = -\frac{4}{3}$; P(−6 | 1) y = ______ b) P(1 | −3); Q(5 | −1) y = ______ c) 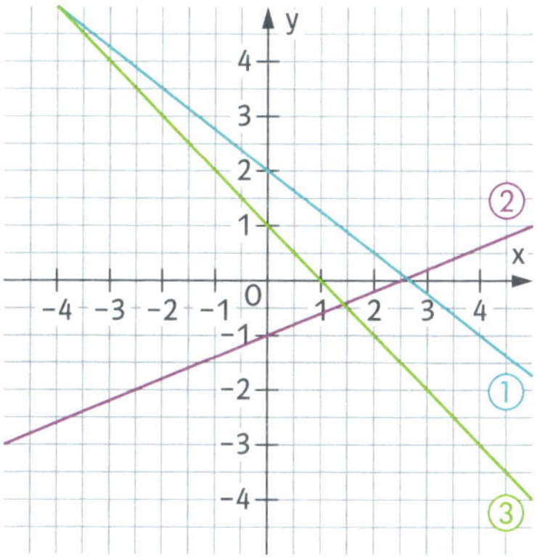 ① y = ______ ② y = ______ ③ y = ______	

2 Eigenschaften von linearen Funktionen – Lösen von linearen Gleichungen

Nullstellen linearer Funktionen – Lösen linearer Gleichungen der Form $mx + c = 0$

Kompetenzcheck

Ich kann …	Aufgabe	Ergebnis
… die Nullstellen einer linearen Funktion bzw. die Schnittpunkte einer Geraden mit der x-Achse grafisch bestimmen.	**Aufgabe 1** a) Lies den Schnittpunkt der Geraden mit der x-Achse ab. 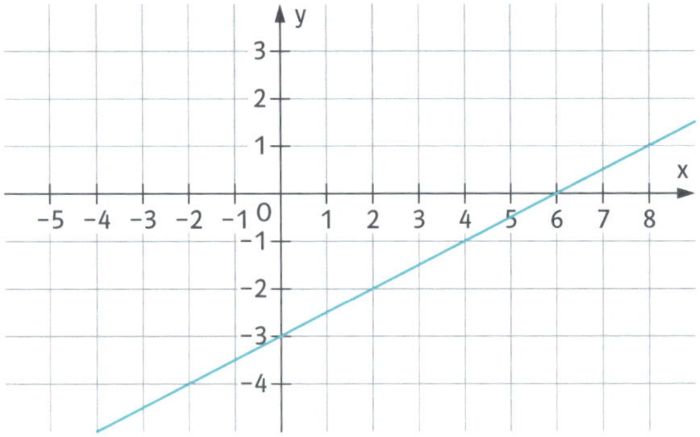 S(______ | ______) b) Bestimme grafisch die Nullstelle der linearen Funktion f mit $f(x) = -2x + 2$.	→ S. 173
… die Nullstelle einer linearen Funktion rechnerisch bestimmen.	**Aufgabe 2** Berechne die Nullstelle der linearen Funktion a) $f(x) = 3x + 6$; x_0 = ________ b) $f(x) = -\frac{1}{2}x - 4$; x_0 = ________	→ S. 173

Schritt-für-Schritt-Erklärung

Fachbegriffe

Was ist eine Nullstelle?

Algebraisch (rechnerisch):
Die **Nullstelle** ist eine **Eigenschaft** einer **Funktion**. Eine Nullstelle liegt vor, wenn $\mathbf{f(x) = 0}$ ist.
Bei einer linearen Funktion erhält man also die zugehörige **lineare Gleichung** $\mathbf{mx + c = 0}$. Löst man diese Gleichung nach x auf, erhält man als Lösung die Nullstelle.
Die Nullstelle ist also ein x-Wert und wird häufig mit $\mathbf{x_0}$ bezeichnet.

Grafisch:
Eine Gerade kann die x-Achse in einem Punkt S schneiden. Diesen Punkt S nennt man auch **Schnittpunkt mit der x-Achse**.
Für jeden Schnittpunkt S mit der x-Achse gilt $\mathbf{y = 0}$.
Der zugehörige x-Wert $\mathbf{x_0}$ wird als **Nullstelle** bezeichnet.
Der Schnittpunkt mit der x-Achse hat also die Koordinaten $\mathbf{S(x_0 \mid 0)}$.

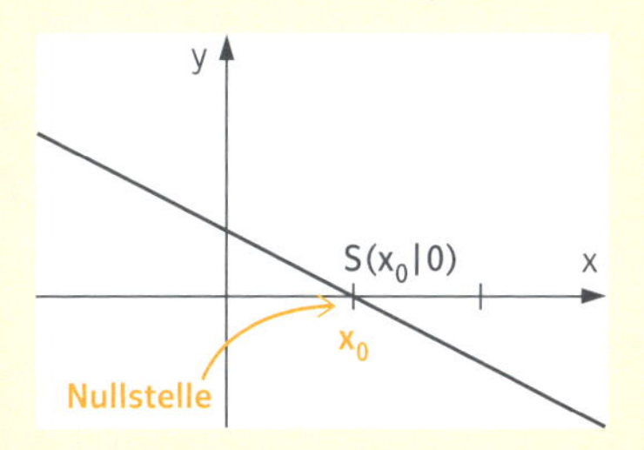

Beachte: Lineare Funktionen mit $f(x) = c$ haben keine Nullstelle; die zugehörige Gerade ist parallel zur x-Achse!

So gehst du vor

So kannst du die Nullstellen von linearen Funktionen bestimmen:

Möglichkeit 1: grafisch durch Ablesen am Graphen

1. Zeichne die Gerade.
2. Markiere den Schnittpunkt mit der x-Achse und lies die Koordinaten ab.
   Beachte: $S(x \mid y)$
3. Der x-Wert ist die Nullstelle.
   Da die Nullstelle ein besonderer x-Wert ist, wird er mit x_0 bezeichnet.

Achte immer darauf, was gesucht ist, die Nullstelle x_0 oder der Schnittpunkt mit der x-Achse $S(x_0 \mid 0)$.

Beispiel:
Bestimme die Nullstelle der linearen Funktion f mit $f(x) = \frac{3}{2}x - 3$.

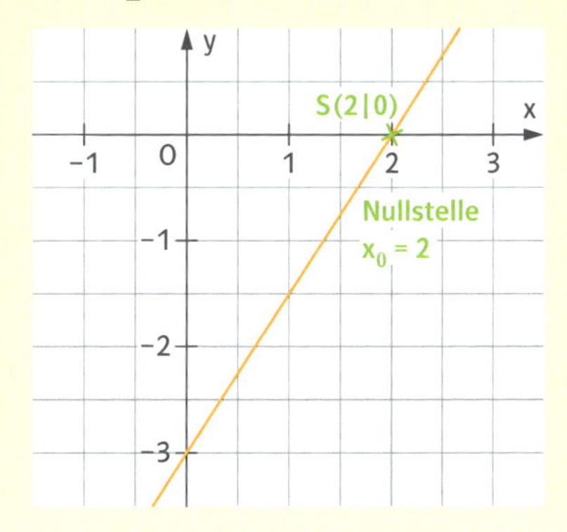

Schritt-für-Schritt-Erklärung

Fachbegriffe

Möglichkeit 2:
algebraisch (rechnerisch) durch Lösen der linearen Gleichung $mx + c = 0$

1. Nullstelle bedeutet $f(x) = 0$.
   Setze also den Funktionsterm $mx + c = 0$.
2. Löse die Gleichung, indem du die Zahl c auf die andere Seite der Gleichung bringst.
   Nimm dazu das entgegengesetzte Vorzeichen und addiere bzw. subtrahiere.
3. Dividiere beide Seiten durch m, also die Zahl vor dem x.

   Kurz zusammengefasst:
   Es gilt $\mathbf{x_0 = -\frac{c}{m}}$.

Beispiel:
Bestimme die Nullstelle der linearen Funktion f mit $f(x) = \frac{3}{2}x - 3$.

Vorzeichen umdrehen

$\frac{3}{2}x - 3 = 0 \quad | +3$

$\frac{3}{2}x = 3 \quad | : \frac{3}{2}$

$x = 3 : \frac{3}{2} = 3 \cdot \frac{2}{3} = 2$

Nullstelle: $x_0 = 2$

Durch einen Bruch kannst du dividieren, indem du die Zahl mit dem Kehrbruch multipliziert. Vertausche dazu einfach Zähler und Nenner.

Übungsaufgaben

Aufgabe 1

Lies die Schnittpunkte mit der x-Achse ab und gib die Nullstellen an.

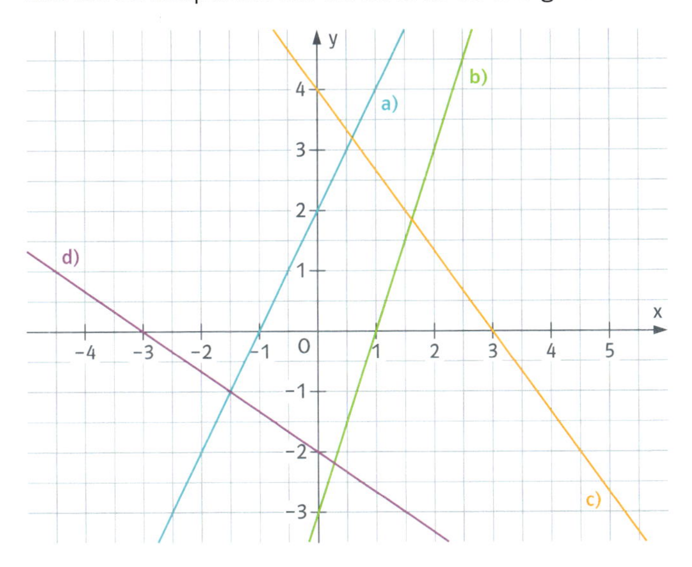

a) S(|); x_0 = ______

b) S(|); x_0 = ______

c) S(|); x_0 = ______

d) S(|); x_0 = ______

Aufgabe 2

Zeichne die Geraden in das Koordinatensystem und bestimme die Schnittpunkte mit der x-Achse.

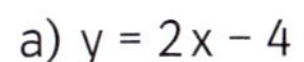

a) $y = 2x - 4$

b) $y = -x + 3$

c) $y = \frac{1}{2}x + 2$

d) $y = -2x + 1$

e) $y = 4x$

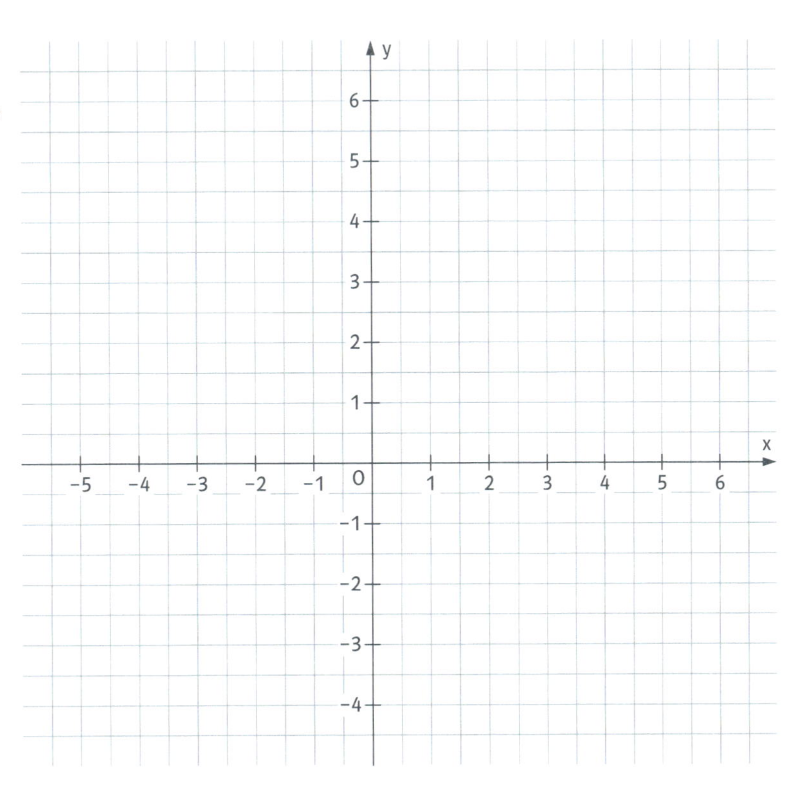

Übungsaufgaben

Aufgabe 3 ●●○

In welchem Punkt schneidet die Gerade durch P und Q die x-Achse?

a) $P(0|4)$; $Q(-1|3)$
b) $P(3|2)$; $Q(0|5)$
c) $P(1|3{,}5)$; $Q(-2|2)$
d) $P(-2|3)$; $Q(1|-3)$

Aufgabe 4 ●○○

Berechne die Nullstellen.

a) $f(x) = 3x - 3$
b) $f(x) = -2x - 4$
c) $f(x) = x - \frac{1}{2}$
d) $f(x) = 4x + 12$
e) $f(x) = \frac{1}{2}x + 5$
f) $f(x) = 2x - 1$

Aufgabe 5 ●○○

Berechne die Nullstelle.

a) $f(x) = \frac{1}{4}x + 2$
b) $f(x) = -\frac{3}{2}x + 6$
c) $f(x) = -\frac{2}{5}x - 1$
d) $f(x) = -0{,}2x + 1$
e) $f(x) = \frac{2}{3}x - 5$
f) $f(x) = -1{,}2x - 6$

Aufgabe 6 ●●○

Berechne die Nullstelle.

a) $f(x) = \frac{3}{4}x + 1$
b) $f(x) = 5x - 0{,}5$
c) $f(x) = -2x + \frac{3}{2}$
d) $f(x) = -\frac{1}{3}x - \frac{1}{2}$
e) $f(x) = \frac{2}{3}x - \frac{1}{6}$
f) $f(x) = 4$

Aufgabe 7 ●●●

Gib die Gleichungen von drei linearen Funktionen an, …

a) die die Nullstelle $x_0 = 2$ haben.
b) deren Graphen die x-Achse im Punkt $S(-4|0)$ schneiden.
c) die die Nullstelle $x_0 = 3$ haben und eine negative Steigung haben.

Funktionswerte berechnen – Lösen der Gleichung $mx + c = d$

Kompetenzcheck

Ich kann …	Aufgabe	Ergebnis
… zu einem gegebenen y-Wert den zugehörigen x-Wert grafisch bestimmen.	**Aufgabe 1** a) Ergänze jeweils die fehlende Koordinate. $A(\ \ \mid 1)$ $B\left(\ \ \mid -\frac{1}{2}\right)$ $C(\ \ \mid 0)$ $D(\ \ \mid 2)$ $E(\ \ \mid 4)$ b) Gegeben ist die Gerade $y = -2x + 4$. Bestimme grafisch die fehlenden Koordinaten. $A(\ \ \mid 5)$; $B(\ \ \mid 2)$; $C(\ \ \mid 0)$; $D(\ \ \mid -1)$; $E(\ \ \mid -2)$	→ S. 173
… zu einem gegebenen Funktionswert die zugehörige Stelle berechnen.	**Aufgabe 2** An welcher Stelle nimmt die Funktion f den angegebenen Funktionswert an? Berechne. a) $f(x) = -x + 1$; $f(x) = 4$; $x_1 =$ b) $f(x) = \frac{3}{4}x + 6$; $f(x) = 3$; $x_1 =$	→ S. 173
	Aufgabe 3 Gegeben ist die Funktion f mit $f(x) = 2x + 1$. Für welche x-Werte gilt $f(x) > 3$? Für alle x gilt $f(x) > 3$.	→ S. 173

Schritt-für-Schritt-Erklärung

Alle Punkte, die den (gleichen) y-Wert d haben, liegen auf der Geraden $y = d$.
Sucht man bei einer linearen Funktion f zu einem gegebenen Funktionswert **$f(x) = d$** den zugehörigen x-Wert bzw. die zugehörige Stelle, musst du die **Gleichung $mx + c = d$ lösen**.
Jede Gleichung kann man grafisch (oder mit einem grafikfähigen Taschenrechner oder CAS) lösen, indem **man jede Seite der Gleichung** grafisch in einem **Koordinatensystem zeichnet** und dann **gemeinsame Punkte** sucht.
Also kann man diesen Sachverhalt bei linearen Funktionen grafisch als Spezialfall des **Schnitts von zwei Geraden** darstellen.

So gehst du vor

So kannst du zu einem gegebenen Funktionswert den zugehörigen x-Wert bestimmen:

Möglichkeit 1: grafisch durch Ablesen am Graphen

Beispiel:
An welcher Stelle nimmt die Funktion f mit $f(x) = 2x - 3$ den Wert 1 an?

1. Zeichne die gegebene Gerade $y = mx + c$.
2. Zeichne die Gerade $y = d$. Das ist die Parallele zur x-Achse, die durch den Punkt $P(0\,|\,d)$ geht.
3. Markiere den Schnittpunkt der beiden Geraden und lies die Koordinaten ab.
   Beachte: $S(x\,|\,y)$
   Der x-Wert ist der gesuchte Wert.

zugehörige Gleichung: $2x - 3 = 1$

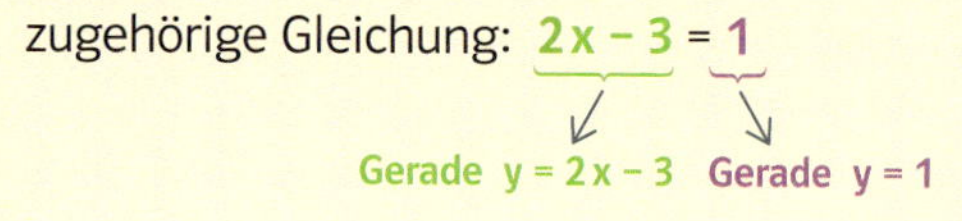

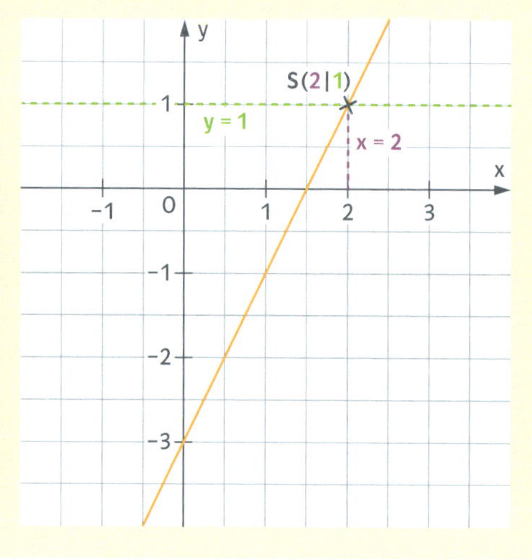

So kannst du auch vorgehen, wenn du die fehlende x-Koordinate eines Punktes auf der Geraden bestimmen musst.

Schritt-für-Schritt-Erklärung

So gehst du vor

Möglichkeit 2:
algebraisch (rechnerisch) durch Lösen der linearen Gleichung $mx + c = d$

Beispiel:
An welcher Stelle nimmt die Funktion f mit $f(x) = 2x - 3$ den Wert 1 an?

1. Setze den Funktionsterm gleich dem gegebenen y-Wert, also $mx + c = d$.

   zugehörige Gleichung: $2x - 3 = 1$

2. Löse die Gleichung, indem du die Zahl c auf die andere Seite der Gleichung bringst.
   Nimm dazu das entgegengesetzte Vorzeichen und addiere bzw. subtrahiere die Zahl zu d.

   $2x - 3 = 1 \quad | +3$
   $2x = 1 + 3$
   $2x = 4 \quad | :2$

3. Dividiere beide Seiten durch m, also die Zahl vor dem x.

   $x = 4 : 2 = 2$

   Kurz zusammengefasst:
   Es gilt $\mathbf{x_0 = d - \frac{c}{m}}$.

An der Stelle $x_0 = 2$ nimmt f den Wert 1 an.

Übungsaufgaben

Aufgabe 8 ●○○

Ergänze die fehlenden Koordinaten.

a)

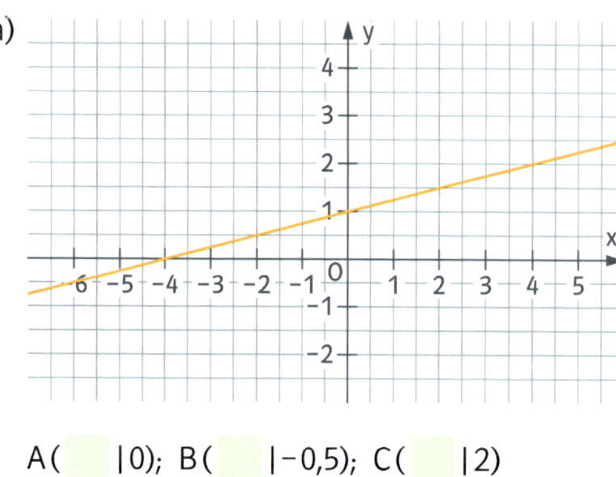

A(| 0); B(| −0,5); C(| 2)

b)

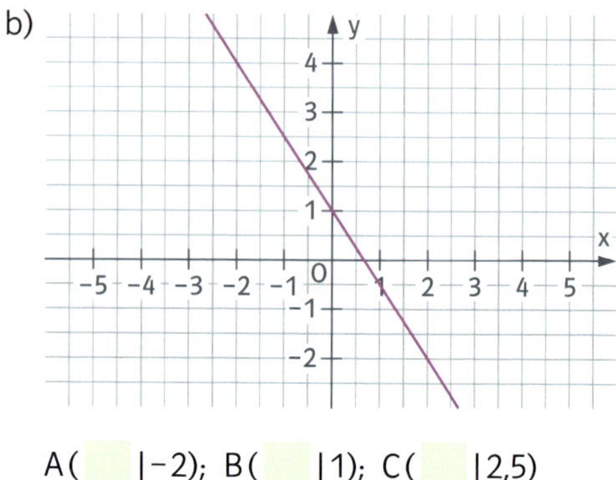

A(| −2); B(| 1); C(| 2,5)

Aufgabe 9 ●○○

Zeichne die Geraden in das Koordinatensystem und bestimme die fehlende Koordinate.

a) $y = 2x - 4$; P(| 4)

b) $y = -x + 3$; P(| 4)

c) $y = \frac{1}{2}x + 2$; P(| 4)

d) $y = -2x + 1$; P(| 4)

e) $y = 4x$; P(| 4)

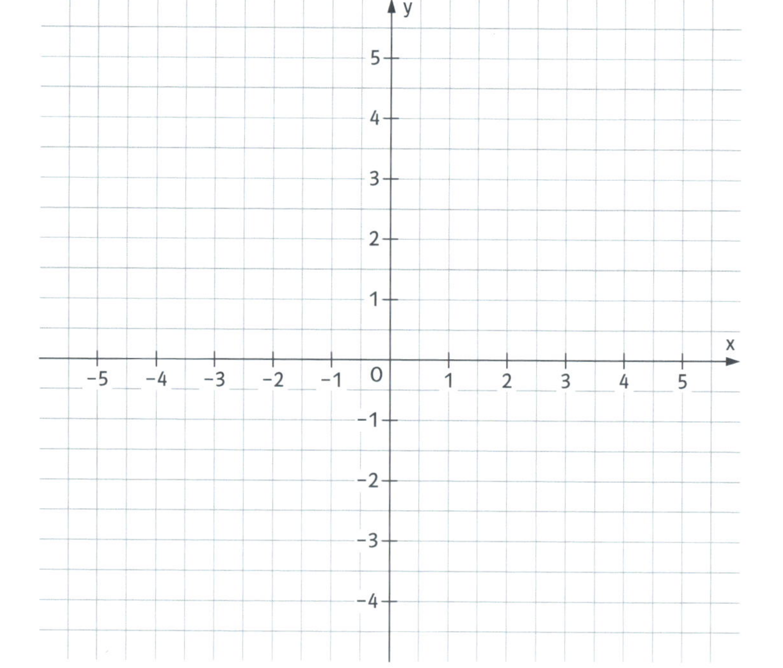

Aufgabe 10 ●○○

An welcher Stelle nimmt die Funktion f den angegebenen Wert an? Löse grafisch.

a) $f(x) = 3x - 1;\ f(x) = 2$ b) $f(x) = -2x + 3;\ f(x) = -1$ c) $f(x) = x + 2;\ f(x) = 0{,}5$

d) $f(x) = -\frac{1}{2}x - 1;\ f(x) = 0{,}5$ e) $f(x) = \frac{2}{3}x + 1;\ f(x) = -2$ f) $f(x) = -x + \frac{1}{2};\ f(x) = -1{,}5$

Aufgabe 11 ●○○

An welcher Stelle nimmt die Funktion f den angegebenen Wert an? Löse rechnerisch.

a) $f(x) = 2x + 3;\ f(x) = 7$ b) $f(x) = -3x + 2;\ f(x) = 8$

c) $f(x) = -x + 3;\ f(x) = 2$ d) $f(x) = -4x - 6;\ f(x) = 14$

Aufgabe 12 ●●○

An welcher Stelle nimmt die Funktion f den angegebenen Wert an? Löse rechnerisch.

a) $f(x) = -\frac{2}{3}x + 1;\ f(x) = -3$ b) $f(x) = -\frac{1}{2}x - 5;\ f(x) = -6{,}5$

c) $f(x) = -\frac{2}{3}x - \frac{1}{6};\ f(x) = -\frac{1}{2}$ d) $f(x) = -\frac{1}{3}x - 2{,}5;\ f(x) = 0{,}5$

Aufgabe 13 ●○○

Veranschauliche die Lösung grafisch und berechne.

a) $x + 1 = 4$ b) $3x - 4 = 2$ c) $-\frac{5}{3}x + 4 = -1$

d) $-\frac{5}{2}x + 3 = -2$ e) $-\frac{1}{2}x - 4 = -7$ f) $2x + 2 = 4$

Aufgabe 14 ●○○

Welche Aufgabe ist hier dargestellt? Schreibe die Aufgabe und gib die Lösung an.

a)

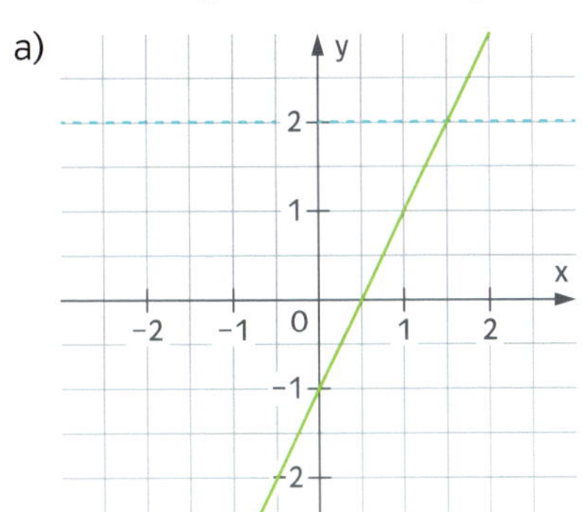

b)

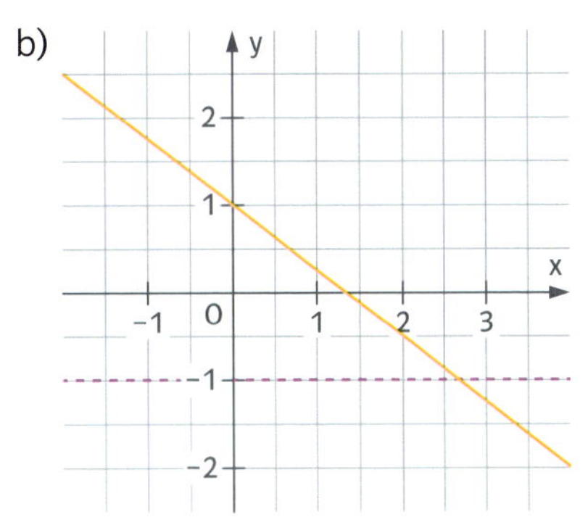

Modellieren mit linearen Funktionen – lineare Funktionen im Sachzusammenhang

Kompetenzcheck

Ich kann …	Aufgabe	Ergebnis
… aus dem Aufgabentext die Gleichung einer linearen Funktion bestimmen.	**Aufgabe 1** Stelle den Sachverhalt mit einer linearen Funktion dar. a) Familie Bubeck möchte für ihren Urlaub ein Wohnmobil mieten. Der Händler bietet ihnen das Wohnmobil mit einer Servicepauschale von 150 € und 80 € pro Tag an. __________ b) Eine zylinderförmige Kerze brennt gleichmäßig ab. Nach 2 h ist die Kerze 15 cm lang, nach 5 h noch 9 cm. __________	☺ 😐 ☹ → S. 174
… Anwendungsaufgaben mithilfe linearer Funktionen bearbeiten und lösen.	**Aufgabe 2** Ein Tarifrechner berechnet Taxipreise in der Stadt. 12 km kosten 22,10 €, 15 km kosten 26,90 €. a) Wie viel kostet ein gefahrener km? __________ b) Wie hoch ist der Grundtarif für eine Taxifahrt? __________ c) Wie teuer wäre demnach eine Taxifahrt von 8,5 km? __________	☺ 😐 ☹ → S. 174

Schritt-für-Schritt-Erklärung

Fachbegriffe

Mithilfe von linearen Funktionen lassen sich Probleme aus dem Alltag bearbeiten und lösen. Übersetzt man diese Fragestellung in einen mathematischen Zusammenhang, nennt man dies **Modellieren**.
Wenn du Anwendungsaufgaben systematisch lösen willst, kannst du meist nach einem festen Schema vorgehen.

So kannst du Anwendungsaufgaben mithilfe linearer Funktionen lösen:

① Aufgabenstellung / Problem:

Im ersten Schritt geht es um das **Textverständnis**. Nur wenn du die Aufgabe richtig verstanden hast, kannst du versuchen, sie zu lösen.

1. Lies dir die **ganze Aufgabe** genau durch.
2. **Markiere** die Daten, die für das Lösen der Aufgabe wichtig sind.
3. **Formuliere** (am besten in eigenen Worten), was du herausfinden sollst.

② Mathematisches Modell:

Im zweiten Schritt geht es darum, den Text in mathematische Sachverhalte zu übersetzen.

1. Schreibe die Daten aus dem Text heraus und sortiere sie nach Zusammenhängen. Finde heraus, welche Größe gegeben und welche Größe von dieser gegebenen Größe abhängig ist und führe Variablen dafür ein.
2. Bestimme aus den gegebenen Größen die Steigung m und den y-Achsenabschnitt c.
3. Stelle eine Funktionsgleichung auf.

③ Mathematische Lösung:

1. Löse die Aufgabe rechnerisch oder grafisch.
2. Formuliere ein Ergebnis.

④ Kontrolle:

Rechnen ist gut – Kontrolle ist besser!
Überprüfe anhand der Aufgabe, ob dein Ergebnis stimmen kann.

Schritt-für-Schritt-Erklärung

So gehst du vor

Beispiel:

① Bei uns wird die Temperatur in Grad Celsius (kurz °C) gemessen.
Die internationale Einheit für die Temperatur ist Kelvin (K).
10 °C entsprechen 283,16 K und 25 K sind 298,16 K.

a) Gib eine Funktionsgleichung an, mit der man die Temperatur von °C in K umrechnen kann.
b) Wie viel K sind 57,8 °C?
c) Wie viel °C sind −121,4K?

57,8 °C ist die bislang höchste im Freien gemessene Lufttemperatur.

② **Mathematisches Modell**

1. Gegeben sind zwei Wertepaare.
Temperatur in °C: x
Temperatur in K: y

P(10 | 283,16); Q(25 | 298,16)
Temperatur in °C — Temperatur in K

2. a) Berechnung der Steigung m mithilfe der Formel $m = \frac{y_2 - y_1}{x_2 - x_1}$

$m = \frac{298{,}16 - 283{,}16}{25 - 10} = \frac{15}{15} = 1$

b) Berechnung von c mit $y = mx + c$.
Setze dazu m und einen der beiden Punkte in die Gleichung ein und löse nach c auf.

Setze m und P in $y = mx + c$ ein:
$283{,}16 = 1 \cdot 10 + c \quad | -10$
$273{,}16 = c$

3. Stelle die Funktionsgleichung auf, indem du m und c in $f(x) = mx + c$ einsetzt.

$f(x) = x + 273{,}16$

③ **Mathematische Lösung**

zu b) °C, also x gegeben,
K, also f(x) gesucht
Setze $x = 57{,}8$ für x in die Funktionsgleichung ein und berechne f(x).
Formuliere das Ergebnis.

b) $57{,}8 + 273{,}16 = 330{,}96$
57,8 °C entsprechen also 330,96 K.

zu c) K, also f(x) gegeben,
°C, also x gesucht
Setze −121,4 für f(x) in die Funktionsgleichung ein und berechne x.
Formuliere das Ergebnis.

c) $x + 273{,}16 = -121{,}4 \quad | -273{,}16$
$x = -121{,}4 - 273{,}16$
$= -394{,}46$
−121,4 K entsprechen also −394,46 °C.

Übungsaufgaben

Aufgabe 15 ●○○

Eine zylinderförmige Kerze brennt pro Stunde 1,5 cm ab. Drei Stunden nach dem Anzünden ist die Kerze noch 9,5 cm hoch.

a) Gib eine zugehörige Funktionsgleichung an, die das Abbrennen der Kerze beschreibt.
b) Wie hoch war die Kerze ursprünglich?
c) Berechne die Nullstelle. Was bedeutet die Nullstelle in diesem Sachzusammenhang?

Aufgabe 16 ●○○

Herr Herzog mietet für seine Fahrten immer ein Auto. Das Auto kostet pro Tag 24 € und pro gefahrenem Kilometer 0,18 €.

a) Herr Herzog fährt an einem Tag 58 km. Wie teuer ist die Fahrt?
b) Wie teuer wird ein Tag mit 92,5 km?

Aufgabe 17 ●○○

In der Abbildung siehst du ein Thermometer, das die Temperatur sowohl in Grad Celsius als auch in Grad Fahrenheit anzeigt.

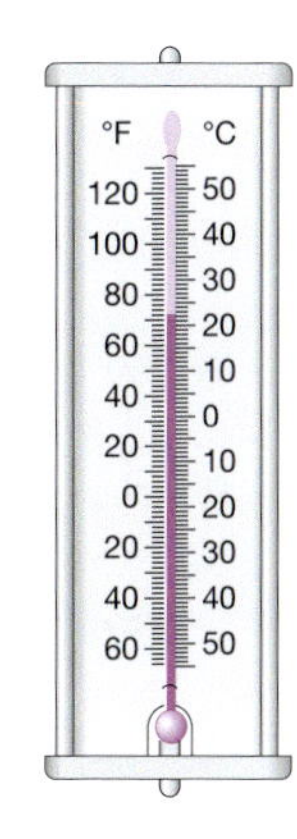

a) Wie kannst du die Temperatur von °C umrechnen in °F?
Beschreibe den Zusammenhang zwischen den Einheiten mithilfe einer linearen Funktion. (Es gilt $-40\,°C \triangleq -40\,°F$ und $10\,°C \triangleq 50\,°F$)
b) Reines Wasser gefriert bei 0 °C. Gib die Temperatur in °F an.
c) Fahrenheit setzte als 100 °F seine eigene durchschnittliche Körpertemperatur fest.
Berechne diese in Grad Celsius.

Aufgabe 18 ●○○

In einer Sanduhr sind 150 mm^3 Sand enthalten. Die Verengung in der Mitte ist so groß, dass 0,25 mm^3 Sand pro Sekunde hindurchrieseln.

a) Nach wie vielen Sekunden ist die Hälfte des Sandes nach unten gerieselt?
b) Nach welcher Zeit ist der ganze Sand von oben nach unten gerieselt?

Übungsaufgaben

Aufgabe 19 ●●○

Im Physikunterricht werden an eine Schraubenfeder nacheinander Gewichte mit unterschiedlichen Massen gehängt und jeweils die Länge der Feder gemessen und dokumentiert.

Masse in g	50	100	250	300	
Länge in cm	8,6	10,2	15		30,2

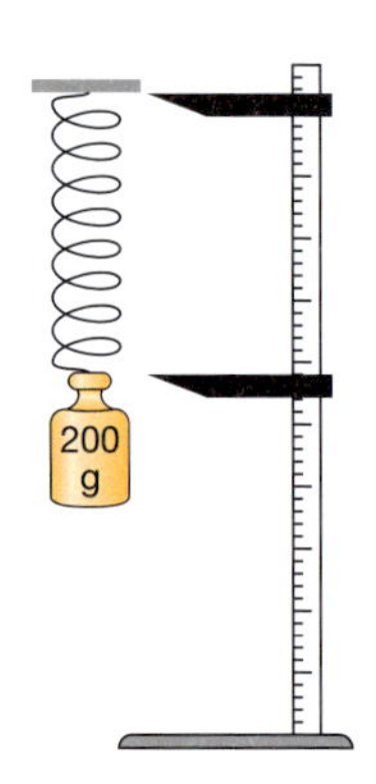

a) Weise nach, dass der Zusammenhang zwischen angehängter Masse und Länge der Feder mit einer linearen Funktion modelliert werden kann.
b) Bestimme den y-Achsenabschnitt. Welche Bedeutung hat er in diesem Sachzusammenhang?
c) Ergänze die fehlenden Angaben in der Tabelle.

Lineare Funktionen als Darstellung von linearen Gleichungen mit zwei Variablen

Kompetenzcheck

Ich kann ...	Aufgabe	Ergebnis
... überprüfen, ob ein Zahlenpaar Lösung einer linearen Gleichung mit zwei Variablen ist.	**Aufgabe 1** Ist das Zahlenpaar Lösung der Gleichung $2x - 3y = 8$? Kreuze an. ☐ $(1; -2)$ ☐ $(-0{,}5; -3)$ ☐ $(0; -5)$ ☐ $(4; 0)$	☺ 😐 ☹ → S. 174
... Lösungen von linearen Gleichungen mit zwei Variablen angeben.	**Aufgabe 2** Ergänze die fehlenden Zahlen so, dass das Zahlenpaar Lösung der Gleichung ist. a) $2x - y = 6$; $(2; \;\;)$ b) $3x - y = -5$; $(\;\; ; -10)$	☺ 😐 ☹ → S. 174
... eine lineare Gleichung mit zwei Variablen im Koordinatensystem darstellen.	**Aufgabe 3** Zeichne den Graphen der zugehörigen Funktion in das Koordinatensystem. a) $3x - y = 1$ b) $2x + 4y = 6$ [Koordinatensystem: x von −3 bis 3, y von −2 bis 4]	☺ 😐 ☹ → S. 174

Schritt-für-Schritt-Erklärung

Fachbegriffe

Was ist eine lineare Gleichung mit zwei Variablen?

Eine Gleichung der Form $ax + by = c$ heißt **lineare Gleichung mit zwei Variablen** x und y.
a, b und c sind beliebige Zahlen.
Da die Gleichung linear ist und zwei Variablen enthält, besteht jede Lösung der Gleichung aus einem **Zahlenpaar (x ; y)**, für das bei Einsetzen in die Gleichung eine wahre Aussage entsteht.

Eine Gleichung heißt linear, wenn die Variablen nur mit der Potenz (Hochzahl) 1 vorkommen. $x^2 + y = 1$ ist also keine lineare Gleichung.

Grafisch darstellen kann man eine lineare Gleichung mit zwei Unbekannten als **Gerade**. Die Lösungen, also die Zahlenpaare (x ; y), entsprechen dann den Punkten P(x | y) auf der Geraden.

So gehst du vor

So kannst du Lösungen einer linearen Gleichung mit zwei Unbekannten bestimmen:

Beispiel:
Gib zwei Lösungen von $6x + 3y = 9$ an.

Setze jeweils verschiedene Werte für x ein und berechne den zugehörigen y-Wert.
Löse dafür die Gleichung nach y auf.

$x = 0$: $6 \cdot 0 + 3y = 9$
$3y = 9 \quad | :3$
$y = 3$
(0 ; 3) ist eine Lösung.

$x = 1$: $6 \cdot 1 + 3y = 9$
$6 + 3y = 9 \quad | -6$
$3y = 3 \quad | :3$
$y = 1$
(1 ; 1) ist eine Lösung.

Schritt-für-Schritt-Erklärung

So gehst du vor

So kannst du eine lineare Gleichung mit zwei Unbekannten als Gerade darstellen:

Möglichkeit 1: Jede Lösung der linearen Gleichung kann als Punkt dargestellt werden.

Beispiel: $6x + 3y = 9$

1. Bestimme geschickt zwei Lösungen der Gleichung, also zwei Lösungspaare.
2. Zeichne die beiden zugehörigen Punkte in ein Koordinatensystem und verbinde sie mit einer Geraden.

A(0 | 3) und B(1 | 1) sind Punkte auf der zugehörigen Geraden.

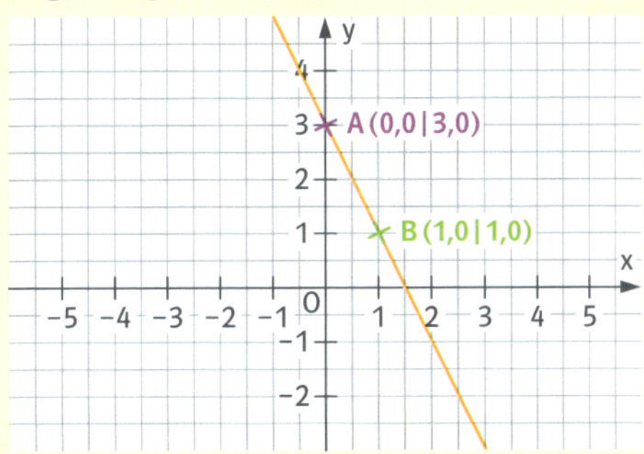

Möglichkeit 2: Forme die Gleichung so um, dass y alleine auf einer Seite steht.

Beispiel: $6x + 3y = 9$

1. Nimm das entgegengesetzte Vorzeichen von a, der Zahl vor x, und addiere bzw. subtrahiere ax.
2. Dividiere **jeden Summanden** (jede Zahl) der rechten Seite durch b, die Zahl vor y.
3. Stelle die Gleichung um und zeichne die Gerade in ein Koordinatensystem.

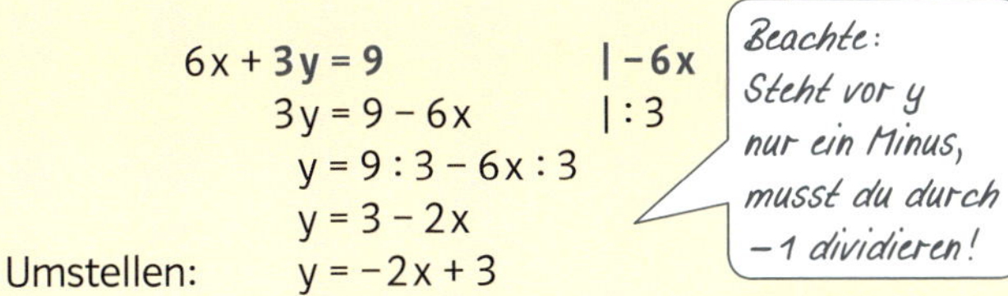

$6x + \mathbf{3y = 9} \quad | -\mathbf{6x}$

$3y = 9 - 6x \quad | : 3$

$y = 9 : 3 - 6x : 3$

$y = 3 - 2x$

Umstellen: $y = -2x + 3$

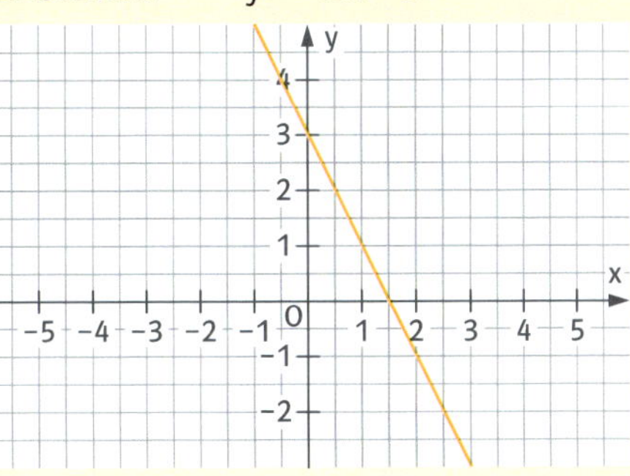

Schritt-für-Schritt-Erklärung

So gehst du vor

So kannst überprüfen, ob ein Zahlenpaar Lösung der Gleichung ist:

Beispiel: $6x + 3y = 9$; $(2;-1)$, $(1;-2)$

Möglichkeit 1: grafisch
Stelle die Gleichung als Gerade im Koordinatensystem dar und zeichne die Lösung als Punkt ein. Liegt der Punkt auf der Geraden, ist das Zahlenpaar Lösung.

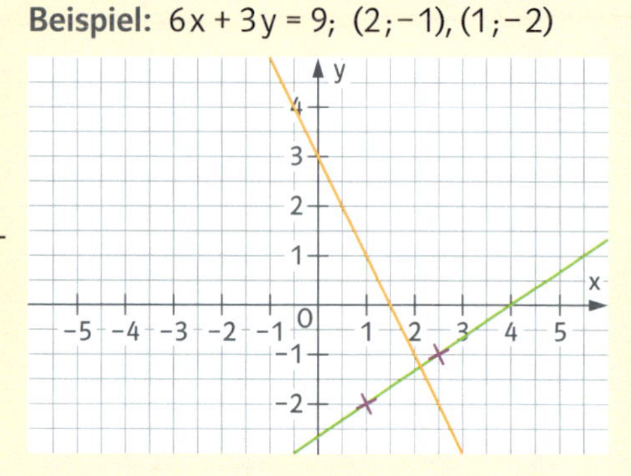

Möglichkeit 2: rechnerisch
Setze das Zahlenpaar in die Gleichung ein. Wenn eine wahre Aussage entsteht, ist das Zahlenpaar Lösung.

$(2;-1)$ ist eine Lösung,
denn $6 \cdot 2 + 3 \cdot (-1) = 9$ ✓

$(1;-2)$ ist keine Lösung,
denn $6 \cdot 1 + 3 \cdot (-2) = 0 \neq 9$

So gehst du vor

So kannst du fehlende Werte der Lösung bestimmen:

Beispiel:
Gegeben ist die Gleichung $6x + 3y = 9$.
Bestimme den fehlenden Wert: $(\quad;-2)$

Möglichkeit 1: grafisch
Stelle die Gleichung als Gerade im Koordinatensystem dar, markiere die gegebene Koordinate und lies den fehlenden Wert ab.

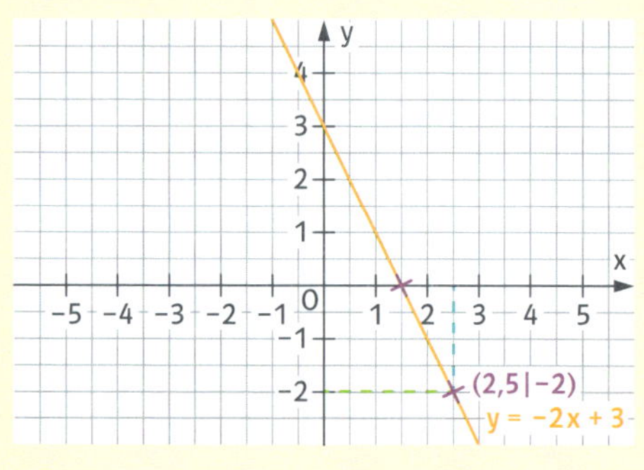

Möglichkeit 2: rechnerisch
Setze den gegebenen Wert des Zahlenpaars in die Gleichung ein. Löse die Gleichung nach dem fehlenden Wert auf.

Setze $y = -2$ in die Gleichung $6x + 3y = 9$ ein.

$$
\begin{aligned}
6x + 3 \cdot (-2) &= 9 \\
6x - 6 &= 9 \quad && |+6 \\
6x &= 15 \quad && |:6 \\
x &= \frac{15}{6} = \frac{5}{2} = 2{,}5
\end{aligned}
$$

Lösung: $(2{,}5;-2)$

Übungsaufgaben

Aufgabe 20 ●○○

Löse die lineare Gleichung nach y auf und stelle sie grafisch in einem Koordinatensystem dar.

a) $2y = x - 4$

b) $2x - \frac{1}{2}y = 3$

c) $3x - y = 3$

d) $4x - 2y = 4$

e) $2y - 6x = -2$

f) $3x + 6y = -3$

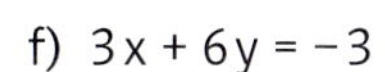

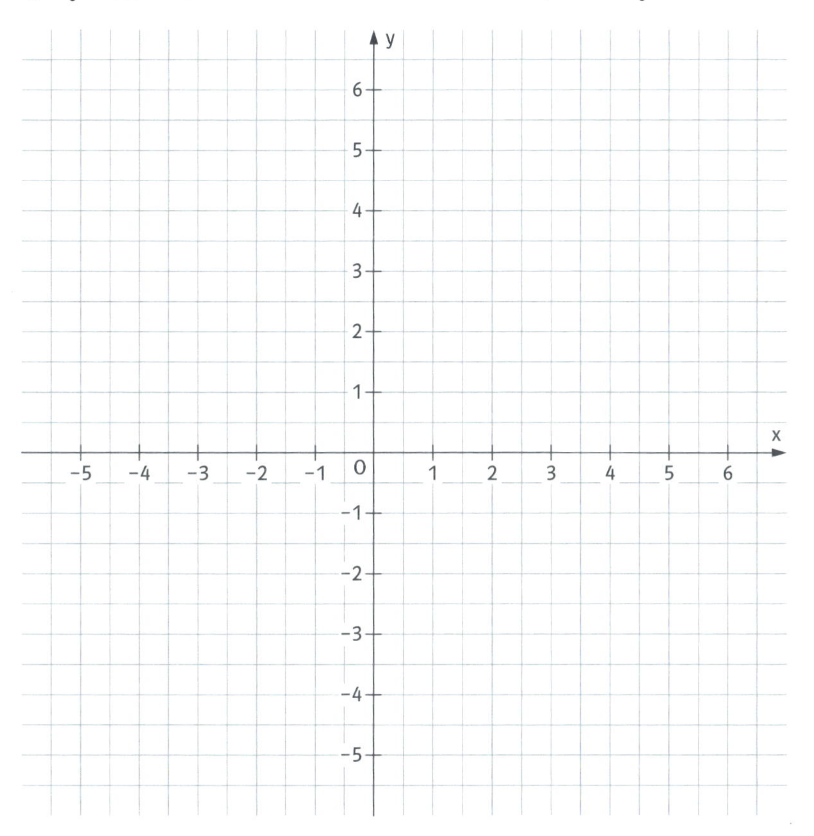

Übungsaufgaben

Aufgabe 21 ●○○

Löse die lineare Gleichung nach y auf und stelle sie grafisch in einem Koordinatensystem dar.

a) $y - 2x = 3$

b) $y - \frac{1}{2}x = -1$

c) $y - 2 = x$

d) $x - y = 2$

e) $\frac{1}{3}x - y = -2$

f) $x + y = 0$

Aufgabe 22 ●○○

Löse die lineare Gleichung nach y auf und stelle sie grafisch in einem Koordinatensystem dar.

a) $-2x - 2y = -4$

b) $6x - 2y = -4$

c) $2x - y = 3$

d) $2x - 5y = 0$

e) $\frac{1}{2}x + \frac{1}{2}y = \frac{3}{2}$

f) $-\frac{1}{4}x - \frac{1}{2}y = \frac{3}{2}$

Aufgabe 23 ●○○

Welche Gleichung gehört zu welcher Geraden?

① $-6x + 3y = -3$

② $-x - 3y = -3$

③ $\frac{1}{2}y - \frac{1}{8}x = 1$

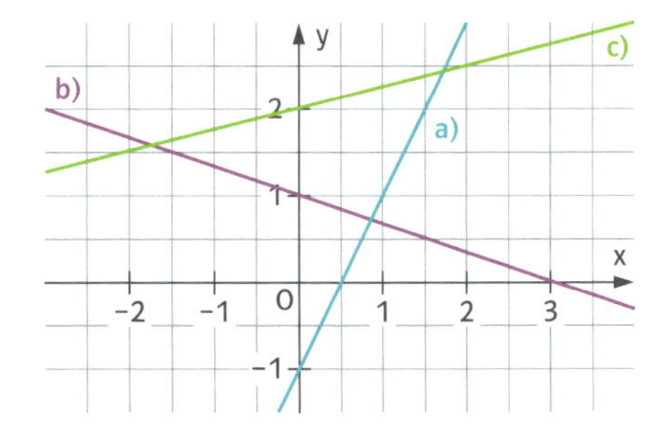

Aufgabe 24 ●○○

Gib jeweils drei Lösungen für die Gleichungen an. Versuche, möglichst im Kopf zu rechnen.

a) $2x - y = 5$

b) $3x + 6y = -3$

c) $4x - 5y = 6$

Aufgabe 25 ●○○

Ergänze die Zahlenpaare so, dass sie Lösung der Gleichung $-6x + 2y = 2$ sind.

a) (1;)

b) (; 2)

c) (−2;)

d) (; 0)

e) $\left(\frac{1}{2};\ \right)$

f) (; −10)

Aufgabe 26 ●○○

Überprüfe rechnerisch, ob das Zahlenpaare Lösung der Gleichung ist. Kreuze an.

a) $3x - 2y = 12$ ☐ (2; −3) ☐ (−3; 2) ☐ (4; 0) ☐ (1; −4,5)

b) $\frac{1}{2}x - 3y = 8$ ☐ (−2; −3) ☐ (4; 0) ☐ $\left(8; -\frac{4}{3}\right)$ ☐ (3; −0,5)

Aufgabe 27 ●○○

Überprüfe, welche Zahlenpaare welche Gleichungen erfüllen.

$x - y = 4$

$2x - y = 2$

$4x + y = 1$

$2y = x - 4$

(0; −2)

(1; −3)

(2; −2)

(−2; −3)

Aufgabe 28 ●○○

Ergänze die fehlenden Angaben in der Tabelle.

Gleichung	Steigung m	y-Achsenabschnitt	Nullstelle
$x + 2y = 6$			
$3x - 5y = 2$			
$-8x - 2y = -6$			
$2x + 3y = 9$			
$-5x - 20y = -15$			

Abschlusskompetenzcheck

	Ich kann ...	✓
1	**... die Nullstelle einer linearen Funktion berechnen.** Berechne die Nullstelle der linearen Funktion. a) $f(x) = 2x - 4$ $x_0 =$ ______ b) $f(x) = -\frac{1}{2}x - 6$ $x_0 =$ ______ c) $f(x) = 2 - 3x$ $x_0 =$ ______	
2	**... den Schnittpunkt einer Geraden mit der x-Achse grafisch bestimmen.** Zeichne die Geraden in das Koordinatensystem und bestimme die Schnittpunkte mit der x-Achse. a) $y = -2x + 3$; S(|) b) $y = \frac{2}{3}x - 1$; S(|) c) $y = -x - 1$; S(|) 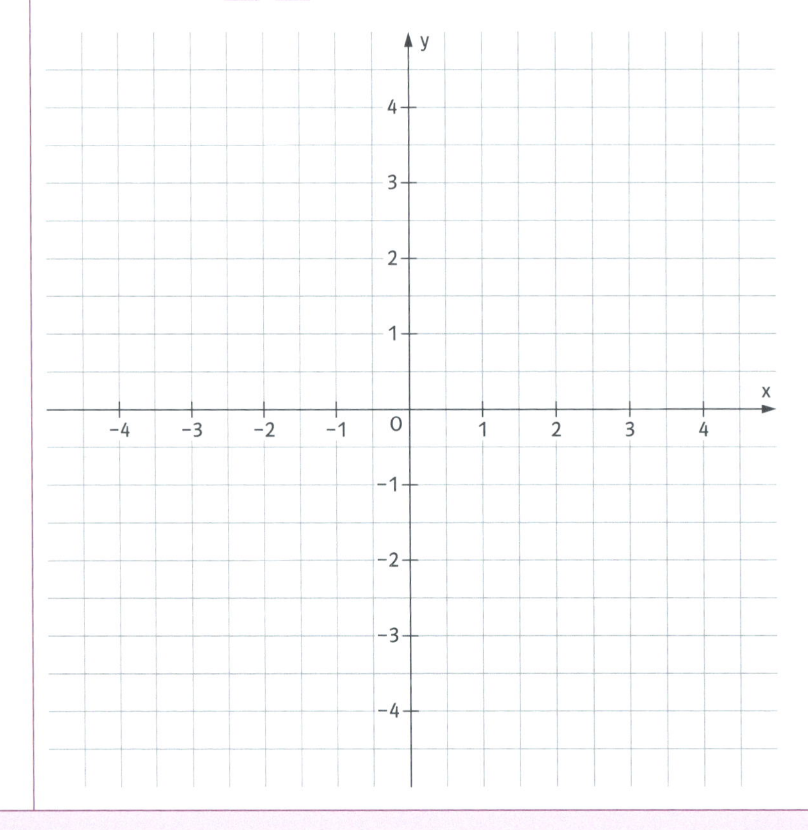 	

	Ich kann …	✓
3	**… Gleichungen der Form $mx + c = d$ grafisch lösen.** Zeichne die Gerade in ein Koordinatensystem und bestimme die fehlende Koordinate. a) $y = \frac{1}{3}x - 1$; P(| 2) b) $y = -2x + 3$; P(| −5)	
4	**… Gleichungen der Form $mx + c = d$ rechnerisch lösen.** Berechne die fehlenden Werte. a) $y = -4x - 1$; P(| 7) b) $y = 2{,}5x + 3$; P(| −7)	
5	**… mit linearen Funktionen Anwendungsaufgaben lösen.** Ein großer Wassertank wird gleichmäßig mit Wasser gefüllt. Nach 2 min waren 60 l im Tank, nach 10 min schon 180 l. a) Stelle eine Funktionsgleichung auf, die diesen Sachverhalt beschreibt. Was bedeutet in diesem Sachzusammenhang der y-Achsenabschnitt? f(x) = ______________________ Der y-Achsenabschnitt gibt an, ______________________. b) Nach wie vielen Minuten sind 270 l im Tank? Nach ________ min sind 270 l im Tank. c) Nach 38 min ist der Tank voll. Wie viel l passen maximal in den Tank? Es passen maximal ________ l in den Tank.	
6	**… eine lineare Gleichung mit zwei Variablen im Koordinatensystem darstellen.** Stelle die linearen Gleichungen als Geraden im Koordinatensystem dar. a) $-6x + 2y = 5$ b) $2x + 3y = 6$	
7	**… überprüfen, ob ein Zahlenpaar Lösung einer linearen Gleichung mit zwei Variablen ist.** Ist das Zahlenpaar Lösung der Gleichung $3y - 6x = 3$? Kreuze an. ☐ (1; 2) ☐ (0; 1) ☐ (−2; −3) ☐ $\left(\frac{1}{2}; 0\right)$	

3 Lagebeziehungen von Geraden – Lineare Gleichungssysteme

Lineare Gleichungssysteme grafisch lösen

Kompetenzcheck

Ich kann …	Aufgabe	Ergebnis
… ein einfaches lineares Gleichungssystem (LGS) mit Gleichungen der Form $y = mx + c$ grafisch lösen.	**Aufgabe 1** Bestimme grafisch die Lösung des LGS. a) $y = \frac{1}{2}x + 2$; $y = 2x - 1$ L = {(_____; _____)} b) $y = x - 1$; $y = -\frac{1}{2}x + 2$ L = {(_____; _____)}	☺ / 😐 / ☹ → S. 184
… ein LGS grafisch lösen.	**Aufgabe 2** Bestimme grafisch die Lösung des LGS. a) $2y + 3x = 8$; $2y - 2x = -2$ L = _____ b) $4x - 2y = 10$; $-6x + 3y = 9$ L = _____ c) $3x - 2y = -3$; $6x + 6 = 4y$ L = _____	☺ / 😐 / ☹ → S. 184
… zu einer grafischen Darstellung das zugehörige LGS angeben.	**Aufgabe 3** Gib das zugehörige LGS und die Lösungsmenge an. a) [Koordinatensystem mit zwei Geraden; Achsen x: −4 bis 3, y: −4 bis 4] b) [Koordinatensystem mit zwei Geraden; Achsen x: −4 bis 3, y: −4 bis 4]	☺ / 😐 / ☹ → S. 185

Schritt-für-Schritt-Erklärung

Fachbegriffe

Was ist ein lineares Gleichungssystem?

Ein **lineares Gleichungssystem** (kurz **LGS**) besteht aus **zwei linearen Gleichungen** mit zwei Variablen, die durch **„und"** verknüpft sind.
Damit man auch sieht, dass die beiden Gleichungen zusammen gehören, schreibt man die Gleichungen untereinander und

- verbindet sie z. B. mit einem Strich oder
- verbindet sie mit einer spitzen Klammer oder
- schreibt die Nummer der Gleichung davor.

Jedes **Zahlenpaar (x ; y)**, das **beide** Gleichungen erfüllt, ist eine **Lösung** des LGS.
Für die **Lösungsmenge**, kurz Lösung, schreibt man $L = \{(x;y)\}$

Beispiel:

$$\left|\begin{array}{l} 2x + 3y = 2 \\ -x + y = 4 \end{array}\right.$$

oder

$$\left\langle\begin{array}{l} 2x + 3y = 2 \\ -x + y = 4 \end{array}\right.$$

oder

$$\begin{array}{ll} \text{I} & 2x + 3y = 2 \\ \text{II} & -x + y = 4 \end{array}$$

Lösung:

$L = \{(-2;2)\}$, denn
I $2 \cdot (-2) + 3 \cdot 2 = 2$ ✓
und
II $-(-2) + 2 = 4$ ✓

So gehst du vor

So kannst du ein lineares Gleichungssystem (LGS) im Koordinatensystem darstellen:

Da jede lineare Gleichung mit zwei Variablen als Gerade in einem Koordinatensystem dargestellt werden kann, besteht die grafische Darstellung eines LGS aus **zwei Geraden**.

1. Forme beide Gleichungen so um, dass du die Geraden gut zeichnen kannst.
2. Zeichne die beiden Geraden zusammen in ein Koordinatensystem.

Beispiel:

$$\begin{array}{ll} \text{I} & 2x + 3y = 2 \\ \text{II} & -x + y = 4 \end{array}$$

I $\quad 2x + 3y = 2 \quad | -2x$

$\quad 3y = 2 - 2x \quad | : 3$

$\quad y = \frac{2}{3} - \frac{2}{3}x = -\frac{2}{3}x + \frac{2}{3}$

II $\quad -x + y = 4 \quad | +x$

$\quad y = 4 + x = x + 4$

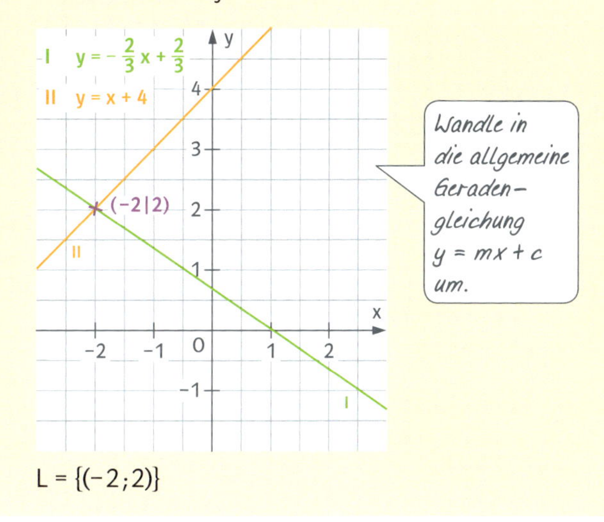

$L = \{(-2;2)\}$

Schritt-für-Schritt-Erklärung

Fachbegriffe

So sehen die Lösungen eines LGS aus:

Fall 1:
Das LGS hat **genau eine Lösung**, ein Wertepaar (x;y).

$L = \{(x;y)\}$

I $\quad x + y = 4$
II $\quad -4x + 2y = -4$
Umgeformt in Geradengleichungen:
I $\quad y = -x + 4$
II $\quad y = 2x - 2$
Die beiden Geraden haben eine unterschiedliche Steigung $m_1 \neq m_2$.
Deshalb **schneiden** sich die beiden Geraden in einem **Schnittpunkt** S(x | y).

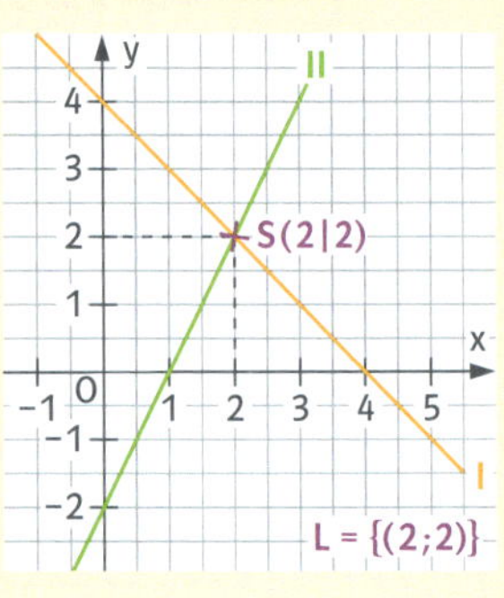

Fall 2:
Das LGS hat **keine Lösung**.
Man sagt, die Lösungsmenge ist leer.

$L = \{\ \}$

I $\quad -x + 2y = -2$
II $\quad -2x + 4y = 6$
Umgeformt in Geradengleichung:
I $\quad y = \frac{1}{2}x - 1$
II $\quad y = \frac{1}{2}x + 1{,}5$
Die beiden Geraden haben die **gleiche Steigung** $m_1 = m_2$ und einen **unterschiedlichen y-Achsenabschnitt**.
Deshalb haben die beiden Geraden keine gemeinsamen Punkte.
Sie **schneiden sich nicht**, sondern sind **parallel**.

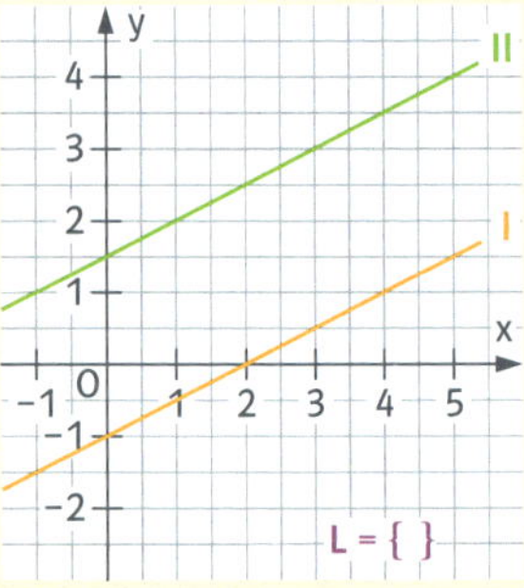

Fall 3:
Das LGS hat **unendlich viele Lösungen**. Das bedeutet, alle **Zahlenpaare (x;y),** die eine **Gleichung erfüllen**, sind Lösung des LGS.

$L = \{(x;y) \mid y = mx + c\}$

I $\quad -4x + 2y = -4$
II $\quad 3y = 6x - 6$
Umgeformt in Geradengleichung:
I $\quad y = 2x - 2$
II $\quad y = 2x - 2$
Die beiden Geraden haben die **gleiche Steigung** $m_1 = m_2$ und den **gleichen y-Achsenabschnitt**.
Deshalb haben die beiden Geraden **unendlich viele Punkte** gemeinsam.
Die beiden Geraden sind **identisch**, d.h. gleich.

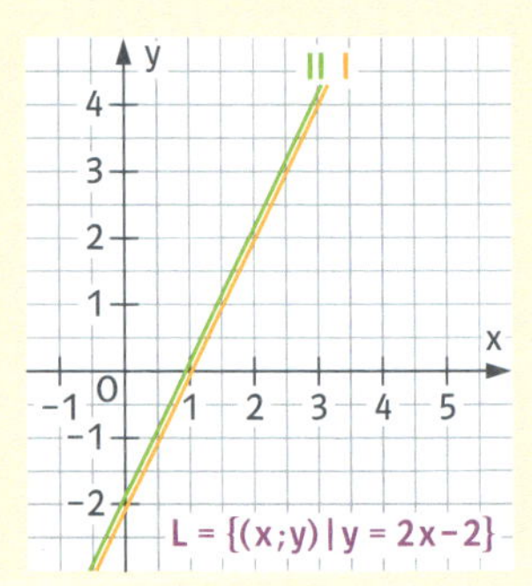

Übungsaufgaben

Aufgabe 1

Das LGS hat genau eine Lösung. Zeichne die Geraden in ein Koordinatensystem und bestimme die Koordinaten des Schnittpunkts.

a) $y = 2x - 2$

$y = -x + 4$

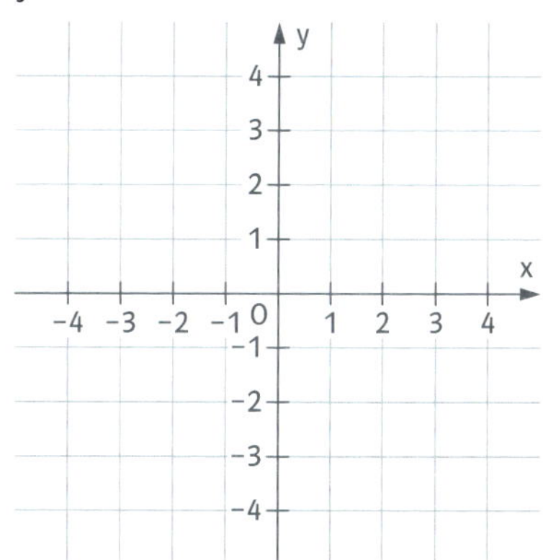

b) $y = \frac{1}{4}x + 1{,}5$

$y = 3x + 1{,}5$

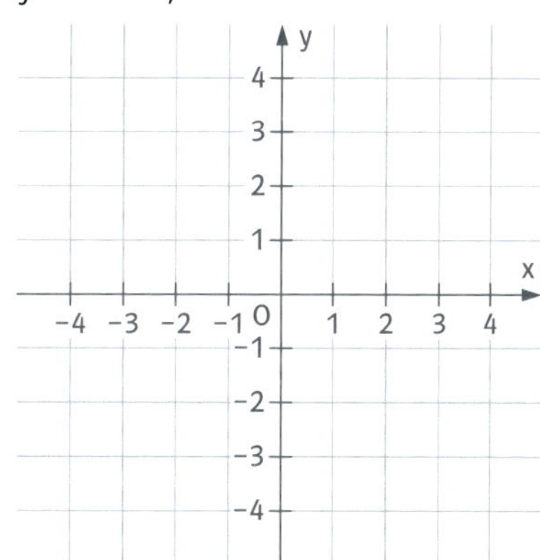

Aufgabe 2

Gib die Lösungsmenge des zugehörigen LGS an.

a) L = ____________________

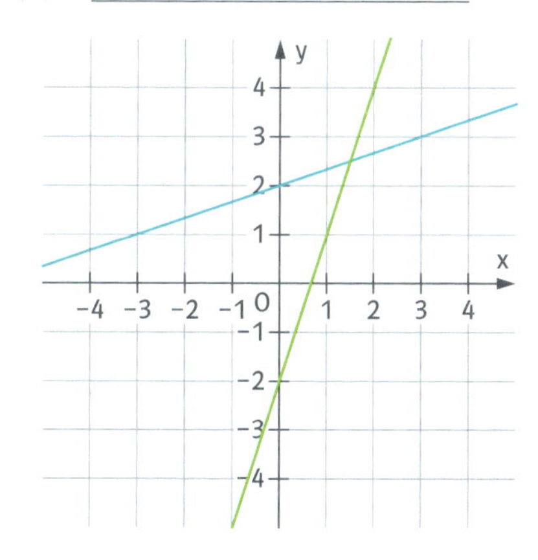

b) L = ____________________

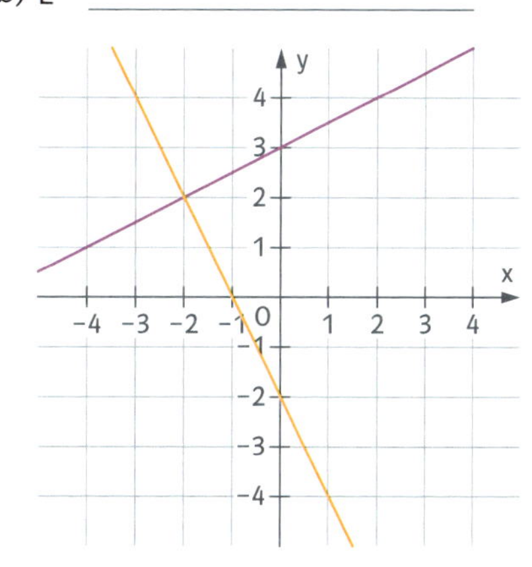

Übungsaufgaben

c) L = ____________________

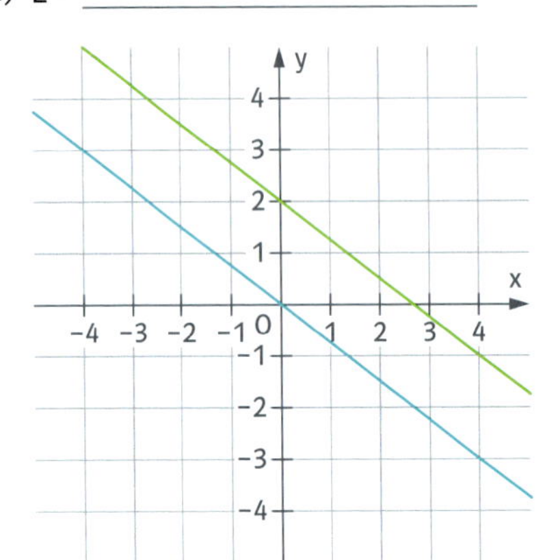

d) L = ____________________

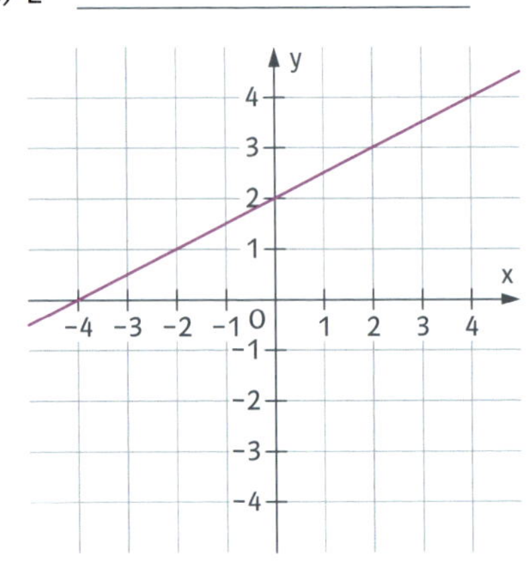

Aufgabe 3 ●○○

Gib zu jeder Darstellung das zugehörige LGS und seine Lösungsmenge an.

a)

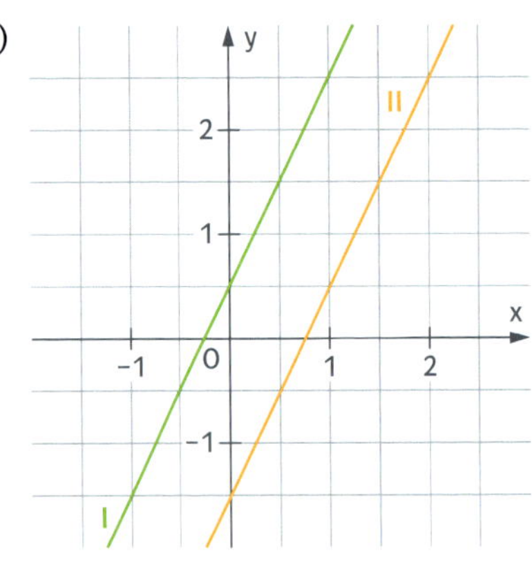

b)

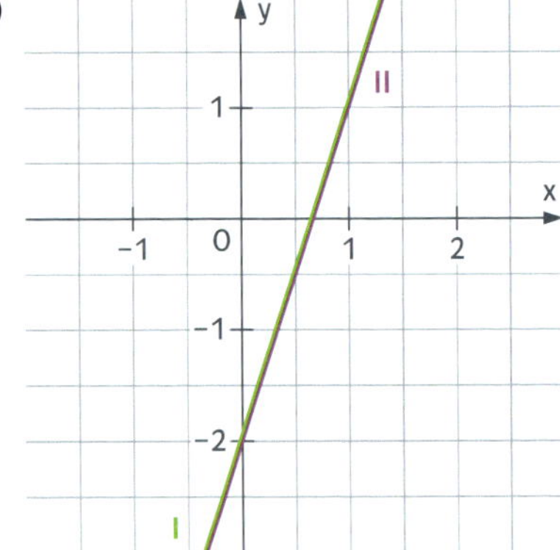

c)

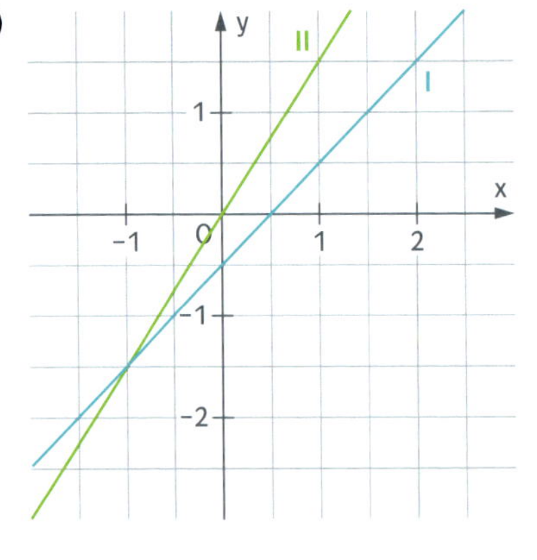

d)

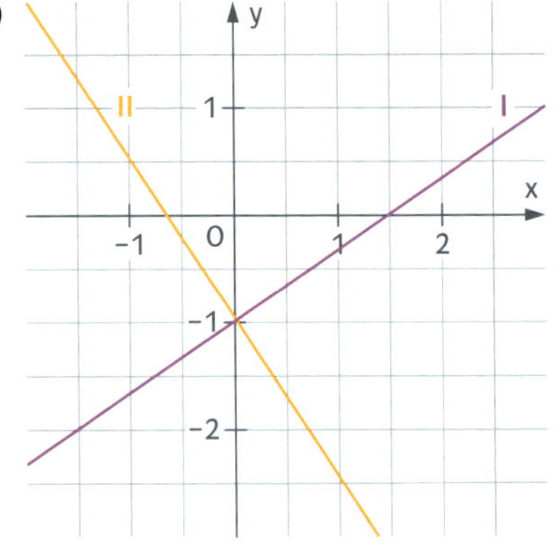

Aufgabe 4 ●○○

Ordne zu, welches Gleichungssystem zu welcher Darstellung gehört und gib jeweils die Lösungsmenge an.

a) I $x + 2y = -2$
II $2x + 4y = 8$

b) I $3x + y = 2$
II $-1{,}5x - \frac{1}{2}y = -1$

c) I $2x + 4y = 2$
II $3x - 2y = 3$

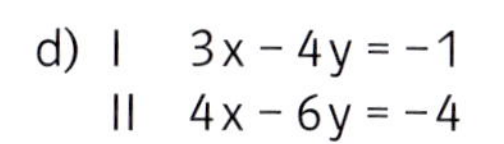

d) I $3x - 4y = -1$
II $4x - 6y = -4$

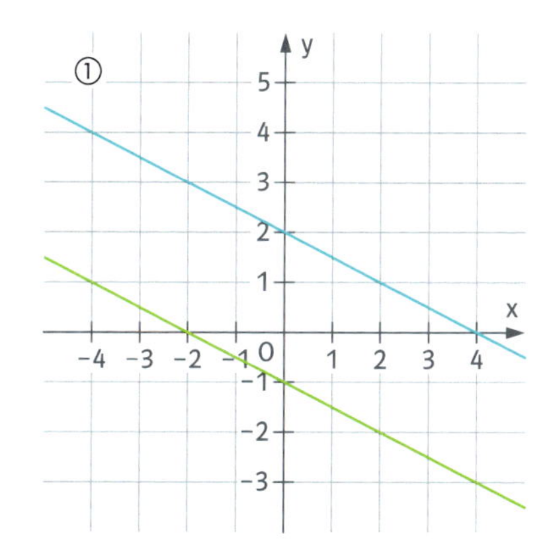

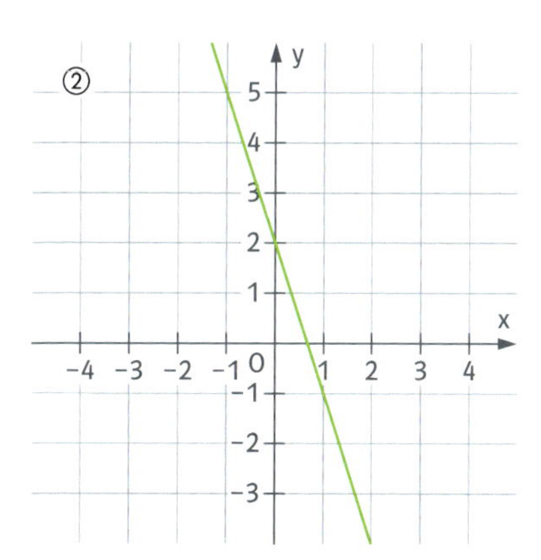

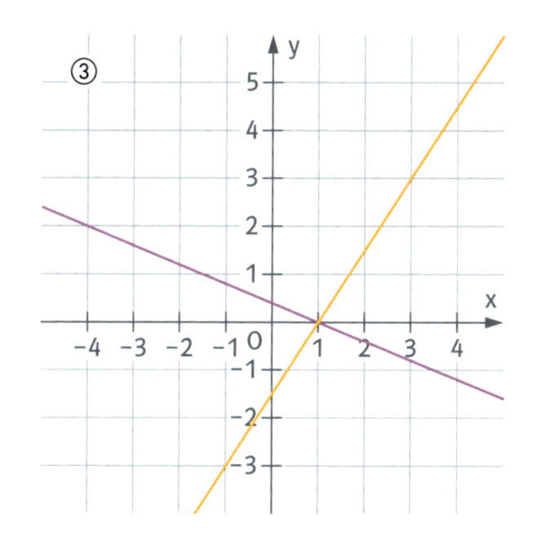

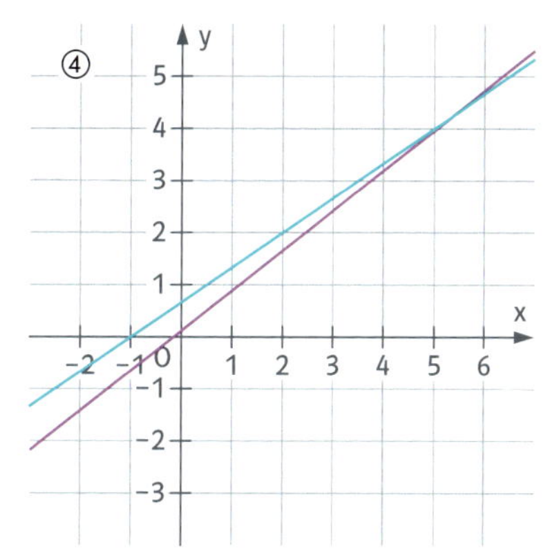

Übungsaufgaben

Aufgabe 5 ●○○

Bestimme zeichnerisch die Lösungsmenge des LGS.

a) $y = x - 1{,}5$
$y = -\frac{1}{2}x + 3$

b) $y = \frac{2}{3}x - 1$
$y = -2x + 3$

c) $y = \frac{2}{5}x - 1$
$y = \frac{2}{5}x + 2$

d) $y - 1 = 2x$
$2x + 1 = y$

e) $y - 2x = 1$
$y - \frac{1}{2}x = 2{,}5$

f) $-2x = y + 1$
$\frac{1}{2}x + y = 2$

Aufgabe 6 ●○○

Bestimme zeichnerisch die Lösungsmenge des LGS.

a) I $2x - y = 1$
II $x + 2y = 8$

b) I $8x + 2y = 6$
II $4x + y = -1$

c) I $6x + 3y = 15$
II $8x - 2y = 14$

d) I $4x + 2y = 10$
II $3x + \frac{3}{2}y = 7{,}5$

e) I $3x + 2y = 4$
II $-2x + y = -1{,}5$

f) I $x + \frac{1}{2}y = -1$
II $3x + \frac{3}{2}y = -3$

Aufgabe 7 ●●○

Welche Zahl musst du für ▢ einsetzen, damit das LGS keine Lösung hat?

a) $y = ▢\,x + 2$
$y = 3x - 2$

b) $y - 4x = 2$
$y = ▢\,x - 4$

c) $2x + y = 4$
$3y = ▢\,x - 1$

d) $\frac{2}{3}x - 2y = 6$
$▢\,y = 2x - 1$

Ein LGS rechnerisch lösen – das Gleichsetzungsverfahren

Kompetenzcheck

Ich kann …	Aufgabe	Ergebnis
… ein LGS mithilfe des Gleichsetzungsverfahrens lösen.	**Aufgabe 1** Löse das LGS mithilfe des Gleichsetzungsverfahrens. a) $y = x - 3$ $y = -3x + 5$ L = ______________ b) $8x + 2y = 6$ $4x + y = -1$ L = ______________ c) $4x = -2y + 6$ $4x = y + 9$ L = ______________	☺ 😐 ☹ → S. 185

Schritt-für-Schritt-Erklärung

Fachbegriffe

Was ist das Gleichsetzungsverfahren?

Das Gleichsetzungsverfahren ist eine Möglichkeit, ein LGS rechnerisch zu lösen.
Ziel des Gleichsetzungsverfahrens ist es, eine oder beide Gleichungen so umzuformen, dass in jeder Gleichung **die gleiche Variable allein auf einer Seite steht**. Dann kann man beide Terme gleichsetzen und nach der anderen Variablen auflösen.

Das Gleichsetzungsverfahren ähnelt der zeichnerischen Lösung. Auch dort musstest du die Gleichungen nach einer Variablen, y, auflösen.

Wann ist das Gleichsetzungsverfahren geeignet?
Das Gleichsetzungsverfahren ist dann **besonders gut geeignet**, wenn in einer oder beiden Gleichungen eine Variable schon alleine auf einer Seite steht und die Koeffizienten (die Zahlen) vor einer Variablen Vielfache voneinander sind.

So gehst du vor

So kannst du ein lineares Gleichungssystem mit dem Gleichsetzungsverfahren lösen:

Beispiel:

1. Löse beide Gleichungen nach einer (gemeinsamen) Variablen auf.
   Bei beiden Gleichungen steht jetzt eine Variable alleine auf einer Seite.

$$\begin{array}{ll|l} \text{I} & x + y = 4 & -x \\ \text{II} & y = 2x - 5 & \\ \hline \text{I} & y = -x + 4 & \\ \text{II} & y = 2x - 5 & \end{array}$$

Auflösen nach y, da y in beiden Gleichungen schon alleine steht.

2. Diese Variable ist ja die gleiche.
   Setze also die beiden Terme gleich.
   Du erhältst nun **eine Gleichung** mit **einer Variablen**.
   Löse die Gleichung nach der einzigen Variablen auf.

$$\begin{array}{rcl|l} -x + 4 &=& 2x - 5 & -2x \\ -3x + 4 &=& -5 & -4 \\ -3x &=& -9 & :(-3) \\ x &=& 3 & \end{array}$$

3. Setze den berechneten Wert für die Variable in eine der beiden ursprünglichen Gleichungen ein und berechne daraus den zweiten Wert.

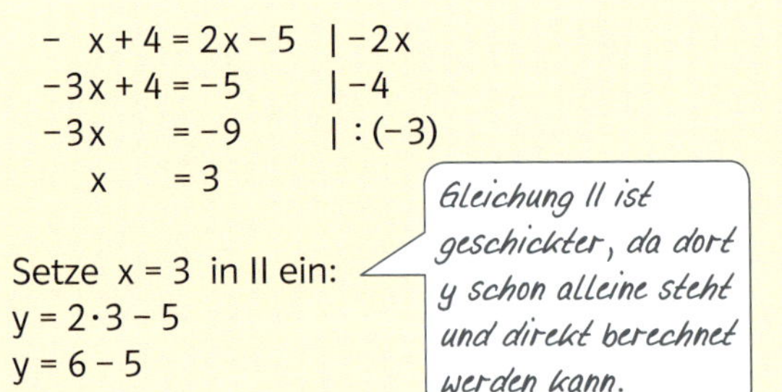

Setze $x = 3$ in II ein:
$y = 2 \cdot 3 - 5$
$y = 6 - 5$
$y = 1$

4. Gib die **Lösungsmenge** an.
   Willst du kontrollieren, ob deine Lösung richtig ist, kannst du das Lösungspaar in beide Gleichungen einsetzen. Wenn immer eine wahre Aussage entsteht, ist deine Lösung richtig.

$L = \{(3; 1)\}$

Schritt-für-Schritt-Erklärung

Die Sonderfälle „keine Lösung“ oder „unendlich viele Lösungen“

Unabhängig davon, mit welchem Verfahren du die Lösung eines linearen Gleichungssystems bestimmst, kannst du erkennen, ob ein LGS keine oder unendlich viele Lösungen hat.

So gehst du vor

So erkennst du rechnerisch, dass ein LGS keine Lösung hat:

Ein LGS hat **keine Lösung**, wenn beim Rechnen oder Umformen der Gleichungen eine **falsche Aussage** wie z. B. $0 = 2$ oder $-1 = 5$ entsteht. Dann ist die Lösungsmenge leer, also $L = \{\ \}$. Die zugehörigen Geraden sind parallel.

Beispiel:

I $y = \frac{1}{2}x - 1$

II $y = \frac{1}{2}x + 2$

Gleichsetzen:

$\frac{1}{2}x - 1 = \frac{1}{2}x + 2 \quad | -\frac{1}{2}x$

$-1 = 2$, also $L = \{\ \}$

So gehst du vor

So erkennst du rechnerisch, dass ein LGS unendlich viele Lösungen hat:

Ein LGS hat **unendlich viele Lösungen**, wenn beim Rechnen oder Umformen der Gleichungen eine **wahre Aussage** wie z. B. $0 = 0$ oder $5 = 5$ entsteht.

Beispiel:

I $y = \frac{1}{2}x - 1$

II $2y = x - 2 \quad | :2$

I $y = \frac{1}{2}x - 1$

II $y = \frac{1}{2}x - 1$

Gleichsetzen:

$\frac{1}{2}x - 1 = \frac{1}{2}x - 1 \quad | -\frac{1}{2}x$

$-1 = -1$,

also $L = \{(x;y) \mid y = \frac{1}{2}x - 1\}$

Übungsaufgaben

Aufgabe 8 ●○○

Löse das lineare Gleichungssystem mit dem Gleichsetzungsverfahren.

a) $y = -x + 4$
$y = 2x - 5$

b) $x = -3y + 4$
$x = -2y + 3$

c) $y + 1 = x$
$y + \frac{1}{2}x = 5$

Aufgabe 9 ●○○

Löse das lineare Gleichungssystem mit dem Gleichsetzungsverfahren.

a) $2y = 4x - 2$
$2y = -x + 8$

b) $4x + y = 3$
$4x = -y - 1$

c) $3x + 2y = 4$
$-4x + 2y = -3$

Aufgabe 10 ●●○

Löse das lineare Gleichungssystem mit dem Gleichsetzungsverfahren.

a) $6x + 2y = 16$
$-6x + 3y = 9$

b) $y = 2x + 1$
$2x + 2y = 8$

c) $10x - 2y = 4$
$5x - y = 4$

d) $2x - 4y = -6$
$-3x + 9y = 15$

Ein LGS rechnerisch lösen – das Einsetzungsverfahren

Kompetenzcheck

Ich kann …	Aufgabe	Ergebnis
… ein LGS mithilfe des Einsetzungsverfahrens lösen.	**Aufgabe 1** Löse das LGS mithilfe des Einsetzungsverfahrens. a) $2y - 2x = 6$ $y = -3x + 5$ L = ______ b) $8x + 2y = 6$ $4x + y = -1$ L = ______ c) $4x + 2y = 6$ $4x = y + 9$ L = ______	☺ ☹ ☹ → S. 185

Schritt-für-Schritt-Erklärung

Fachbegriffe

Was ist das Einsetzungsverfahren?

Das Einsetzungsverfahren ist auch eine Möglichkeit, ein LGS rechnerisch zu lösen.
Ziel des Einsetzungsverfahrens ist es, eine Gleichung so umzuformen, dass **eine der Variablen x oder y allein** auf einer Seite steht. Dann kann man die andere Seite dieser Gleichung anstelle der Variablen in die zweite Gleichung einsetzen.

$4x + 3y = 1$

$y = 2x + 7$

Achte darauf, dass du um den Term, den du einsetzt, Klammern setzen musst!

Wann ist das Einsetzungsverfahren geeignet?
Das Einsetzungsverfahren ist dann **besonders gut geeignet**, wenn in einer Gleichung eine Variable schon alleine auf einer Seite steht wenn eine Gleichung leicht so umgeformt werden kann, dass eine Variable alleine auf einer Seite steht.

So gehst du vor

So kannst du ein lineares Gleichungssystem mit dem Einsetzungsverfahren lösen:

1. **Löse** eine der beiden Gleichungen **nach einer Variablen** auf.
   $4x + 3y = 1$
   $y = 2x + 7$ | Die zweite Gleichung ist schon nach y aufgelöst. Setze $2x + 7$ statt y in die erste Gleichung ein.
2. Setze den erhaltenen Term anstelle der Variablen in die andere Gleichung ein. Achte darauf, dass du beim Einsetzen **Klammern** benutzt.
   $4x + 3 \cdot \underbrace{(2x + 7)}_{y} = 1$
3. Löse die Gleichung nach der Variablen auf. In der Regel musst du dafür die Klammer ausmultiplizieren und gleiche Teile zusammenfassen.
   $4x + 6x + 21 = 1$
   $10x + 21 = 1 \quad | -21$
   $10x = -20 \quad | :10$
   $x = -2$
4. **Setze** den berechneten Wert für die Variable **in eine** der beiden (ursprünglichen) **Gleichungen ein** und berechne daraus den Wert der zweiten Variablen.
   Setze $x = -2$ in $y = 2x + 7$ ein:
   $y = 2 \cdot (-2) + 7$
   $y = -4 + 7$
   $y = 3$
5. Gib die Lösungsmenge an.
   $L = \{(-2; 3)\}$

Übungsaufgaben

Aufgabe 11 ●○○

Löse das lineare Gleichungssystem mit dem Einsetzungsverfahren.

a) $-x + y = -4$
$y = 2x - 4$

b) $x = -3y + 4$
$4y + 2x = 6$

c) $2x - 2y = 2$
$y + \frac{1}{2}x = 5$

Aufgabe 12 ●●○

Löse das lineare Gleichungssystem mit dem Einsetzungsverfahren.

a) $2y = 4x - 2$
$x + 2y = 8$

b) $2x + 6y = 6$
$2x = 4y - 4$

c) $3x + 2y = 4$
$2y = 4x - 3$

Aufgabe 13 ●●○

Löse das lineare Gleichungssystem mit dem Einsetzungsverfahren.

a) $y = 2x + 1$
$2x + 2y = 8$

b) $6x + 2y = 16$
$-6x + 3y = 9$

c) $10x - 2y = 4$
$5x - y = 4$

d) $2x - 4y = -6$
$-3x + 9y = 15$

Aufgabe 14 ●●●

Hier wurden Fehler beim Lösen des LGS gemacht. Finde und korrigiere sie.

a) I $4x + 2y = 6$
II $8x - 2y = 18$

Auflösen von I nach y:

$$\begin{aligned} \text{I}\quad 4x + 2y &= 6 && |:2 \\ 2x + y &= 3 && |-2x \\ y &= 3 - 2x \end{aligned}$$

Setze I in II ein:

$$\begin{aligned} \text{II}\quad 8x - 2y &= 18 \\ 8x - 2 \cdot 3 - 2x &= 18 \\ 8x - 6 - 2x &= 18 \\ 6x - 6 &= 18 && |+6 \\ 6x &= 24 && |:6 \\ x &= 4 \end{aligned}$$

Setze $x = 4$ in I ein:

$$\begin{aligned} \text{I}\quad y &= 3 - 2x \\ y &= 3 - 2 \cdot 4 \\ y &= -5 \end{aligned}$$

$L = \{(4; -5)\}$

b) I $4x + 2y = 6$
II $8x - 2y = 18$

Auflösen von I nach y:

$$\begin{aligned} \text{I}\quad 4x + 2y &= 6 && |:2 \\ 2x + y &= 6 && |-2x \\ y &= 6 - 2x \end{aligned}$$

Setze I in II ein:

$$\begin{aligned} \text{II}\quad 8x - 2y &= 18 \\ 8x - 2 \cdot (6 - 2x) &= 18 \\ 8x - 12 + 4x &= 18 \\ 12x - 12 &= 18 && |+12 \\ 12x &= 30 && |:12 \\ x &= \frac{30}{12} = \frac{5}{2} = 2{,}5 \end{aligned}$$

Setze $x = 2{,}5$ in I ein:

$$\begin{aligned} \text{I}\quad y &= 6 - 2x \\ y &= 6 - 2 \cdot 2{,}5 \\ y &= 1 \end{aligned}$$

$L = \{(1; 2{,}5)\}$

Ein LGS rechnerisch lösen – das Additionsverfahren

Kompetenzcheck

Ich kann ...	Aufgabe	Ergebnis
... ein LGS mithilfe des Additionsverfahrens lösen.	**Aufgabe 1** Löse das LGS mithilfe des Additionsverfahrens. a) $x + 3y = 2$ $4x + 2y = -2$ $L =$ ______ b) $8x + 2y = 6$ $4x + y = -1$ $L =$ ______ c) $3x + 4y = 5$ $2x + 3y = 3$ $L =$ ______	☺ 😐 ☹ → S. 186
... ein LGS (geschickt) lösen.	**Aufgabe 2** Löse das lineare Gleichungssystem. a) $2x - 4y = -3$ $-3x + 6y = 4{,}5$ $L =$ ______ b) $x - 2y = -3$ $2x + y = 4$ $L =$ ______ c) $2x + 4y = 6$ $-7x - 14y = -28$ $L =$ ______	☺ 😐 ☹ → S. 186

Schritt-für-Schritt-Erklärung

Fachbegriffe

Was ist das Additionsverfahren?

Das Additionsverfahren ist eine Möglichkeit, ein LGS rechnerisch zu lösen.
Mit dem Additionsverfahren kannst du **jedes** LGS lösen.
Ziel des Additionsverfahren ist es, eine oder beide Gleichungen so umzuformen, dass die Koeffizienten einer Variablen (die Zahlen vor einer Variablen) Gegenzahlen voneinander sind. Dann kann man beide Terme addieren und man erhält eine Gleichung mit einer Variablen.

Wann ist das Additionsverfahren geeignet?
Das Additionsverfahren ist dann **besonders gut geeignet**, wenn die Koeffizienten (die Zahlen) vor einer Variablen Gegenzahlen voneinander sind und man nur eine Gleichung mit einer Zahl multiplizieren muss, damit die Koeffizienten einer Variablen Gegenzahlen sind.

2 und −2 sind Gegenzahlen. Allgemein gilt: −a ist die Gegenzahl von a und umgekehrt.

So gehst du vor

So kannst du ein lineares Gleichungssystem mit dem Additionsverfahren lösen:

0. Forme die Gleichungen auf die Form $ax + by = d$ um. Schreibe die Gleichungen genau untereinander.
1. Multipliziere eine oder beide Gleichungen so (mit von Null verschiedenen Zahlen), dass die Koeffizienten **einer** Variablen **Gegenzahlen** sind. Mache immer unter die beiden Gleichungen einen Strich.
2. Addiere die beiden Gleichungen und schreibe die zweite Gleichung ab.
3. Löse die erste Gleichung nach der einen Variablen auf und setze die Zahl dann anstelle der Variablen in die zweite Gleichung ein.
4. Berechne den Wert für die zweite Variable und gib die Lösungsmenge an.

Achtung: Vergiss beim Multiplizieren und Addieren die rechte Seite nicht!

Beispiel:

I $3x + 2y = 12$
II $2x + 3y = 13$

x soll eliminiert werden

I $3x + 2y = 12$ | $\cdot 2$
II $2x + 3y = 13$ | $\cdot(-3)$

I $6x + 4y = 24$
II $-6x - 9y = -39$

I $-5y = -15$ | $:(-5)$
II $-6x - 9y = -39$

I $y = 3$
II $-6x - 9y = -39$

I $y = 3$
II $-6x - 9 \cdot 3 = -39$

I $y = 3$
II $-6x - 27 = -39$ | $+27$

I $y = 3$
II $-6x = -12$ | $:(-6)$

I $y = 3$
II $x = 2$

$L = \{(2;3)\}$

Übungsaufgaben

Aufgabe 15 ●○○

Löse das lineare Gleichungssystem mit dem Additionsverfahren.

a) $-x + y = -4$
$-2x + y = -3$

b) $x + 3y = 4$
$2x + 4y = 6$

c) $2x - 2y = 2$
$\frac{1}{2}x + y = 5$

Aufgabe 16 ●○○

Löse das lineare Gleichungssystem mit dem Additionsverfahren.

a) $-4x + 2y = -2$
$x + 2y = 8$

b) $2x + 6y = -6$
$x - 4y = 4$

c) $3x + 2y = 4$
$-2x + y = -1{,}5$

d) $-6x + y = 8$
$10x + y = 40$

e) $3x - 5y = -35$
$-x - 9y = 1$

f) $6x + 2y = 16$
$-6x + 3y = 9$

Aufgabe 17 ●●○

Löse das lineare Gleichungssystem mit dem Additionsverfahren.

a) $y = 2x + 1$
$2x + 2y = 8$

b) $3x + 5y = -1$
$4x - 3y = 18$

c) $10x - 2y = 4$
$5x - y = 2$

d) $2x - 4y = -6$
$-3x + 9y = 5$

e) $4x - 5y = 0$
$7x - 9y = 1$

f) $x - 4y = 1$
$-\frac{1}{2}x + 2y = -\frac{1}{2}$

Aufgabe 18 ●●○

Welches Verfahren ist zur rechnerischen Lösung jeweils besonders gut geeignet? Kreuze an und begründe deine Antwort. Bestimme dann die Lösungsmenge.

LGS	Gleichsetzungs-verfahren	Einsetzungs-verfahren	Additions-verfahren	Begründung
$5x = 7y + 4$ $5x = -8y + 49$	☐	☐	☐	
$2x + y = 5$ $-2x + y = 3$	☐	☐	☐	
$3x + 2y = 5$ $x = 3 - y$	☐	☐	☐	
$3x - 2y = 7$ $-3x + 2y = -2$	☐	☐	☐	
$-x - y = 9$ $x + 2y = 5$	☐	☐	☐	

Aufgabe 19 ●●○

Bestimme die Lösungsmenge des linearen Gleichungssystems. Entscheide dich selbst für ein Verfahren.

a) $\begin{array}{ll} \text{I} & 2x + 4y = 6 \\ \text{II} & -2x + y = 4 \end{array}$

b) $\begin{array}{ll} \text{I} & 2x - \frac{1}{2}y = 4 \\ \text{II} & 4x - y = 8 \end{array}$

c) $\begin{array}{ll} \text{I} & -x - y = 1{,}5 \\ \text{II} & -2x - 2y = 4 \end{array}$

d) $\begin{array}{ll} \text{I} & 2x + 5y = 3 \\ \text{II} & 7x + 10y = 3 \end{array}$

e) $\begin{array}{ll} \text{I} & x - 5y = 5 \\ \text{II} & 4x - 3y = 3 \end{array}$

f) $\begin{array}{ll} \text{I} & 3x + 12y = 9 \\ \text{II} & 5x + 20y = 15 \end{array}$

Aufgabe 20 ●●●

Suche die passende zweite Gleichung.

① $-2x + 2y = 4$

② $4x + 2y = 6$

③ $4x - 4y = 8$

a) $2x + y = 4$

____

$L = \{\ \}$

b) $-x + y = -2$

____

$L = \{(x; y) \mid y = x - 2\}$

c) $2x + y = -1$

____

$L = \{(-1; 1)\}$

Modellieren mit linearen Gleichungssystemen

Kompetenzcheck

Ich kann …	Aufgabe	Ergebnis
… Anwendungsaufgaben mithilfe von linearen Gleichungssystemen lösen.	**Aufgabe 1** In der Fußballbundesliga-Saison 2013/14 belegten Robert Lewandowski und Mario Mandzukic die ersten beiden Plätze in der Torschützenstatistik. Zusammen haben sie 38 Tore erzielt. Hätte Lewandowski ein Tor weniger und Mandzukic ein Tor mehr geschossen, hätten sie beide gleich viele Treffer erzielt. Welches LGS beschreibt diese Situation? Kreuze an. x: Tore Lewandowski y: Tore Mandzukic ☐ $x - y = 38$ $x - 1 + y + 1 = 0$ ☐ $x + y = 38$ $x - 1 = y + 1$ ☐ $x + y = 38$ $x + 1 = y - 1$	☺ 😐 ☹ → S. 185
	Aufgabe 2 Die Summe zweier Zahlen ist 52, ihre Differenz 14. Wie lauten die beiden Zahlen? erste Zahl: ________ zweite Zahl: ________	☺ 😐 ☹ → S. 185

Schritt-für-Schritt-Erklärung

Fachbegriffe

Beim Modellieren mit linearen Gleichungssystemen kannst du fast genauso vorgehen wie beim Modellieren mit linearen Funktionen bzw. Gleichungen. Hier hast du jeweils **zwei Unbekannte** und musst also auch ein **LGS aus zwei Gleichungen** aufstellen.
Anwendungsbereiche sind vor allem die Geometrie, Zahlenrätsel, Altersrätsel, Misch- oder Bewegungsaufgaben.

So gehst du vor

So kannst du Anwendungsaufgaben mit linearen Gleichungssystemen modellieren:

Beispiel (Zahlenrätsel):
Verdoppelt man eine Zahl und addiert eine zweite Zahl, dann ist die Summe 44. Subtrahiert man die zweite Zahl von der ersten Zahl, ist die Differenz 1.

1. Wähle für die zwei unbekannten Größen jeweils eine Variable und schreibe sie auf.

   x: erste Zahl
   y: zweite Zahl

2. Übersetze den Sachverhalt in zwei mathematische Gleichungen und schreibe das zugehörige LGS auf.

$$\begin{array}{ll} \text{I} & 2x + y = 44 \\ \text{II} & x - y = 1 \end{array}$$

3. Löse das LGS.

$$\begin{array}{lrcll} \text{I} & 2x + y & = & 44 & \\ \text{II} & x - y & = & 1 & \\ \hline \text{I} & 3x & = & 45 & \mid :3 \\ \text{II} & x - y & = & 1 & \\ \hline \text{I} & x & = & 15 & \\ \text{II} & 15 - y & = & 1 & \mid +y-1 \\ \hline \text{I} & x & = & 15 & \\ \text{II} & 14 & = & y & \end{array}$$

   Die erste Zahl ist 15, die zweite Zahl ist 14.

4. Kontrolliere anhand des Sachverhaltes, ob die Lösung auch sein kann und schreibe die Antwort auf.

   Probe:
   Verdoppelt man eine Zahl und addiert eine zweite Zahl, dann ist die Summe 44:
   $2 \cdot 15 + 14 = 44$ ✓
   Subtrahiert man die zweite von der ersten Zahl, beträgt die Differenz 1:
   $15 - 14 = 1$ ✓

Übungsaufgaben

Zahlenrätsel

Aufgabe 21 ●○○
Addiert man zwei Zahlen, so erhält man als Summe 72. Die erste Zahl ist um 12 größer als die zweite Zahl.
Wie heißen die beiden Zahlen?

Aufgabe 22 ●○○
Addiert man zwei Zahlen, so erhält man als Summe 55. Das Doppelte der ersten Zahl ist so groß wie das Dreifache der zweiten Zahl.
Wie heißen die beiden Zahlen?

Aufgabe 23 ●●○
Die Quersumme einer zweistelligen Zahl ist 9. Wenn die Einerziffer verdreifacht wird, ist die Quersumme 13. Wie lautet die ursprüngliche zweistellige Zahl?

Altersrätsel

Aufgabe 24 ●●○
Frau Batke und ihre Tochter sind zusammen 50 Jahre alt. Vor 5 Jahren war Frau Batke genau dreimal so alt wie ihre Tochter.
Wie alt sind die beiden heute?

Aufgabe 25 ●○○
Daniel ist 5 Jahre älter als sein Bruder Lukas. In 10 Jahren ist er doppelt so alt wie Lukas heute ist. Wie alt sind die beiden heute?

Aufgabe 26 ●●○
Till und Steffi sind zusammen 19 Jahre alt. Im nächsten Jahr ist Till doppelt so alt wie Steffi.
Wie alt sind die beiden heute?

Aus der Geometrie

Aufgabe 27 ●○○

Ein Rechteck hat einen Umfang von 160 cm. Die Länge ist 30 cm länger als die Breite.
Wie lang und wie breit ist das Rechteck?

Aufgabe 28 ●●●

Ein rechteckiges Gartengrundstück hat einen Umfang von 160 m. Verkürzt man die längeren Seiten um je 5 cm und verlängert die beiden kürzeren Seiten um jeweils 5 cm, so verkleinert sich der Flächeninhalt um 75 m^2.
Wie lang ist das ursprüngliche Gartengrundstück?

Vermischte Aufgaben

Aufgabe 29 ●○○

Alle drei Klassen 7, insgesamt 86 Schülerinnen und Schüler, gehen gemeinsam ins Schullandheim. Die Zahl der Betten geht genau auf. Es gibt insgesamt 17 Zimmer. In einem Zimmer gibt es nur zwei Betten. Die anderen Zimmer sind entweder 4-Bett-Zimmer oder 6-Bett-Zimmer.
Wie viele 4-Bett-Zimmer und wie viele 6-Bett-Zimmer gibt es?

Aufgabe 30 ●○○

Jasmin und Jonas gehen zum Einkaufen. Sie tragen ihre Einkaufstaschen nach Hause.

Jasmin sagt: „Wenn du mir eine von deinen Taschen abgibst, dann tragen wir beide gleich viele Taschen."

Jonas erwidert: „Und wenn du mir eine Tasche abgibst, dann trage ich doppelt so viele Taschen wie du."

Wie viele Einkaufstaschen trägt Jasmin, wie viele trägt Jonas?

Aufgabe 31 ●○○

Für das Schulfest möchte Max einen 20-€-Schein in 1-€-Münzen und 50-ct-Münzen wechseln.
Nach dem Tausch ist die Anzahl der 1-€-Stücke um 5 größer als die Anzahl der 50-ct-Stücke.
Wie hat Max den 20-€-Schein gewechselt?

Abschlusskompetenzcheck

	Ich kann …	✓

1 **… ein lineares Gleichungssystem grafisch lösen.**
Bestimme grafisch die Lösung des linearen Gleichungssystems.

a) $y = x - 3$
$y = -3x + 5$

b) $8x + 2y = 6$
$4x + y = -1$

2 **… zu einer grafischen Darstellung das zugehörige LGS angeben.**
Gib das zugehörige LGS und die Lösungsmenge an.

a)

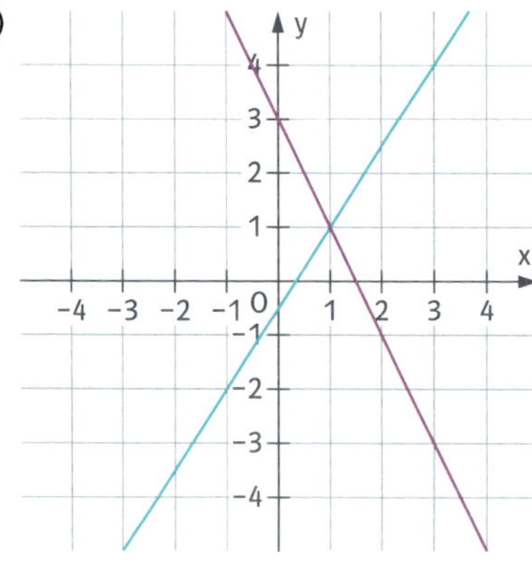

L = { ____________ }

b)

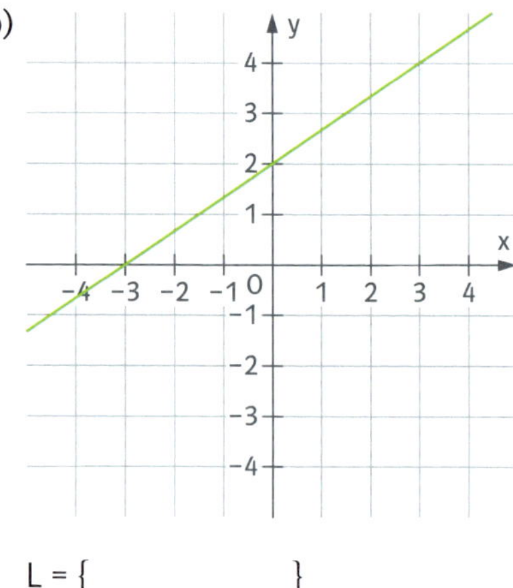

L = { ____________ }

3 **… überprüfen, ob eine Lösungsmenge Lösung eines linearen Gleichungssystems ist.**
Überprüfe, ob die angegebenen Lösungen richtig sind. Kreuze an.

LGS	Lösungsmenge	richtig	falsch
$x - y = 2$ $2x + 3y = 2$	L = {(3; 1)}	☐	☐
$x - y = 3$ $3x - 3y = 9$	L = {(2; −1)}	☐	☐
$3x + y = 2$ $-6x - 2y = 4$	L = { }	☐	☐

	Ich kann ...	✓
4	**... lineare Gleichungssysteme rechnerisch lösen.** Löse das lineare Gleichungssystem rechnerisch. a) $x + y = 3$ $3x - y = 5$ L = { __________ } b) $-2x - y = 1$ $4x + 2y = 3$ L = { __________ } c) $3x + 12y = 9$ $5x + 20y = 15$ L = { __________ } d) $2x + 5y = 16$ $-4x - 2y = -16$ L = { __________ }	
5	**... die Lösung von linearen Gleichungssystemen verstehen.** Welche Zahlen kannst du einsetzen, damit das lineare Gleichungssystem die angegebene Lösung hat? Kreuze an. $4x + y = 9$ $\square\, x + \frac{1}{2}y = 1,5$ L = { } ☐ −4 ☐ −2 ☐ 0 ☐ 1 ☐ 2 $2x + y = 5$ $4x + \square\, y = 7$ L = {(1; 3)} ☐ −4 ☐ −2 ☐ 0 ☐ 1 ☐ 2 $4x + 3y = 1$ $4x + \square\, y = -14$ L = {(−2; 3)} ☐ −4 ☐ −2 ☐ 0 ☐ 1 ☐ 2	
6	**... mit linearen Gleichungssystemen modellieren.** Marlene und Felix haben einen Altersunterschied von zwei Jahren. Vor 10 Jahren war Felix halb so alt wie Marlene. Welches LGS beschreibt die Situation? Kreuze an. ☐ $x + y = 2$ $x - \frac{1}{2}y = 10$ ☐ $y - x = 2$ $x - \frac{1}{2}y = 5$ ☐ $x - y = 2$ $(x - 10) + y = 2$	
7	**... mit linearen Gleichungssystemen modellieren.** Addiert man zwei Zahlen, so ist ihre Summe 81. Die erste Zahl ist um 17 größer als die zweite Zahl. Wie heißen die beiden Zahlen? erste Zahl: __________ zweite Zahl: __________	

4 Verschiedene Lösungsverfahren für quadratische Gleichungen

Reinquadratische Gleichungen

Kompetenzcheck

Ich kann …	Aufgabe	Ergebnis
… eine quadratische Gleichung von anderen Gleichungen unterscheiden und entscheiden, ob eine Gleichung reinquadratisch oder gemischtquadratisch ist.	**Aufgabe 1** Ist die Gleichung nicht quadratisch, reinquadratisch oder gemischtquadratisch? Kreuze an.	→ S. 201

Gleichung	nicht quadratisch	rein-quadratisch	gemischt-quadratisch
$x^2 - 48 = 0$	☐	☐	☐
$3x - 1 = 4$	☐	☐	☐
$(x - 1)^2 + 5 = 4$	☐	☐	☐
$4x^2 = \frac{1}{2}x$	☐	☐	☐
$2x^2 = x^3 - x$	☐	☐	☐

Ich kann …	Aufgabe	Ergebnis
… reinquadratische Gleichungen lösen.	**Aufgabe 2** Löse die quadratischen Gleichungen. a) $x^2 = 49$ $L = \{\_\_\_\_\}$ b) $-x^2 - 9 = 0$ $L = \{\_\_\_\_\}$ c) $2x^2 - 32 = 0$ $L = \{\_\_\_\_\}$ d) $4x^2 - 1 = 15$ $L = \{\_\_\_\_\}$	→ S. 201
… entscheiden, ob eine reinquadratische Gleichung lösbar ist oder nicht.	**Aufgabe 3** Wie viele Lösungen hat die reinquadratische Gleichung? Entscheide mithilfe des Funktionsterms und kreuze an.	→ S. 201

Gleichung	keine Lösung	eine Lösung	zwei Lösungen
$x^2 = -4$	☐	☐	☐
$4x^2 = 9$	☐	☐	☐
$-4x^2 + 1 = 0$	☐	☐	☐
$x^2 - 1 = -1$	☐	☐	☐

Schritt-für-Schritt-Erklärung

Fachbegriffe

Was ist eine quadratische Gleichung?

Eine Gleichung, die man durch Äquivalenzumformungen auf die Form $\mathbf{ax^2 + bx + c = 0}$ mit $\mathbf{a \neq 0}$ bringen kann, nennt man **quadratische Gleichung**.
Einfacher formuliert kannst du auch sagen:
Eine Gleichung, in der höchstens x^2, x und Zahlen vorkommen, heißt quadratische Gleichung.

Ist x die Variable, dann muss bei einer quadratischen Funktion ein x^2, sprich „x Quadrat" auftauchen.

Beispiele:
$x^2 = 1$; $3x^2 + x = 2$; $x^2 = x - 5$ oder $(x - 2)^2 = 4$ sind quadratische Gleichungen.
$2x - 1 = 4$; $x^3 - x^2 = 0$ oder $x(x - 2)^2 = 0$ sind keine quadratischen Gleichungen, da entweder gar kein x^2 vorkommt oder aber x^3.

Die quadratischen Gleichungen können in verschiedene Typen unterteilt werden:

Bezeichnung	Gleichung	Beschreibung
reinquadratische Gleichungen	$ax^2 + c = 0$ bzw. $ax^2 = -c$ (hier ist $b = 0$)	Eine Gleichung, in der nur Vielfache von x^2 (und kein x) vorkommen, nennt man reinquadratisch.

Beispiele:
Die einfachsten reinquadratischen Gleichungen sind $x^2 = 0$, $x^2 = -1$ und $x^2 = 1$.
Weitere Beispiele sind:

Gleichung der Form $\mathbf{ax^2 + c = 0}$: $3x^2 - 12 = 0$; $-\frac{1}{2}x^2 - 8 = 0$

Gleichung der Form $\mathbf{ax^2 = -c}$: $3x^2 = 12$; $-\frac{1}{2}x^2 = 8$

Bezeichnung	Gleichung	Beschreibung
gemischt-quadratische Gleichungen	$ax^2 + bx + c = 0$ oder $ax^2 + bx = 0$ (hier ist $c = 0$)	Eine Gleichung, in der Vielfache von x^2 und Vielfache von x vorkommen, nennt man gemischtquadratische Gleichung.

Beispiele:

Gleichung:	**umgeformt auf $\mathbf{ax^2 + bx + c = 0}$:**			
$2x^2 + 2x = -1$	$2x^2 + 2x + 1 = 0$	$a = 2$;	$b = 2$;	$c = 1$
$9 = -3x + x^2$	$x^2 - 3x - 9 = 0$	$a = 1$;	$b = -3$;	$c = -9$
$2x^2 = 18x$	$2x^2 - 18x = 0$	$a = 2$;	$b = -18$;	$c = 0$
$(x + 3)^2 = 36$	$x^2 + 6x - 27 = 0$	$a = 1$;	$b = 6$;	$c = -27$
$x^2 + 6x + 9 = 36$				

Schritt-für-Schritt-Erklärung

So gehst du vor

So kannst du reinquadratische Gleichungen der Form $ax^2 + c = 0$ lösen:

Beispiel:
Löse die Gleichung $4x^2 - 9 = 0$.

1. Forme die Gleichung so um, dass auf einer Seite die Vielfachen von x^2 stehen und auf der anderen Seite eine Zahl.
   $ax^2 = -c$

   $4x^2 - 9 = 0 \quad | +9$

2. Teile dann beide Seiten der Gleichung durch a, also die Zahl vor dem x^2.
   $x^2 = -\frac{c}{a}$

   $4x^2 = 9 \quad | :4$

   $x^2 = \frac{9}{4} \quad | \sqrt{}$

3. Ziehe auf beiden Seiten die Wurzel.
   $x = \pm\sqrt{-\frac{c}{a}}$

   $x = \pm\sqrt{\frac{9}{4}}$

4. Unterstreiche die Lösungen bzw. schreibe die Lösungsmenge auf. Lösungen der Gleichung sind die Zahlen.

   $\underline{x_1 = \frac{3}{2}}; \ \underline{x_2 = -\frac{3}{2}}$

   Lösungsmenge ist $L = \left\{-\frac{3}{2}; \frac{3}{2}\right\}$.

So gehst du vor

Wie viele Lösungen kann eine reinquadratische Gleichung haben?

Reinquadratische Gleichungen der Form $ax^2 + c = 0$ bzw. $ax^2 = -\frac{c}{a}$ können keine Lösung, genau eine oder zwei Lösungen haben, die sich nur in ihrem Vorzeichen unterscheiden.

	keine Lösung	eine Lösung	zwei Lösungen
	$c > 0$	$c = 0$	$c < 0$
$a > 0$	Die Zahl unter der Wurzel ist negativ. $L = \{\ \}$	Die Zahl unter der Wurzel ist null. $L = \{0\}$	Die Zahl unter der Wurzel ist positiv. $L = \left\{-\sqrt{-\frac{c}{a}}; \sqrt{-\frac{c}{a}}\right\}$
$a < 0$	Die Zahl unter der Wurzel ist positiv. $L = \left\{-\sqrt{\frac{c}{-a}}; \sqrt{\frac{c}{-a}}\right\}$		Die Zahl unter der Wurzel ist negativ. $L = \{\ \}$

Die Zahl unter der Wurzel nennt man auch Diskriminante.

Übungsaufgaben

Aufgabe 1 ●○○

Ist die Gleichung nicht quadratisch, reinquadratisch oder gemischt quadratisch? Kreuze an und begründe.

Gleichung	nicht quadratisch	reinquadratisch	gemischtquadratisch
$3x^2 = 4x$	☐	☐	☐
$x^2 = 64$	☐	☐	☐
$10 = 1 - 3x + x^2$	☐	☐	☐
$4x = 6$	☐	☐	☐
$(x - 3)^2 = 5$	☐	☐	☐
$x^2 = 2 - x^3$	☐	☐	☐

Aufgabe 2 ●○○

Gib von den quadratischen Gleichungen jeweils a, b und c an. Forme dazu gegebenenfalls die Gleichungen auf die Form $ax^2 + bx + c = 0$ um.

a) $-x^2 + 3x - 5 = 0$
b) $3x^2 - 4x = -5$
c) $2x^2 + x = 0$
d) $5x^2 = 3x - 11$
e) $(x + 4)^2 = 3$
f) $3x^2 + 5 = 4x + 4$

Aufgabe 3 ●○○

Wie viele Lösungen hat die reinquadratische Gleichung? Berechne die Zahl unter der Wurzel, entscheide und kreuze dann an.

	Zahl unter der Wurzel	keine Lösung	eine Lösung	zwei Lösungen
$x^2 + 2 = 0$		☐	☐	☐
$3x^2 = 48$		☐	☐	☐
$-5x^2 + 5 = 0$		☐	☐	☐
$2x^2 = 0$		☐	☐	☐
$-2x^2 = -8$		☐	☐	☐

Übungsaufgaben

Aufgabe 4 ●○○

Löse die quadratischen Gleichungen.

a) $3x^2 = 0$

b) $4x^2 - 1 = 0$

c) $x^2 + 2 = 0$

d) $-\frac{1}{2}x^2 = -18$

Aufgabe 5 ●●○

Löse die quadratischen Gleichungen.

a) $\frac{1}{5}x^2 - 3 = 2$

b) $9x^2 - 16 = 0$

c) $3x^2 - 3{,}75 = 2{,}25$

d) $3x^2 = x^2 + 32$

Gemischtquadratische Gleichungen der Form $ax^2 + bx + c = 0$ bzw. $x^2 + px + q = 0$

Kompetenzcheck

Ich kann …	Aufgabe	Ergebnis
… bei quadratischen Gleichungen die Parameter a, b und c bzw. p und q angeben.	**Aufgabe 1** Gib die Parameter a, b und c an. a) $2x^2 + 2x + \frac{1}{2} = 0$ a = ______; b = ______; c = ______ b) $x^2 - x + 1 = 0$ a = ______; b = ______; c = ______ c) $-3x^2 - 18x = 29$ a = ______; b = ______; c = ______	☺ 😐 ☹ → S. 201
	Aufgabe 2 Gib die Parameter p und q an. a) $x^2 - 2x + 1 = 0$ p = ______; q = ______ b) $-x^2 - 10x - 9 = 0$ p = ______; q = ______ c) $x^2 = 2x + 8$ p = ______; q = ______	☺ 😐 ☹ → S. 202
… quadratische Gleichungen (mit der Lösungsformel) lösen.	**Aufgabe 3** Löse die quadratische Gleichung. a) $x^2 - 3x - 4 = 0$ L = __________ b) $-x^2 + 8x - 7 = 0$ L = __________ c) $2x^2 + 4x + 2$ L = __________	☺ 😐 ☹ → S. 202
… vor dem Rechnen angeben, wie viele Lösungen eine quadratische Gleichung hat.	**Aufgabe 4** Wie viele Lösungen hat die quadratische Gleichung? (siehe Tabelle unten)	☺ 😐 ☹ → S. 202

Gleichung	keine Lösung	eine Lösung	zwei Lösungen
$x^2 - 2x + 8 = 0$	☐	☐	☐
$x^2 + 4x + 7 = 0$	☐	☐	☐
$2x^2 - 6x + 4 = 0$	☐	☐	☐
$2x^2 - 3x + 1 = 0$	☐	☐	☐

Schritt-für-Schritt-Erklärung

So gehst du vor

So kannst du gemischtquadratische Gleichungen lösen:

Möglichkeit 1: mit der p-q-Formel

1. Bestimme p und q. Achte dabei auf die Vorzeichen!
2. Setze p und q in die Lösungsformel
   $x_{1,2} = -\frac{p}{2} \pm \sqrt{\left(\frac{p}{2}\right)^2 - q}$
   ein und berechne die Lösungen.
3. Unterstreiche die Lösungen oder gib die Lösungsmenge an. Lösungen der Gleichung sind die Zahlen.

Löse die Gleichung $x^2 - 2x - 24 = 0$.

$p = 2$; $q = -24$

$x_{1,2} = -\frac{2}{2} \pm \sqrt{\left(\frac{2}{2}\right)^2 - (-24)}$

$= -1 \pm \sqrt{(1 + 24)}$

$= 1 \pm \sqrt{25} = 1 \pm 5$

$x_1 = 1 - 5 = \underline{-4}$; $x_2 = 1 + 5 = \underline{6}$

$L = \{-4; 6\}$

So gehst du vor

Möglichkeit 2: mit der Mitternachtsformel

1. Bestimme a, b und c. Achte dabei auf die Vorzeichen!
2. Setze a, b und c in die Lösungsformel
   $x_{1,2} = \frac{-b \pm \sqrt{b^2 - 4ac}}{2a}$
   ein und berechne die Lösungen.
3. Unterstreiche die Lösungen oder gib die Lösungsmenge an. Lösungen der Gleichung sind die Zahlen.

Löse die Gleichung $3x^2 - 8x + 5 = 0$.

$a = 3$; $b = -8$; $c = 5$

$x_{1,2} = \frac{-(-8) \pm \sqrt{(-8)^2 - 4 \cdot 3 \cdot 5}}{2 \cdot 3}$

$= \frac{8 \pm \sqrt{64 - 60}}{6} = 8 \pm \frac{\sqrt{4}}{6} = 8 \pm \frac{2}{6}$

$x_1 = \frac{8 \pm 2}{6} = \frac{10}{6} = \underline{\frac{5}{3}}$; $x_2 = \frac{8 - 2}{6} = \frac{6}{6} = \underline{1}$

$L = \left\{1; \frac{5}{3}\right\}$

Beachte:
Mit der Mitternachtsformel kannst du jede beliebige quadratische Gleichung direkt lösen.

Beispiel: $x^2 - 2x - 24 = 0$; $a = 1$; $b = -2$; $c = -24$

$x_{1,2} = \frac{-(-2) \pm \sqrt{(-2)^2 - 4 \cdot 1 \cdot (-24)}}{2 \cdot 1} = \frac{2 \pm \sqrt{4 + 96}}{2}$

$= \frac{2 \pm \sqrt{100}}{2} = \frac{2 \pm 10}{2}$

$x_1 = \frac{2 + 10}{2} = \frac{12}{2} = \underline{6}$; $x_2 = \frac{2 - 10}{2} = \frac{-8}{2} = \underline{-4}$

$L = \{-4; 6\}$

Schritt-für-Schritt-Erklärung

Auf einen Blick

So kannst du eine quadratische Gleichung der Form $ax^2 + bx + c = 0$ lösen:

Gleichung:	$ax^2 + bx + c = 0$ $(a \neq 0)$	$x^2 + px + q = 0$
Lösungsformel	$x_{1,2} = \frac{-b \pm \sqrt{b^2 - 4ac}}{2a}$ **„Mitternachtsformel"**	$x_{1,2} = -\frac{p}{2} \pm \sqrt{\left(\frac{p}{2}\right)^2 - q}$ **„p-q-Formel"**
keine Lösung:	**Der Term unter der Wurzel (Diskriminante) ist negativ.**	
keine Nullstelle	$b^2 - 4ac < 0$ $L = \{\ \}$	$\left(\frac{p}{2}\right)^2 - q < 0$ $L = \{\ \}$
eine Lösung:	**Der Term unter der Wurzel (Diskriminante) ist null.**	
eine Nullstelle	$b^2 - 4ac = 0$ $x_0 = \frac{-b}{2a}$; $L = \left\{\frac{-b}{2a}\right\}$	$\left(\frac{p}{2}\right)^2 - q = 0$ $x_0 = -\frac{p}{2}$; $L = \left\{-\frac{p}{2}\right\}$
zwei Lösungen:	**Der Term unter der Wurzel (Diskriminante) ist positiv.**	
zwei Nullstellen	$b^2 - 4ac > 0$ $x_1 = \frac{-b + \sqrt{b^2 - 4ac}}{2a}$ $x_2 = \frac{-b - \sqrt{b^2 - 4ac}}{2a}$ $L = \{x_1; x_2\}$	$\left(\frac{p}{2}\right)^2 - q > 0$ $x_1 = -\frac{p}{2} + \sqrt{\left(\frac{p}{2}\right)^2 - q}$ $x_2 = -\frac{p}{2} - \sqrt{\left(\frac{p}{2}\right)^2 - q}$ $L = \{x_1; x_2\}$

Übungsaufgaben

Aufgabe 6 ●○○

Bestimme die Anzahl der Lösungen. Kreuze an.

Gleichung	Diskriminante	keine Lösung	eine Lösung	zwei Lösungen
$x^2 - 2x + 1 = 0$		☐	☐	☐
$x^2 - x + 1 = 0$		☐	☐	☐
$x^2 + 10x + 9 = 0$		☐	☐	☐
$x^2 - \frac{1}{2}x - \frac{1}{2} = 0$		☐	☐	☐

Aufgabe 7 ●○○

Bestimme die Anzahl der Lösungen. Kreuze an.

Gleichung	Diskriminante	keine Lösung	eine Lösung	zwei Lösungen
$3x^2 - 3x + 1 = 0$		☐	☐	☐
$2x^2 - 6x + 4 = 0$		☐	☐	☐
$-3x^2 - 18x - 27 = 0$		☐	☐	☐
$-\frac{1}{2}x^2 + x + 4 = 0$		☐	☐	☐

Aufgabe 8 ●○○

Berechne die Lösungen der quadratischen Gleichungen.

a) $x^2 - 2x + 1 = 0$ b) $x^2 - x + 1 = 0$ c) $x^2 + 10x + 9 = 0$ d) $x^2 + \frac{1}{2}x - \frac{1}{2} = 0$

Aufgabe 9 ●○○

Berechne die Lösungen der quadratischen Gleichungen.

a) $2x^2 - 6x + 4 = 0$ b) $-3x^2 - 18x - 27 = 0$ c) $2x^2 - 3x + 1 = 0$

d) $\frac{1}{2}x^2 + x + 4 = 0$ e) $\frac{1}{2}x^2 + 3x - 8 = 0$ f) $10x^2 - 13x - 144 = 0$

Spezialfall – gemischtquadratische Gleichungen der Form $ax^2 + bx = 0$

Kompetenzcheck

Ich kann …	Aufgabe	Ergebnis
… quadratische Gleichungen der Form $ax^2 + bx = 0$ lösen.	**Aufgabe 1** Berechne die Lösungen der quadratischen Gleichungen. a) $x^2 - x = 0$ L = ____ b) $3x^2 - 2x = 0$ L = ____ c) $-4x^2 = x$ L = ____	☺ 😐 ☹ → S. 202
… das günstigste Verfahren zum Lösen von quadratischen Gleichungen auswählen.	**Aufgabe 2** Welches Verfahren ist zum Lösen der quadratischen Gleichung das günstigste? Kreuze an.	☺ 😐 ☹ → S. 202
… die Lösung von quadratischen Gleichungen berechnen.	**Aufgabe 3** Berechne die Lösung der quadratischen Gleichungen. a) $6x^2 - 24 = 0$ L = ____ b) $x^2 - 5x + 4 = 0$ L = ____ c) $7x^2 + 2x = 0$ L = ____	☺ 😐 ☹ → S. 202

Tabelle zu Aufgabe 2:

Gleichung	Wurzel ziehen	Lösungsformel	Satz vom Nullprodukt
$x^2 - 4x = 0$	☐	☐	☐
$3x^2 = 6$	☐	☐	☐
$5x^2 - 8x + 3 = 0$	☐	☐	☐
$4x^2 = 4x$	☐	☐	☐

Schritt-für-Schritt-Erklärung

Fachbegriffe

Was ist der Satz vom Nullprodukt?

Der Satz vom Nullprodukt gibt vor, wie eine Gleichung, in der ein Produkt gleich null ist, gelöst werden kann.

Satz vom Nullprodukt	Kurzschreibweise	Beispiel
Ein Produkt ist 0, wenn mindestens einer der beiden Faktoren 0 ist.	Term 1 · Term 2 = 0 Lösung: Term 1 = 0 oder Term 2 = 0	$x \cdot (x - 4) = 0$ $x_1 = 0$ oder $x - 4 = 0$ $x_2 = 4$

Der Sonderfall einer quadratischen Gleichung: $ax^2 + bx = 0$

Eine Gleichung der Form $ax^2 + bx = 0$ ist ein Sonderfall der gemischtquadratischen Gleichungen. In diesem Typ kommen nur Vielfache von x^2, x und die Zahl 0 vor. Durch **Ausklammern von x** erhält man auf der linken Seite ein Produkt der Form $x \cdot (ax^2 + b) = 0$. Die Gleichung kann dann mithilfe des **Satzes vom Nullprodukt** gelöst werden. **Eine Lösung** ist **immer 0**.

So gehst du vor

So kannst du quadratische Gleichungen der Form $ax^2 + bx = 0$ mit dem Satz vom Nullprodukt lösen:

Beispiel: $8x^2 - 4x = 0$

1. Klammere x aus:
   $x \cdot (ax + b) = 0$
   Achtung: Klammer nicht vergessen!

   $x \cdot (8x - 4)$

2. Wende den Satz vom Nullprodukt an: Einer der beiden Faktoren muss null sein, also
   $x = 0$ oder $ax + b = 0$

   $x_1 = 0$ oder $8x - 4 = 0$

3. Berechne die zweite Lösung von $ax + b = 0$:
   $ax + b = 0 \quad | -b$
   $ax = -b \quad | :a$
   $x = -\frac{b}{a}$

   $8x - 4 = 0 \quad | +4$
   $8x = 4 \quad | :8$
   $x_2 = \frac{4}{8} = \frac{1}{2}$

4. Unterstreiche die Lösung oder schreibe die Lösungsmenge auf.

   Lösungsmenge $L = \left\{0; \frac{1}{2}\right\}$

Beachte:
Eine Gleichung der Form $ax^2 = -bx$ musst du auf die Form $ax^2 + bx = 0$ bringen und dann lösen. Du darfst hier nicht durch x teilen, da x null sein kann!

Schritt-für-Schritt-Erklärung

Da die Gleichung der Form $ax^2 + bx = 0$ ein Sonderfall der quadratischen Gleichung mit $ax^2 + bx + c = 0$ ist, kannst du diese Gleichung auch mit der Mitternachtsformel oder Lösungsformel lösen. Dabei musst du nur darauf achten, dass c null ist. Entscheide selbst, welches Verfahren du anwenden möchtest.

So gehst du vor

So kannst du quadratische Gleichungen der Form $ax^2 + bx = 0$ mit der Mitternachtsformel lösen:

Beispiel: $8x^2 - 4x = 0$

1. Bestimme a, b und c.
   Achte dabei auf die Vorzeichen!
   In diesem Fall ist $c = 0$.

   $a = 8$; $b = -4$; $c = 0$

2. Setze a, b und c in die Lösungsformel ein.

$$x_{1,2} = \frac{-b \pm \sqrt{b^2 - 4ac}}{2a} = \frac{-b \pm \sqrt{b^2 - 4a \cdot 0}}{2a} = \frac{-b \pm \sqrt{b^2}}{2a}$$

$$x_{1,2} = \frac{-b \pm \sqrt{b^2}}{2a} = \frac{-(-4) \pm \sqrt{(-4)^2}}{2 \cdot 8} = \frac{4 \pm \sqrt{16}}{16} = \frac{4 \pm 4}{16}$$

3. Unterstreiche die Lösungen oder gib die Lösungsmenge an.

also $x_1 = \frac{4+4}{16} = \frac{8}{16} = \underline{\frac{1}{2}}$

oder $x_2 = \frac{4-4}{16} = \frac{0}{16} = \underline{0}$ ✓

Lösungsmenge $L = \left\{0; \frac{1}{2}\right\}$

Übungsaufgaben

Aufgabe 10 ●○○

Berechne die Lösung der quadratischen Gleichungen.

a) $x^2 - 5x = 0$
b) $x^2 + x = 0$
c) $6x^2 + 9x = 0$
d) $\frac{1}{2}x^2 - 2x = 0$
e) $-3x^2 - 6x = 0$
f) $-x^2 + 3x = 0$

Aufgabe 11 ●○○

Berechne die Lösung der quadratischen Gleichungen.

a) $\frac{1}{2}x^2 = 2x$
b) $-3x^2 = 2x$
c) $6x - 9x^2 = 5x$
d) $3x^2 + 8x = -2x + x^2$

Aufgabe 12 ●○○

Berechne die Lösungen der quadratischen Gleichungen.

a) $2x^2 + 8x + 8 = 0$
b) $\frac{1}{4}x^2 - 1 = 0$
c) $3x^2 - x = 0$
d) $x^2 - 4x - 5 = 0$

Aufgabe 13 ●●○

Berechne die Lösungen der quadratischen Gleichungen.

a) $2x^2 = 4x + 6$
b) $x^2 + 7x - 5 = x - 10$
c) $x^2 - 5x + 10 = x + 5$
d) $-3x^2 + 3x - \frac{3}{2} = x^2 + x$
e) $x^2 = 4x - 4$
f) $-2x^2 + 8x + 5 = 2x + 5$

Aufgabe 14 ●●●

Die Gleichungen sollen die vorgegebene Anzahl von Lösungen haben.

Kreuze alle Zahlen an, die für ▢ eingesetzt werden können.

a) $3x^2 =$ ▢; keine Lösung ☐ −2 ☐ −1 ☐ 0 ☐ 1 ☐ 2

b) $x^2 - 1 =$ ▢; zwei Lösungen ☐ −2 ☐ −1 ☐ 0 ☐ 1 ☐ 2

c) $x^2 - 2x +$ ▢ $= 0$; genau eine Lösung ☐ −2 ☐ −1 ☐ 0 ☐ 1 ☐ 2

d) $x^2 - 2$ ▢ $x + 4 = 0$; genau eine Lösung ☐ −2 ☐ −1 ☐ 0 ☐ 1 ☐ 2

Modellieren mit quadratischen Gleichungen

Kompetenzcheck

Ich kann …	Aufgabe	Ergebnis
… Anwendungsaufgaben mit quadratischen Gleichungen modellieren.	**Aufgabe 1** Multipliziert man die Hälfte einer Zahl mit ihrem Dreifachen, so erhält man 96. Wie lautet die gesuchte Zahl? x = ____________	🙂 😐 🙁 → S. 203
	Aufgabe 2 Ein Rechteck hat einen Flächeninhalt von 500 cm². Eine Seite ist 5 cm kürzer als die andere Seite. Wie lang sind die beiden Seiten des Rechtecks? Länge = ____________; Breite = ____________	🙂 😐 🙁 → S. 203

Schritt-für-Schritt-Erklärung

So gehst du vor

So kannst du Anwendungsaufgaben mit quadratischen Gleichungen modellieren:

Mit quadratischen Gleichungen können viele Situationen beschrieben und modelliert werden. Dazu gehören u.a. Zahlenrätsel und Aufgaben aus der Geometrie.

Beim mathematischen Modellieren kannst du meist in den gleichen Schritten vorgehen:

① **Aufgabenstellung/Problem**
Im ersten Schritt geht es um das Textverständnis. Schreibe heraus, welche Daten gegeben sind und formuliere, was gesucht ist.

② **Mathematisches Modell**
Übersetze den Text/die Aufgabenstellung in einen mathematischen Sachverhalt.
Führe für die gesuchte Größe eine **Variable** ein.
Übersetze die gegebenen Daten zusammen mit dieser Variablen in einen mathematischen Term und stelle eine Gleichung auf.

Tipp: Bei quadratischen Gleichungen sind in der Regel mindestens 2 Bedingungen gegeben.

③ **Mathematische Lösung**
Löse die Aufgabe rechnerisch.

④ **Antwort**
Überprüfe, ob die mathematischen Lösungen auch den Sachverhalt beschreiben. Grenze gegebenenfalls die Lösung ein (z. B. kann in der Geometrie eine Seitenlänge nicht negativ sein).

Beispiel: Zahlenrätsel
Multipliziert man zwei aufeinander folgende Zahlen miteinander, so ist das Produkt um 100 größer als die kleinere der beiden Zahlen.

① Wähle für eine Unbekannte eine Variable und drücke weitere Unbekannte mithilfe dieser Variablen aus.

x: erste Zahl
$x + 1$: nachfolgende Zahl

② Übersetze den Text in mathematische Gleichungen und stelle die zugehörige Gleichung auf.

$\underbrace{x \cdot (x + 1)}_{\text{Produkt}} = \underbrace{x + 100}_{\text{100 größer als x}}$ (Produkt ist 100 größer als x)

③ Löse die quadratische Gleichung. Es kann sein, dass du sie zuerst auf die allgemeine Form $ax^2 + bx + c = 0$ bringen musst. Schreibe die Antwort auf.

$x \cdot (x + 1) = x + 100$
$x^2 + x = x + 100 \quad | -x$
$x^2 = 100$
$x_1 = -10,\ x_2 = 10$
Eine Lösung ist −10, eine zweite Lösung ist 10.

④ Kontrolliere die Lösung am Text.

Probe:
$10 \cdot 11 = 110 = 10 + 100$ ✓
oder
$-10 \cdot (-9) = 90 = -10 + 100$ ✓

Schritt-für-Schritt-Erklärung

So gehst du vor

Beispiel: Geometrie
Ein rechteckiges Grundstück ist 15 m länger als breit. Es wird in der Länge um 5 m und in der Breite um 3 m gekürzt. Der Flächeninhalt des Grundstücks beträgt nun noch 1401,75 m².
Welche Maße hatte das ursprüngliche Grundstück?

① Was ist gegeben, was ist gesucht?
Tipp: Mache eine Skizze.

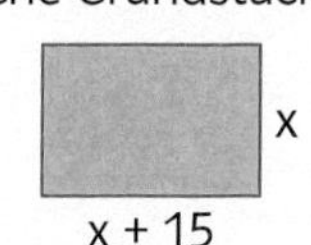

② Führe für die unbekannte Größe eine **Variable** ein. Drücke weitere Unbekannte mit dieser Variablen aus; du brauchst zwei Terme. Übersetze dann die Aufgabe in eine **mathematische Gleichung**.

x: Breite des Rechtecks
x + 15: Länge des Rechtecks
x − 3: verkürzte Breite
x + 15 − 5: verkürzte Länge
A = verkürzte Länge · verkürzte Breite

③ **Löse** die Gleichung.

$$(x-3)\cdot(x+15-5) = 1401{,}75$$
$$(x-3)\cdot(x+\quad 10\quad) = 1401{,}75$$
$$x^2 - 3x + 10x - 30 = 1401{,}75 \quad |-1401{,}75$$
$$x^2 + 7x - 1431{,}75 = 0$$

Lösungsformel:

$$x_{1,2} = \frac{-7 \pm \sqrt{7^2 - 4\cdot 1\cdot(-1431{,}75)}}{2\cdot 1}$$
$$= \frac{-7 \pm \sqrt{5769}}{2\cdot 1} = -\frac{7 \pm \sqrt{76}}{2}$$

④ Überprüfe, ob die mathematischen Lösungen auch den Sachverhalt beschreiben. Schreibe einen Antwortsatz.

$x_1 = 34{,}5$;
$x_2 = -41{,}5$ (geht nicht, da Längen nicht negativ sein können.)
Antwort: Das Grundstück war 34,5 m breit und 49,5 m lang.

Übungsaufgaben

Aufgabe 15 ●○○
Bildet man das Quadrat einer Zahl und addiert 33, so erhält man 82.
Wie lautet die gesuchte Zahl?

Aufgabe 16 ●○○
Multipliziert man eine Zahl mit ihrem Nachfolger, so ist das Produkt um 16 größer als die gedachte Zahl.
Wie lautet die gedachte Zahl?

Aufgabe 17 ●●○
Eine Zahl ist um 3 kleiner als eine zweite Zahl. Bildest du die Quadrate der beiden Zahlen und addierst sie, erhältst du 29.
Wie lauten die beiden Zahlen?

Aufgabe 18 ●●○
Zwei Zahlen addiert ergeben 21. Ihr Produkt ist 108.
Wie lauten die beiden Zahlen?

Aufgabe 19 ●○○
Ein Rechteck ist viermal so lang wie breit. Es ist 900 cm^2 groß.
Wie lang und wie breit ist das Rechteck?

Aufgabe 20 ●●○
Ein Dreieck hat einen Flächeninhalt von 180 cm^2. Seine Höhe ist um 9 cm kürzer als die zugehörige Grundseite.
Wie lang sind Höhe und Grundseite des Dreiecks?

Aufgabe 21 ●●○
Bauer Knolle besitzt zwei Grundstücke, eines ist quadratisch, das andere ist rechteckig.
Das rechteckige Grundstück hat eine Länge von 170,1 m und eine Breite von 35 m.
Die Fläche des quadratischen Grundstücks ist etwa ein Drittel so groß wie die Fläche des rechteckigen Grundstücks.
Wie lang ist das quadratische Grundstück?

Abschlusskompetenzcheck

	Ich kann ...	✓
1	**... eine quadratische Gleichung von anderen Gleichungen unterscheiden und entscheiden, ob eine Gleichung reinquadratisch oder gemischtquadratisch ist.** Ist die Gleichung nicht quadratisch, reinquadratisch oder gemischtquadratisch? Kreuze an.	

Gleichung	nicht quadratisch	reinquadratisch	gemischtquadratisch
$x^2 + 5x = 14$	☐	☐	☐
$2x - 7 = 0$	☐	☐	☐
$(x - 2)^2 = 0$	☐	☐	☐
$(x - 1) \cdot x = 0$	☐	☐	☐

2 ... reinquadratische Gleichungen lösen.
Löse die quadratischen Gleichungen.

a) $4x^2 = -4$ $L = \{$ ________ $\}$

b) $5x^2 - 5 = 0$ $L = \{$ ________ $\}$

c) $\frac{1}{4}x^2 - 2 = -2$ $L = \{$ ________ $\}$

3 ... bei quadratischen Gleichungen die Parameter a, b und c bzw. p und q angeben.
Gib die Parameter a, b und c an.

a) $2x^2 - 6x + 4 = 0$ a = ________; b = ________; c = ________

b) $x^2 - x + 1 = 0$ a = ________; b = ________; c = ________

c) $-3x^2 - 18x = 29$ a = ________; b = ________; c = ________

	Aufgabe	✓
4	**... bei quadratischen Gleichungen die Parameter a, b und c bzw. p und q angeben.** Gib die Parameter p und q an. a) $x^2 - 2x + 1 = 0$ p = ______; q = ______ b) $-x^2 - 10x - 9 = 0$ p = ______; q = ______ c) $x^2 = 2x + 8 = 0$ p = ______; q = ______	
5	**... quadratische Gleichungen (mit der Lösungsformel) lösen.** Löse die quadratische Gleichung. a) $x^2 - x - 6 = 0$ L = {______} b) $x^2 + 4x - 45 = 0$ L = {______} c) $3x^2 - 6x + 3 = 0$ L = {______}	
6	**... quadratische Gleichungen der Form $ax^2 + bx = 0$ lösen.** Berechne die Lösungen der quadratischen Gleichungen. a) $x^2 + 4x = 0$ L = {______} b) $3x^2 - 9x = 0$ L = {______} c) $2x^2 = 6x$ L = {______}	
7	**... ich kann quadratische Gleichungen lösen.** Welches Verfahren ist zum Lösen der quadratischen Gleichung das günstigste? Kreuze an und berechne die Lösungen.	

Gleichung	Wurzel ziehen	Lösungs-formel	Satz vom Nullprodukt	Lösung
$-x^2 + 3x = 0$	☐	☐	☐	
$2x^2 = 8$	☐	☐	☐	
$2x^2 + 8x = -8$	☐	☐	☐	
$2x^2 - 2 = 7x - 7$	☐	☐	☐	

	Aufgabe	✓
8	**... ich kann quadratische Gleichungen lösen.** Die Gleichung soll die vorgegebene Anzahl von Lösungen haben. Kreuze alle Zahlen an, die für ☐ eingesetzt werden können. a) $-2x^2 + ☐ = -2$; eine Lösung ☐ −2 ☐ −1 ☐ 0 ☐ 1 ☐ 2 b) $2x^2 - 2x + ☐ = 0$; keine Lösung ☐ −2 ☐ −1 ☐ 0 ☐ 1 ☐ 2	
9	**... Anwendungsaufgaben mit quadratischen Gleichungen modellieren.** a) Bildet man das Quadrat einer Zahl und subtrahiert 24, so erhält man 57. Wie lautet die gesuchte Zahl? Die gesuchte Zahl heißt entweder ________ oder ________. b) Gegeben ist ein Quadrat. Verlängert man nun eine Seite um 3 cm und verkürzt gleichzeitig die anstoßende Seite um 4 cm, so erhält man ein Rechteck mit einem Flächeninhalt von $294\,cm^2$. Wie lang ist eine Seite des Quadrats? Eine Seite des Quadrats ist ________ cm lang.	

5 Quadratische Funktionen

Quadratische Funktionen mit $f(x) = x^2$ – die Normalparabel

Kompetenzcheck

Ich kann …	Aufgabe	Ergebnis
… entscheiden, ob eine Funktionsgleichung zu einer quadratischen Funktion gehört oder nicht.	**Aufgabe 1** Welche Funktionsgleichungen gehören zu quadratischen Funktionen? Kreuze an. ☐ $f(x) = -2x^2 - 3x$ ☐ $f(x) = x^2 + 4x^3$ ☐ $f(x) = x(x - 1)$	☺ 😐 ☹ → S. 209
… überprüfen, ob ein Punkt auf der Normalparabel liegt.	**Aufgabe 2** Welcher Punkt liegt auf der Normalparabel? Kreuze an. ☐ A(−3 | −9) ☐ B(0,5 | 0,25) ☐ C(4 | 8)	☺ 😐 ☹ → S. 209
… fehlende Koordinaten bestimmen.	**Aufgabe 3** Die Punkte A, B und C liegen auf der Normalparabel mit $y = x^2$. Bestimme die fehlenden Koordinaten. A(1,2 | ___) B(___ | 0,64) C(−1,5 | ___)	☺ 😐 ☹ → S. 209

Schritt-für-Schritt-Erklärung

Fachbegriffe

Was ist eine quadratische Funktion?

Eine Funktion, bei der die Variable im Quadrat auftritt, nennt man **quadratische Funktion** (manchmal auch Quadratfunktion). Der **Graph** einer quadratischen Funktion heißt **Parabel**. Jede Parabel hat einen tiefsten oder höchsten Punkt, den so genannten **Scheitelpunkt**.

Die einfachste quadratische Funktion f hat als Funktionsgleichung $f(x) = x^2$. Aber auch Funktionen mit $f(x) = 2x^2$, $f(x) = -x^2 + 3x$, $f(x) = -\frac{1}{2}x^2 + 3x - 5$ oder auch $f(x) = (x + 1)^2$ nennt man quadratische Funktionen, da als Variable x^2 als höchste Potenz auftaucht.

Der **Graph** einer quadratischen Funktion f mit $f(x) = x^2$ heißt auch **Normalparabel**. Da der Graph aus allen Punkten $P(x|y)$ besteht, die auf der Parabel liegen, schreibt man als Gleichung für die **Normalparabel** auch $\mathbf{y = x^2}$.
Also liegt jeder Punkt $P(x|x^2)$ auf der Normalparabel.

Jede Funktion kann auf drei verschiedene Arten beschrieben werden, mithilfe
- einer Funktionsgleichung,
- einer Wertetabelle,
- eines Graphen.

Wertetabelle:

x	−2	−1	0	1	2
$y = x^2$	4	1	0	1	4

So kannst du eine Parabel zeichnen:
1. Lege eine **Wertetabelle** an. Setze Zahlen für x ein und berechne dann f(x) bzw. y.
2. Zeichne ein Koordinatensystem und **beschrifte die Achsen und Einheiten**. Mache bei jedem Punkt ein Kreuzchen. Markiere den **Scheitelpunkt** als besonderen Punkt.
3. Verbinde die Punkte nicht „gerade“, sondern etwas „rund“.

Graph:

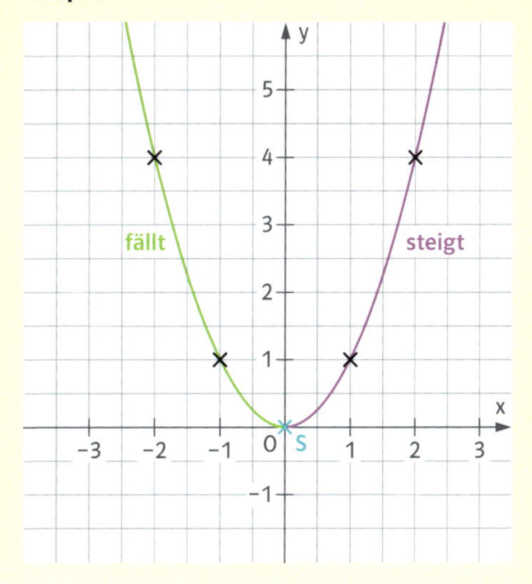

Schritt-für-Schritt-Erklärung

Fachbegriffe

Eigenschaften der quadratischen Funktion f mit $f(x) = x^2$ und der Normalparabel:

- Die Normalparabel ist **symmetrisch zur y-Achse**.
- Die Normalparabel fällt im II. Quadranten und steigt im I. Quadranten.
- Der Ursprung **S(0 | 0)** ist der **Scheitelpunkt**. Er ist der **tiefste Punkt**, d.h. alle anderen Punkte der Normalparabel liegen oberhalb der x-Achse. Es gibt also keine negativen y-Werte bzw. Funktionswerte. Man sagt, die Normalparabel ist **nach oben geöffnet**.
- Verdoppelst du den x-Wert, setzt du also 2x statt x in die Funktionsgleichung ein, dann erhältst du als neuen Funktionswert $(2x)^2 = 4x^2$.

Allgemein gilt:
Wird ein x-Wert mit dem **Faktor k** vervielfacht (multipliziert), dann wird der zugehörige y-Wert mit **k^2 vervielfacht**.

So gehst du vor

So kannst du die fehlenden Koordinaten eines Punktes auf der Normalparabel bestimmen:

1. x-Wert gegeben, y-Wert gesucht: Setze die Zahl bzw. den Wert für x in die Gleichung ein und berechne y.

   Beispiel: A(−1,4 |)
   $y = (-1{,}4)^2 = 1{,}96$,
   also A(−1,4 | 1,96)

2. y-Wert gegeben, x-Wert gesucht. Setze den y-Wert in die Gleichung ein und überlege, welche Zahl im Quadrat den y-Wert ergeben kann.

   Beispiel: B(| 1,44)
   $1{,}44 = x^2$

   Skizze:

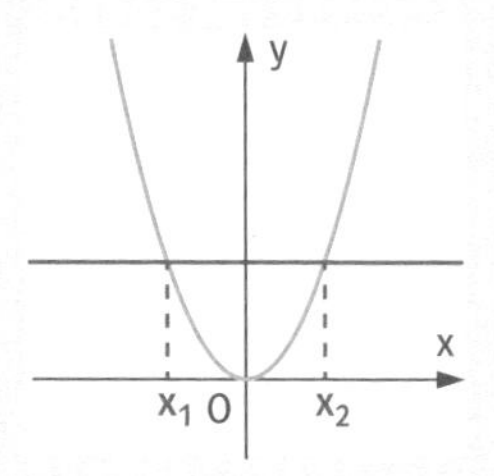

Mache dir evtl. eine Skizze.

Beachte: Da die Normalparabel symmetrisch zur y-Achse ist, gibt es (bis auf den Scheitelpunkt S(0|0)) zu jedem y-Wert zwei zugehörige x-Werte.

Welche Zahl im Quadrat ergibt 1,44?
Zwei Lösungen: $x_1 = -1{,}2$ oder $x_2 = 1{,}2$

Übungsaufgaben

Aufgabe 1 ●○○

Welche Gleichungen gehören zu quadratischen Funktionen? Kreuze an und begründe.

☐ $f(x) = 3x^2$ ☐ $f(x) = 2x - 3$ ☐ $f(x) = x^3$ ☐ $f(x) = 1 - x^2$

☐ $f(x) = (x - 3)^2$ ☐ $f(x) = 5$ ☐ $f(x) = 2x^2 - 3x + 4$ ☐ $f(x) = (x - 4)(x + 5)$

Aufgabe 2 ●○○

Welche Punkte liegen auf der Normalparabel mit $y = x^2$? Überprüfe zeichnerisch und kreuze an.

☐ $A(-1{,}5 \mid -2{,}25)$ ☐ $B(0{,}5 \mid 0{,}25)$ ☐ $C(2{,}5 \mid 6{,}25)$ ☐ $D(-2 \mid 4)$

☐ $E(-1{,}25 \mid 2{,}5)$

Aufgabe 3 ●○○

Welche Punkte liegen auf der Normalparabel? Überprüfe rechnerisch oder durch Überlegen und kreuze an.

☐ $A(-5 \mid -25)$ ☐ $B\left(-\frac{1}{4} \middle| \frac{1}{16}\right)$ ☐ $C(-1{,}6 \mid 2{,}56)$ ☐ $D(1{,}5 \mid 1{,}25)$

Aufgabe 4 ●○○

Die Punkte liegen alle auf der Normalparabel mit $y = x^2$.
Bestimme jeweils die fehlende Koordinate. Wenn es zwei Lösungen gibt, bestimme beide Lösungen.

a) $A(4 \mid \quad)$ b) $B\left(-\frac{1}{2} \middle| \quad\right)$ c) $C(-3 \mid \quad)$ d) $D(1{,}6 \mid \quad)$

e) $E(\quad \mid 0)$ f) $F(\quad \mid 36)$ g) $G(\quad \mid 0{,}49)$ h) $H\left(\quad \middle| \frac{1}{9}\right)$

Aufgabe 5 ●●○

Welche Aussagen sind richtig, welche falsch? Kreuze an.

	richtig	falsch
Die Normalparabel geht durch den Punkt $P(2 \mid -4)$.	☐	☐
Wenn $P(2{,}5 \mid 6{,}25)$ auf der Parabel liegt, dann liegt auch $Q(-2{,}5 \mid 6{,}25)$ auf der Parabel.	☐	☐
Für $x < 0$ fällt die Normalparabel.	☐	☐
Wird der x-Wert vervierfacht, vervierfacht sich auch der Funktionswert.	☐	☐

Verschiebung in y-Richtung – Parabeln mit $y = x^2 + e$

Kompetenzcheck

Ich kann …	Aufgabe	Ergebnis
… den Graphen zu einer in y-Richtung verschobenen Parabel skizzieren.	**Aufgabe 1** Skizziere die Parabeln in ein Koordinatensystem mit LE 1 cm. a) $y = x^2 + 2$ b) $y = x^2 - 1$	→ S. 209
… zu einem Graphen die zugehörige Funktionsgleichung aufstellen.	**Aufgabe 2** Gib jeweils die Gleichung der Parabel an. a) Die Normalparabel wird um 2,5 Einheiten nach unten verschoben. y = ________ b) y x 5 4 3 2 1 −2 −1 0 1 2 −1 y = ________	→ S. 209
… überprüfen, ob ein Punkt auf einer Parabel liegt.	**Aufgabe 3** Welcher Punkt liegt auf der Parabel mit $y = x^2 - 3$? Kreuze an. ☐ A(−3 | −9) ☐ B(1 | −2) ☐ C(−2 | 1)	→ S. 209
… fehlende Koordinaten bestimmen.	**Aufgabe 4** Die Punkte A, B und C liegen auf der Parabel mit $y = x^2 + 2$. Bestimme die fehlenden Koordinaten. A(1,5 |) B(| 6) C(−4 |)	→ S. 209

Schritt-für-Schritt-Erklärung

Wenn du die Normalparabel im Koordinatensystem verschiebst, erhältst du viele weitere Parabeln, die zwar gleich aussehen (das nennt man in der Mathematik **kongruent** = deckungsgleich), die sich aber in ihrem Funktionsterm und ihren Eigenschaften unterscheiden.

Fachbegriffe

Eigenschaften einer in y-Richtung verschobenen Parabel

Verschiebst du die Normalparabel im Koordinatensystem nur nach oben oder unten, d.h. mathematisch in y-Richtung bzw. entlang der y-Achse, erhältst du eine Parabel mit $y = x^2 + e$ mit den folgenden Eigenschaften:

- **Scheitelpunkt ist S(0 | e)**
  Gehe vom Scheitel 1 nach rechts und 1 nach oben. Dann erhältst du als weiteren **markanten Punkt P(1 | 1 + e).**
- Die Parabel ist **symmetrisch zur y-Achse.**
- Ist **e > 0**, dann wird die Normalparabel **nach oben** bzw. **in positive y-Richtung** verschoben.
  Die Parabel hat dann **keinen Schnittpunkt mit der x-Achse.**
- Ist **e = 0**, dann erhältst du die Normalparabel mit $y = x^2$.
- Ist **e < 0**, dann wird die Normalparabel **nach unten** bzw. **in negative y-Richtung** verschoben.
  Die Parabel hat dann **zwei Schnittpunkte mit der x-Achse.**

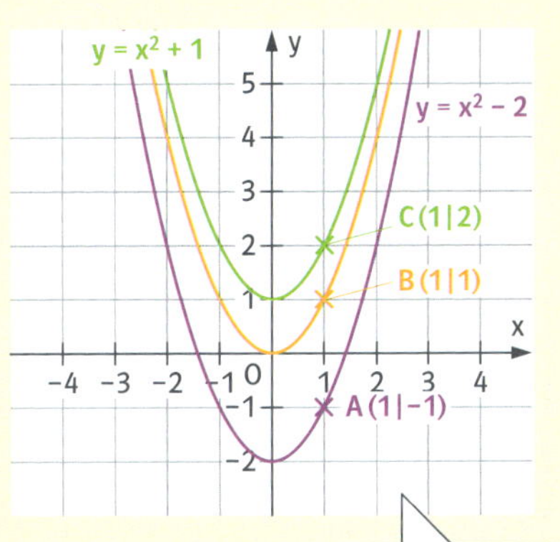

Das kannst du dir so vorstellen: Alle Parabeln werden mit derselben Schablone gezeichnet, befinden sich aber an unterschiedlichen Orten.

Schritt-für-Schritt-Erklärung

So gehst du vor

So erhältst du aus der Beschreibung bzw. Gleichung die Parabel:

Beschreibung	Gleichung	grafisch
Die Normalparabel wird um 3 Einheiten nach unten verschoben.	$y = x^2 - 3$ Scheitelpunkt S (0 | −3)	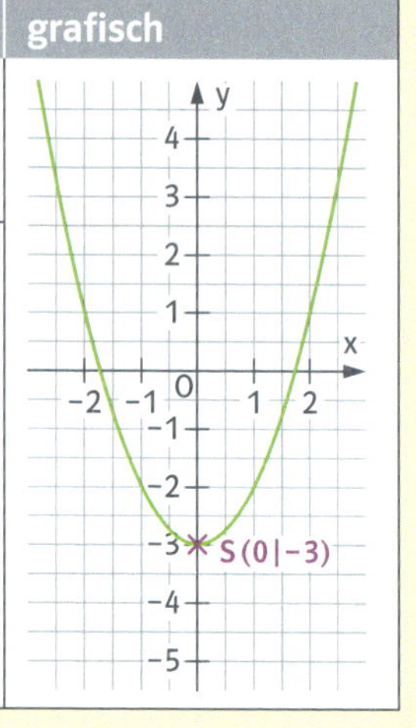

1. Markiere den Scheitelpunkt S.
2. a) Markiere weitere Punkte mithilfe einer Wertetabelle:

x	1	2	1,5	…
y	−2	4 − 3 = 1	2,25 − 3 = −0,75	…

oder

b) Lege deine Schablone im Scheitelpunkt an und zeichne die Parabel.

So gehst du vor

So erhältst du aus der Parabel die zugehörige Gleichung bzw. Beschreibung:

grafisch	Gleichung	Beschreibung
	1. Bestimme den Scheitelpunkt. S (0 | 1,5) 2. Stelle die zugehörige Gleichung mit $y = x^2 + e$ auf. $y = x^2 + 1,5$	Die Normalparabel wird um 1,5 Einheiten nach oben verschoben.

Schritt-für-Schritt-Erklärung

So gehst du vor

So kannst du Schnittpunkte mit der x-Achse bzw. Nullstellen bestimmen:

Schnittpunkte mit der x-Achse erhältst du, wenn du die **Gleichung des Graphen gleich 0** setzt und nach x auflöst. Der zugehörige y-Wert ist dabei 0.
Nullstellen erhältst du, wenn du den **Funktionsterm** gleich 0 setzt und nach x auflöst.
Beachte: Eine **Stelle** ist nur ein **x-Wert**.

Beispiel:
Gegeben ist die Parabel mit $y = x^2 - 2$.
Bestimme die Schnittpunkte mit der x-Achse.

1. Setze die **Gleichung gleich 0**.

$x^2 - 2 = 0 \quad | +2$

2. **Löse** die Gleichung nach x auf.
   Du kannst entweder
   - **keine** Lösung ($e > 0$, d.h. unter der Wurzel steht eine negative Zahl)
   - **eine** Lösung ($e = 0$, d.h. unter der Wurzel steht 0)
   - oder **genau zwei Lösungen** ($e < 0$)

   erhalten.

$x^2 = 2$
$x = \pm\sqrt{2}$
$x_1 = \sqrt{2}; \; x_2 = -\sqrt{2}$

Das rechnerische Verfahren ist für die Bestimmung der Nullstellen das gleiche wie für die Bestimmung des Schnittpunktes mit der x-Achse.

3. Schreibe die Antwort auf.

Also hat die Parabel die beiden Schnittpunkte mit der x-Achse $S_1(\sqrt{2}\,|\,0)$ und $S_2(-\sqrt{2}\,|\,0)$.

So gehst du vor

So kannst du fehlende Koordinaten bestimmen:

Setze die gegebene Koordinate in die Gleichung $y = x^2 + e$ ein und löse die quadratische Gleichung nach der gesuchten Koordinate auf. Dieses Verfahren nennt man **Punktprobe**.

Beispiele:

a) $y = x^2 - 5$; $P(2\,|\quad)$
Setze $x = 2$ ein: $y = 2^2 - 5 = 4 - 5 = -1$
Also ist $P(2\,|\,-1)$.

Das Lösen von quadratischen Gleichungen kannst du in Kapitel 4 üben.

b) $y = x^2 + 4$; $P(\quad|\,13)$
Setze $y = 13$ ein: $13 = x^2 + 4 \quad | -4$
$9 = x^2$, also $x = \pm 3$
Die Koordinaten von P sind entweder $P_1(-3\,|\,13)$ oder $P_2(3\,|\,13)$.

Übungsaufgaben

Aufgabe 6 ●○○

Gegeben sind die Parabeln mit

① $y = x^2 - 1$ ② $y = x^2 + 3$ ③ $y = x^2 - 4$

und die Punkte A(1|4), B(2|3), C(−1|−3) und $D\left(-\frac{1}{2}\middle|-\frac{3}{4}\right)$.

a) Skizziere die Parabeln in ein Koordinatensystem (LE 1 cm).
b) Überprüfe, welcher Punkt auf welcher Parabel liegt.

Aufgabe 7 ●○○

Beschreibe, wie die Parabel aus der Normalparabel hervorgeht.

a) $y = x^2 - 0{,}5$ b) $y = x^2 + 5$ c) $y = -3 + x^2$

Aufgabe 8 ●○○

Gib die zugehörige Gleichung an und skizziere die Parabeln in ein Koordinatensystem.

a) Die Normalparabel wird um 2,5 Einheiten nach oben verschoben.
b) Die Normalparabel wird um 1 Einheit nach unten verschoben.

Aufgabe 9 ●○○

Gib zu den Parabeln die zugehörigen Gleichungen an.

a) y = ____________________

b) y = ____________________

c) y = ____________________

d) y = ____________________

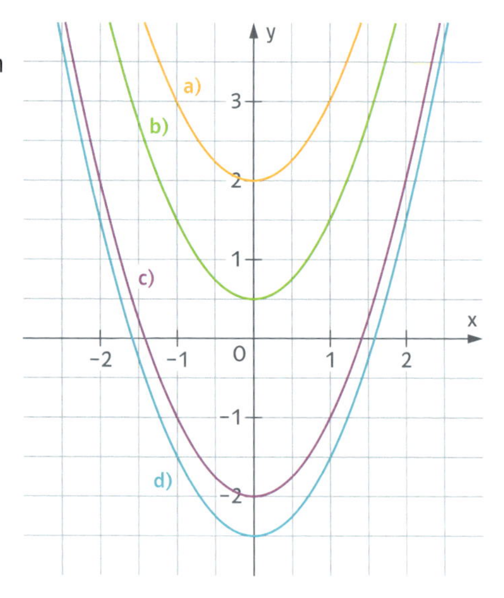

Aufgabe 10 ●●○

Verschiebe die Normalparabel so in y-Richtung, dass der jeweilige Punkt auf der Parabel liegt. Gib die zugehörige Gleichung und den Scheitelpunkt an.

a) A(0|5) b) B(3|0) c) C(−1|2)

Verschiebung in x-Richtung – Parabeln mit $y = (x - d)^2$

Kompetenzcheck

Ich kann …	Aufgabe	Ergebnis
… den Graphen einer in x-Richtung verschobenen Parabel skizzieren.	**Aufgabe 1** Skizziere die Parabeln in ein Koordinatensystem mit LE 1 cm. a) $y = (x + 2)^2$ b) $y = (x - 1)^2$	→ S. 210
… zu einem Graphen die zugehörige Funktionsgleichung aufstellen.	**Aufgabe 2** Gib jeweils die Gleichung der Parabel an. a) Die Normalparabel wird um 2,5 Einheiten nach rechts verschoben. y = ________ b) 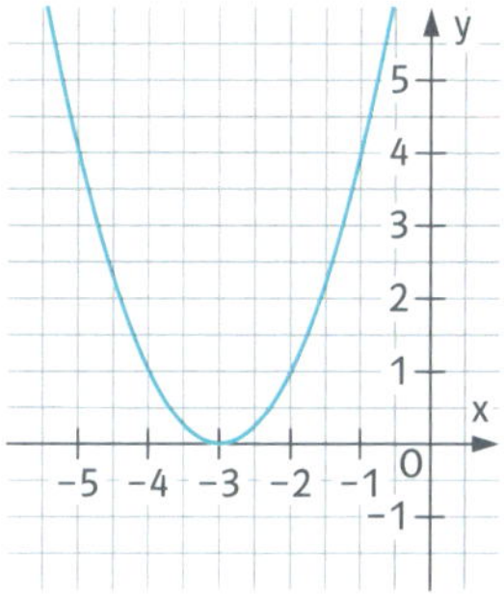 y = ________	→ S. 210
… überprüfen, ob ein Punkt auf einer Parabel liegt.	**Aufgabe 3** Welcher Punkt liegt auf der Parabel mit $y = (x - 3)^2$? Kreuze an. ☐ A(−3|−9) ☐ B(1|−2) ☐ C(2|1)	→ S. 210
… fehlende Koordinaten bestimmen.	**Aufgabe 4** Die Punkte A, B und C liegen auf der Parabel mit $y = (x + 2)^2$. Bestimme die fehlenden Koordinaten. A(3|) B(|16) C(−4|)	→ S. 210

Schritt-für-Schritt-Erklärung

Fachbegriffe

Eigenschaften einer in x-Richtung verschobenen Parabel

Verschiebst du die Normalparabel im Koordinatensystem nur nach rechts oder links, d.h. mathematisch in x-Richtung bzw. entlang der x-Achse, erhältst du eine Parabel mit $\mathbf{y = (x - d)^2}$. Diese Parabel kannst du ebenfalls mit der Schablone zeichnen.

Sie hat die folgenden Eigenschaften:

- **Scheitelpunkt ist S (d | 0).**
  Gehe vom Scheitel 1 nach rechts und 1 nach oben. Dann erhältst du als weiteren markanten Punkt P (d + 1 | 1).
- Die Gerade $\mathbf{x = d}$ ist **Symmetrieachse** der Parabel.
- Ist $\mathbf{d > 0}$, dann wird die Normalparabel **nach links** bzw. **in negative x-Richtung** verschoben.
- Ist $\mathbf{d = 0}$, dann erhältst du die Normalparabel mit $y = x^2$.
- Ist $\mathbf{d < 0}$, dann wird die Normalparabel **nach rechts** bzw. **in positive x-Richtung** verschoben.

So gehst du vor

So erhältst du aus der Beschreibung bzw. Gleichung die Parabel:

<table>
<tr><th>Beschreibung</th><th>Gleichung</th><th>grafisch</th></tr>
<tr><td>Die Normalparabel wird um 3 Einheiten nach rechts verschoben.</td><td>Nach rechts heißt minus in der Klammer:
$y = (x - 3)^2$
Scheitelpunkt S (3 | 0)</td><td rowspan="2">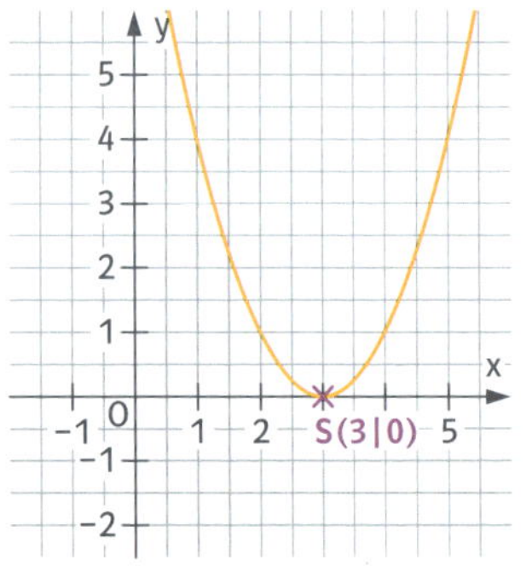
</td></tr>
<tr><td colspan="2">1. Markiere den Scheitelpunkt S.
2. a) Markiere weitere Punkte mithilfe einer Wertetabelle
oder
b) Lege deine Schablone im Scheitelpunkt an und zeichne die Parabel.</td></tr>
</table>

Schritt-für-Schritt-Erklärung

So gehst du vor

So erhältst du aus der Parabel die zugehörige Gleichung bzw. Beschreibung:

grafisch	Gleichung	Beschreibung
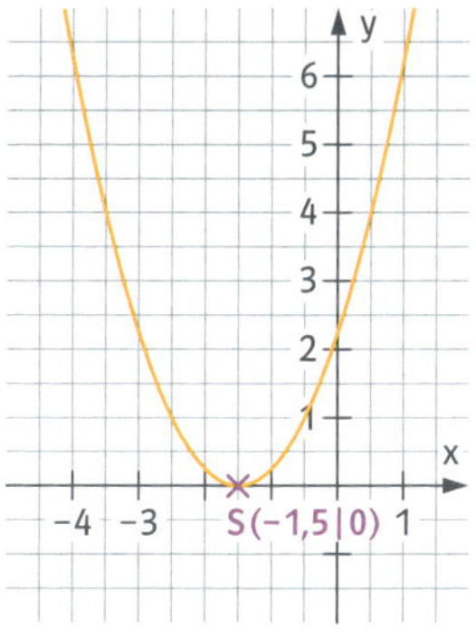 y; 6; 5; 4; 3; 2; 1; x; −4; −3; S(−1,5 | 0); 1	1. Bestimme den Scheitelpunkt. S(−1,5 | 0) 2. Stelle die zugehörige Gleichung mit $y = (x - d)^2$ auf. $y = (x - (-1{,}5))^2$ $= (x + 1{,}5)^2$	Die Normalparabel wird um 1,5 Einheiten nach links verschoben.

So gehst du vor

So kannst du überprüfen, ob ein Punkt auf einer in x-Richtung verschobenen Parabel liegt:

Mache eine **Punktprobe**, d.h. setze die x-Koordinaten des Punktes in die Gleichung ein. Prüfe, ob der y-Wert derselbe ist.

Beispiel:
Liegt der Punkt P(−2 | 1) auf der Parabel mit $y = (x - 3)^2$?

1. x einsetzen
2. Ergebnis mit y vergleichen

$y = (-2 - 3)^2$
$= (-5)^2 = 25.$

Der Punkt P(−2 | 1) liegt also nicht auf der Parabel.

Übungsaufgaben

Aufgabe 11

Gegeben sind die Parabeln mit

① $y = (x - 1)^2$ ② $y = (x - 3)^2$ ③ $y = (x + 2{,}5)^2$

und die Punkte $A(-1\,|\,4)$, $B(2\,|\,1)$, $C\left(\frac{1}{2}\middle|\,9\right)$ und $D(1\,|\,4)$.

a) Skizziere die Parabeln in ein Koordinatensystem (LE 1 cm).
b) Überprüfe, welcher Punkt auf welcher Parabel liegt.

Aufgabe 12

Beschreibe, wie die Parabel aus der Normalparabel hervorgeht.

a) $y = (x - 0{,}5)^2$ b) $y = (x + 5)^2$ c) $y = (-3 + x)^2$

Aufgabe 13

Gib die zugehörige Gleichung an und skizziere die Parabeln in ein Koordinatensystem.

a) Die Normalparabel wird um 2,5 Einheiten nach rechts verschoben.
b) Die Normalparabel wird um 1 Einheit nach links verschoben.

Aufgabe 14

Gib zu den Parabeln die zugehörigen Gleichungen an.

a) y = ______________
b) y = ______________
c) y = ______________
d) y = ______________

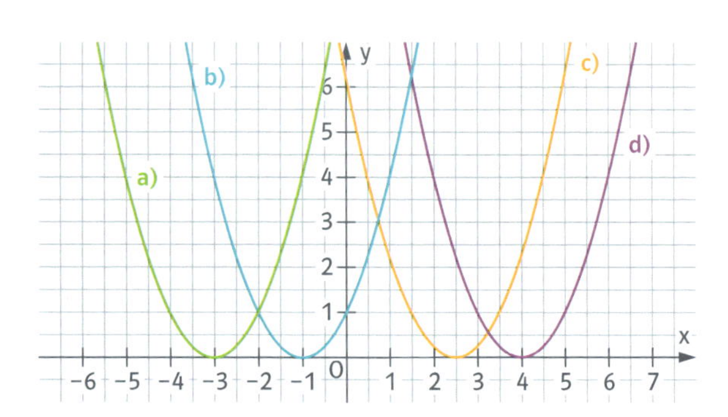

Aufgabe 15

Die Punkte A, B und C liegen auf der Parabel mit $y = (x - 3)^2$. Bestimme die fehlenden Koordinaten.

A(−1 |) B(| 25) C(2 |)

Aufgabe 16

Gib zu folgenden Eigenschaften jeweils die Gleichung einer in x-Richtung verschobenen Parabel an.

a) Der Scheitelpunkt ist $S(-9\,|\,0)$.
b) Die Gerade $x = 12$ ist Symmetrieachse der Parabel.
c) Der Punkt $P(0\,|\,25)$ liegt auf dem Graphen.

Verschiebung in x- und in y-Richtung – Parabeln mit $y = (x - d)^2 + e$

Kompetenzcheck

Ich kann …	Aufgabe	Ergebnis
… den Graphen einer in x- und in y-Richtung verschobenen Parabel skizzieren.	**Aufgabe 1** Skizziere die Parabeln in ein Koordinatensystem mit LE 1 cm. a) $y = (x - 2)^2 + 1$ b) $y = (x + 1)^2 - 3$	→ S. 210
… zu einem Graphen die zugehörige Funktionsgleichung aufstellen.	**Aufgabe 2** Gib jeweils die Gleichung der Parabel an. a) Die Normalparabel wird um 1 Einheit nach links und 4 Einheiten nach oben verschoben. y = ______ b) y = ______	→ S. 210
… überprüfen, ob ein Punkt auf einer Parabel liegt.	**Aufgabe 3** Welcher Punkt liegt auf der Parabel mit $y = (x - 2)^2 + 2$? Kreuze an. ☐ A(3|6) ☐ B(1|−2) ☐ C(2|3)	→ S. 210

Schritt-für-Schritt-Erklärung

Fachbegriffe

Verschieben einer Parabel in x- und y-Richtung

Das Verschieben von Parabeln kannst du dir so ähnlich vorstellen, wie wenn du am Computer eine Grafik in einem Dokument verschiebst. Dabei ändert sich der Ort, das Aussehen der Grafik ändert sich nicht.

Was ist die Scheitelpunktform?

Verschiebst du die Normalparabel im Koordinatensystem nach rechts oder links, d.h. mathematisch in x-Richtung bzw. entlang der x-Achse **und** nach oben oder unten, d.h. in y-Richtung, erhältst du eine Parabel mit $\mathbf{y = (x - d)^2 + e}$.
Diese Parabel kannst du ebenfalls mit der Schablone zeichnen.

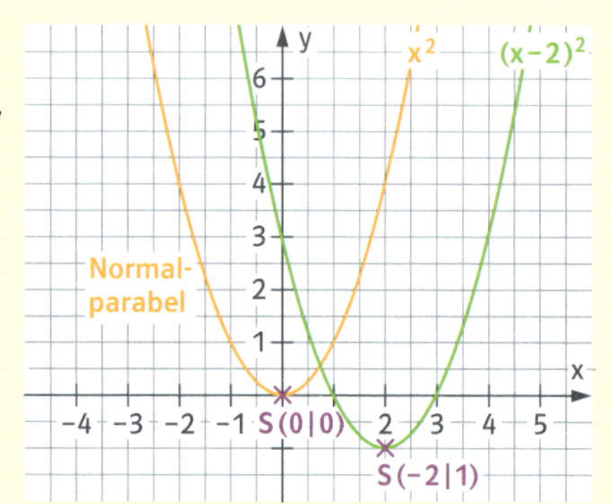

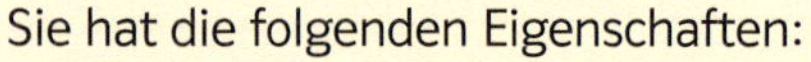

Sie hat die folgenden Eigenschaften:

- **Scheitelpunkt ist S(d | e).**
- Die Gerade $\mathbf{x = d}$ ist **Symmetrieachse** der Parabel.

Man nennt $y = (x - d)^2 + e$ **Scheitelpunktform**, da man den Scheitelpunkt S(d | e) direkt aus der Gleichung ablesen kann.

Beispiele:

Beschreibung	Gleichung	grafisch
Die Normalparabel wird um 2 Einheiten nach rechts und um 3 Einheiten nach oben verschoben.	$y = (x - 2)^2 + 3$ ↗ ↖ nach **rechts** nach **oben** S(2 | 3)	
Die Normalparabel wird um 1 Einheit nach links und um 2 Einheiten nach oben verschoben.	$y = (x + 1)^2 + 2$ ↖ ↖ nach **links** nach **oben** S(−1 | 2)	
Die Normalparabel wird um 2 Einheit nach links und um 1 Einheit nach unten verschoben.	$y = (x + 2)^2 - 1$ ↖ ↘ nach **links** nach **unten** S(−2 | −1)	
Die Normalparabel wird um 1 Einheit nach rechts und um 2 Einheiten nach unten verschoben.	$y = (x - 1)^2 - 2$ ↗ ↘ nach **rechts** nach **unten** S(−1 | 2)	

Schritt-für-Schritt-Erklärung

So gehst du vor

So kannst du zu einer Parabel die zugehörige Gleichung aufstellen:

Lies den **Scheitelpunkt S (d | e)** ab und setze ihn in die Scheitelpunktform $y = (x - d)^2 + e$ ein.

$S(-1{,}5 \mid 2)$, also $y = (x + 1{,}5)^2 + 2$

Achte darauf, das Vorzeichen von d umzudrehen.

Beispiel:

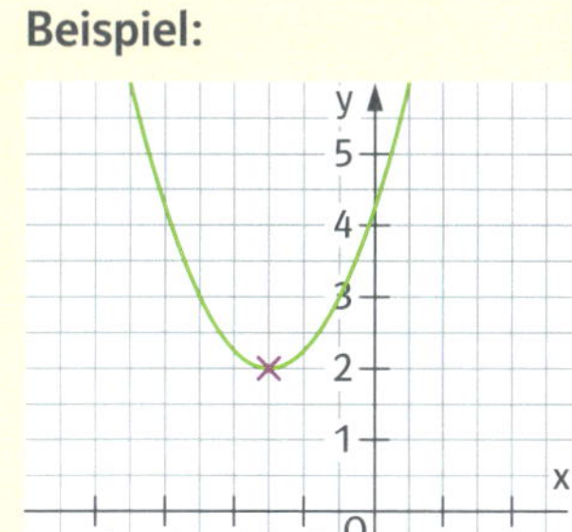

So gehst du vor

So kannst du zu einer Gleichung die zugehörige Parabel zeichnen:

Bestimme den **Scheitelpunkt S (d | e)** und markiere den Punkt im Koordinatensystem. Zeichne die Parabel mit der Schablone.

$y = (x - 2)^2 - 3$, also $S(2 \mid -3)$

Achte darauf, das Vorzeichen von d umzudrehen.

Beispiel:

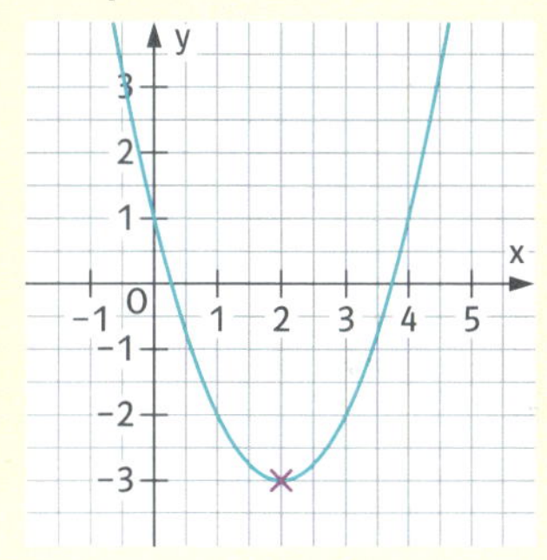

Übungsaufgaben

Aufgabe 17 ●○○

Gegeben sind die Parabeln mit

① $y = (x - 2)^2 + 1$ ② $y = (x + 3)^2 - 2$ ③ $y = (x - 1)^2 - 3$

und die Punkte A(0 | −2), B(−1 | 10), C(−2 | −1) und D(3 | 1).

a) Skizziere die Parabeln in das Koordinatensystem (LE 1 cm).
b) Überprüfe, welcher Punkt auf welcher Parabel liegt.

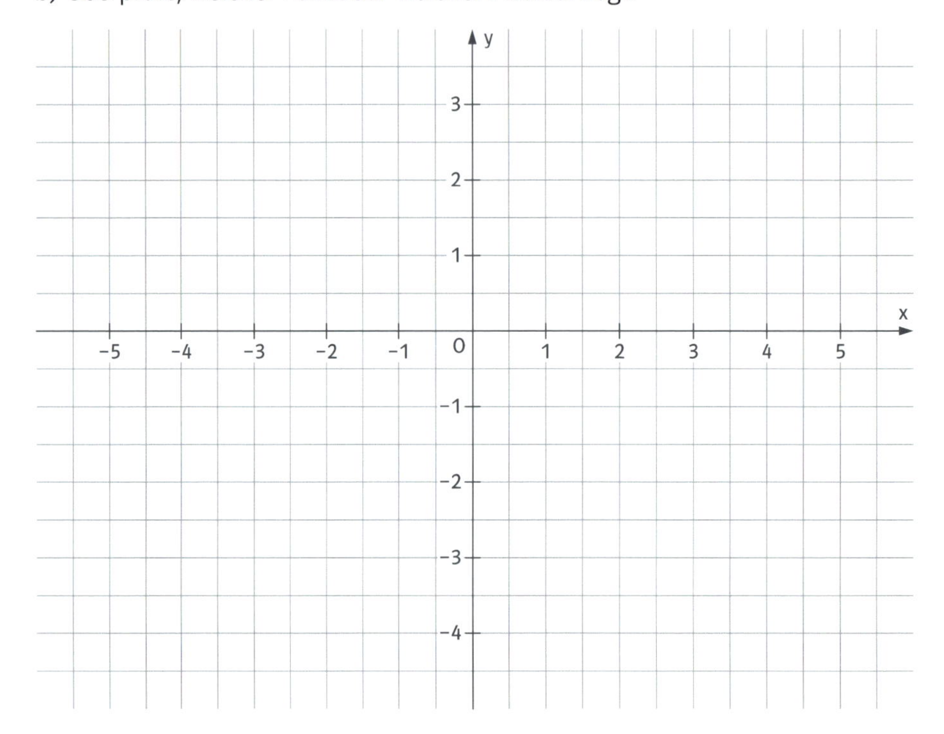

Aufgabe 18 ●○○

Beschreibe, wie die Parabel aus der Normalparabel hervorgeht.

a) $y = (x - 2{,}5)^2 + 6$ b) $y = (x + 5)^2 - 4$ c) $y = (-6 + x)^2 - 2$

Aufgabe 19 ●○○

Gib die zugehörige Gleichung an und skizziere die Parabeln in ein Koordinatensystem.

a) Die Normalparabel wird um 1,5 Einheiten nach rechts und um 3 Einheiten nach unten verschoben.
b) Die Normalparabel wird um 3 Einheiten nach oben und 1 Einheit nach links verschoben.

Aufgabe 20 ●○○

Gib zu den Parabeln die zugehörigen Gleichungen an.

a) y = ____________

b) y = ____________

c) y = ____________

d) y = ____________

e) y = ____________

f) y = ____________

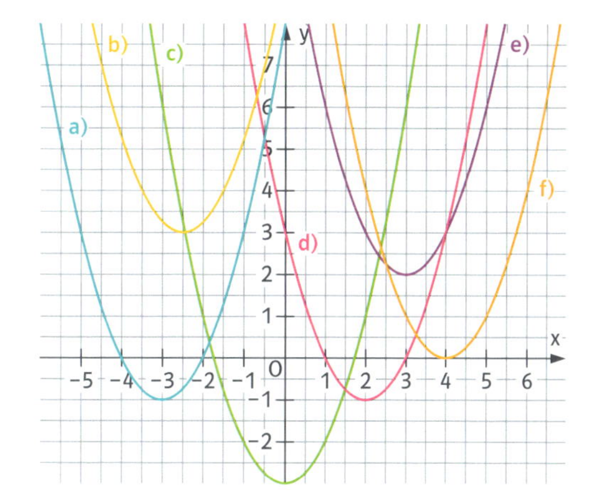

Aufgabe 21 ●○○

Ergänze die fehlenden Angaben in der Tabelle.

Gleichung der Parabel	Scheitelpunkt	Verschiebung in x-Richtung	Verschiebung in y-Richtung
$y = (x + 2)^2 - 6$	S(|)		
$y = (x - 8)^2 + \frac{3}{4}$	S(|)		
y = ____________	S(−3 | 6)		
y = ____________	S(|)	4 Einheiten nach links	10 Einheiten nach oben

Aufgabe 22 ●●○

Gib zu den folgenden Eigenschaften jeweils die Gleichung einer in x- und y-Richtung verschobenen Parabel an.

a) Der Scheitelpunkt ist $S\left(-\frac{1}{2}\middle|3\right)$.

b) Der Scheitelpunkt ist S(4 | −1).

c) Der Gerade $x = 2$ ist Symmetrieachse der Parabel und der Punkt P(0 | 0) liegt auf dem Graphen.

d) Die y-Koordinate des Scheitelpunkts ist −5 und die Gerade $x = -3$ ist Symmetrieachse der Parabel.

Strecken in y-Richtung und nach unten geöffnet – Parabeln mit $y = ax^2$

Kompetenzcheck

Ich kann …	Aufgabe	Ergebnis
… den Graphen zu einer in y-Richtung gestreckten Parabel skizzieren.	**Aufgabe 1** Skizziere die Parabeln in ein Koordinatensystem mit LE 1 cm. a) $y = 2x^2$ b) $y = -0{,}5x^2$	→ S. 211
… zu einem Graphen die zugehörige Funktionsgleichung aufstellen.	**Aufgabe 2** Gib jeweils die Gleichung der Parabel an. a) Die Normalparabel wird mit dem Faktor 3 in y-Richtung gestreckt. y = ________ b) y = ________ c) (siehe Tabelle unten) y = ________	→ S. 211
… überprüfen, ob ein Punkt auf einer Parabel liegt.	**Aufgabe 3** Welcher Punkt liegt auf der Parabel mit $y = 3x^2$? Kreuze an. ☐ A(−1 | −3) ☐ B(2 | 12) ☐ C(−3 | 27)	→ S. 211

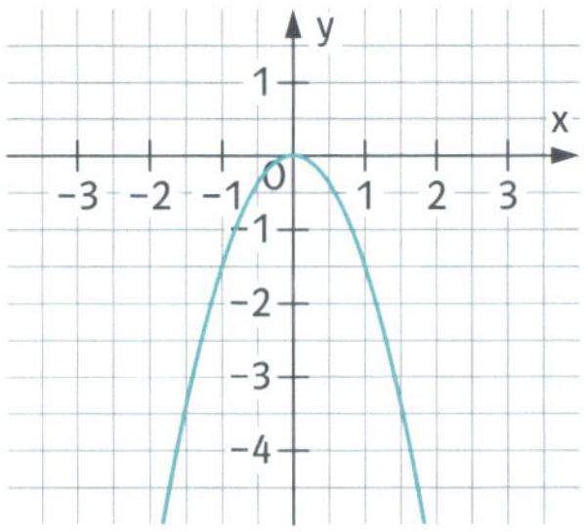

Aufgabe 2 c):

x	−1	0	1	2
y	$-\frac{1}{2}$	0	$-\frac{1}{2}$	−2

Schritt-für-Schritt-Erklärung

Fachbegriffe

Beim Verschieben in y- und in x-Richtung hat sich das Aussehen bzw. die Form einer Parabel nicht geändert. Bei Strecken in y-Richtung ist das anders. Dort bleibt die Parabel am gleichen Ort (dem Ursprung), **verändert** aber ihr Aussehen bzw. ihre **Form**.

So gehst du vor

So kannst du dir eine Streckung in y-Richtung vorstellen:

Stelle dir vor, eine Normalparabel wird als Bild (Grafik) in einem Dokument auf dem Computer angezeigt.

Diese Grafik kannst du verändern, wenn du an den Punkten ziehst.

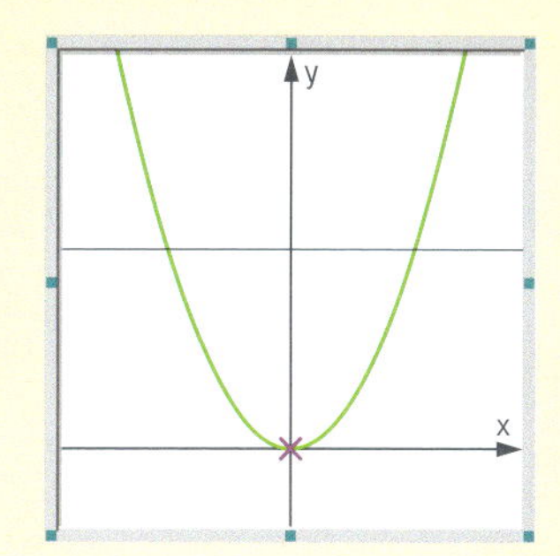

Ziehst du die Grafik am oberen oder unteren mittleren Punkt größer, dann wird die Parabel dünner; sie wird „gestreckt“.
Dabei bleibt die Breite gleich, die Höhe wird größer.

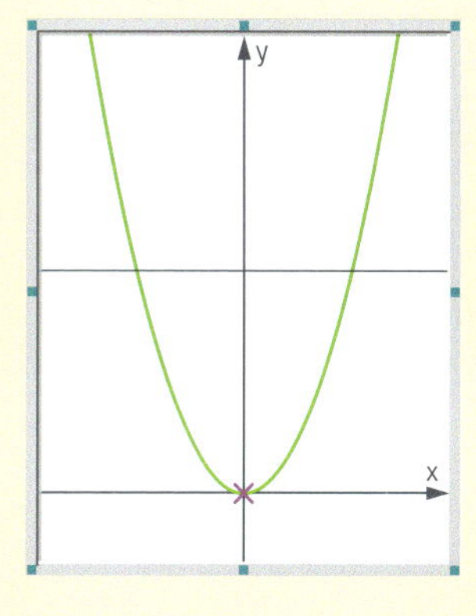

Ziehst du die Grafik am oberen oder unteren mittleren Punkt kleiner, dann wird die Parabel breiter; sie wird „gestaucht“.
Dabei bleibt die Breite gleich, die Höhe wird kleiner.

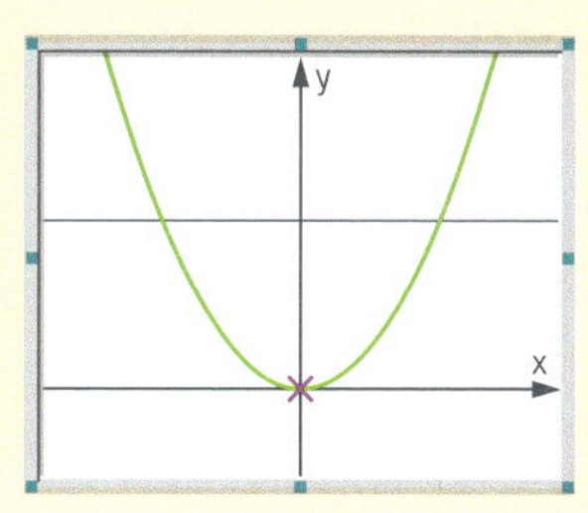

Schritt-für-Schritt-Erklärung

So gehst du vor

Eigenschaften einer in y-Richtung gestreckten Parabel mit $y = ax^2$
Streckst du die Normalparabel im Koordinatensystem in y-Richtung, erhältst du eine Parabel mit $y = ax^2$.
Diese Parabel kannst du **nicht** mehr mit der Schablone zeichnen.

Sie hat die folgenden Eigenschaften:
- **Scheitelpunkt ist S(0 | 0).**
  Gehe vom Scheitel 1 nach rechts und a nach oben.
  Dann erhältst du als weiteren **markanten Punkte P(1 | a)**.
- Die **y-Achse** ist **Symmetrieachse** der Parabel.

gestaucht	gestreckt
0 < a < 1	**a > 1**
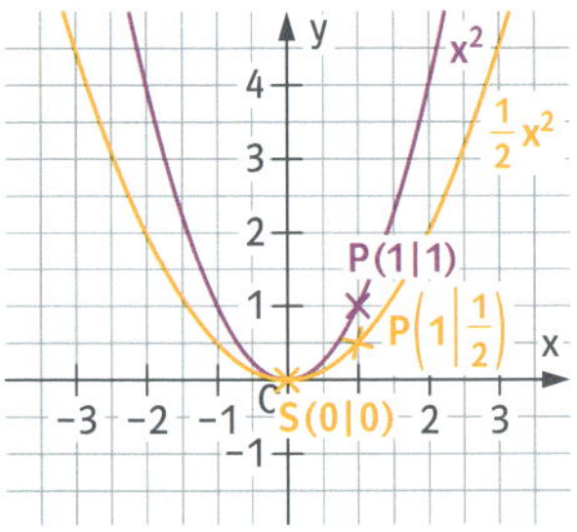	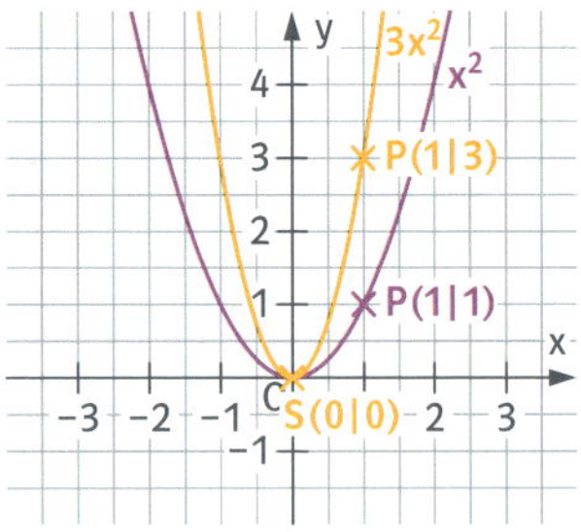
Die Parabel ist **nach oben geöffnet**. Der Scheitelpunkt S(0 | 0) ist der tiefste Punkt.	Die Parabel ist **nach oben geöffnet**. Der Scheitelpunkt S(0 | 0) ist der tiefste Punkt.
−1 < a < 0	**a < −1**
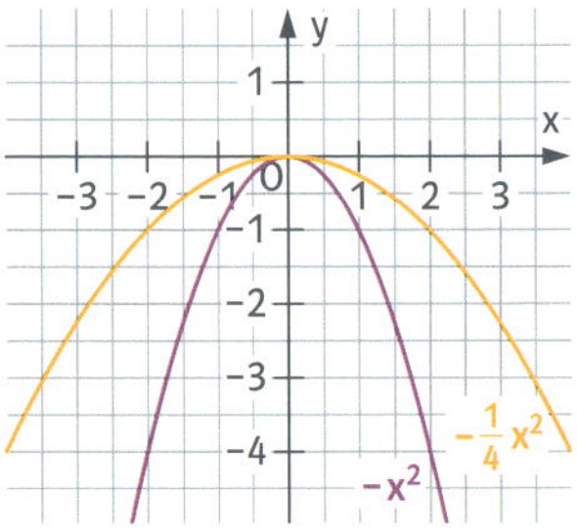	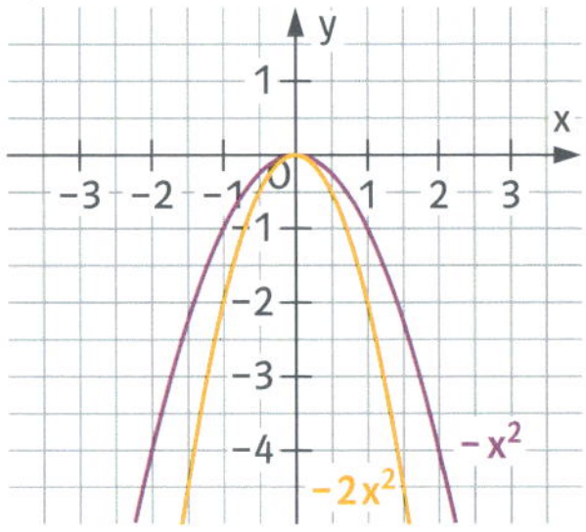
Die Parabel ist an der **x-Achse gespiegelt** und nach unten geöffnet. Der Scheitelpunkt S(0 | 0) ist der höchste Punkt.	Die Parabel ist an der **x-Achse gespiegelt** und nach unten geöffnet. Der Scheitelpunkt S(0 | 0) ist der höchste Punkt.

Schritt-für-Schritt-Erklärung

So gehst du vor

So erhältst du aus der Beschreibung bzw. Gleichung die Parabel:

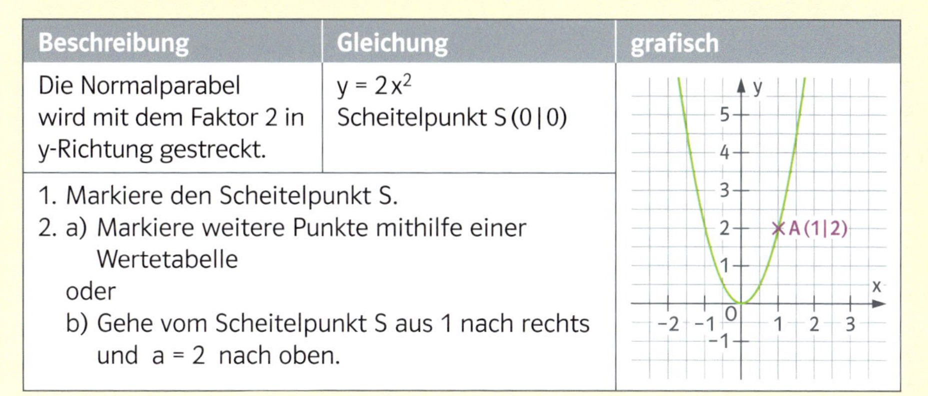

Beschreibung	Gleichung	grafisch
Die Normalparabel wird mit dem Faktor 2 in y-Richtung gestreckt.	$y = 2x^2$ Scheitelpunkt $S(0\|0)$	
1. Markiere den Scheitelpunkt S. 2. a) Markiere weitere Punkte mithilfe einer Wertetabelle oder b) Gehe vom Scheitelpunkt S aus 1 nach rechts und $a = 2$ nach oben.		

So gehst du vor

So erhältst du aus der Parabel die zugehörige Gleichung bzw. Beschreibung:

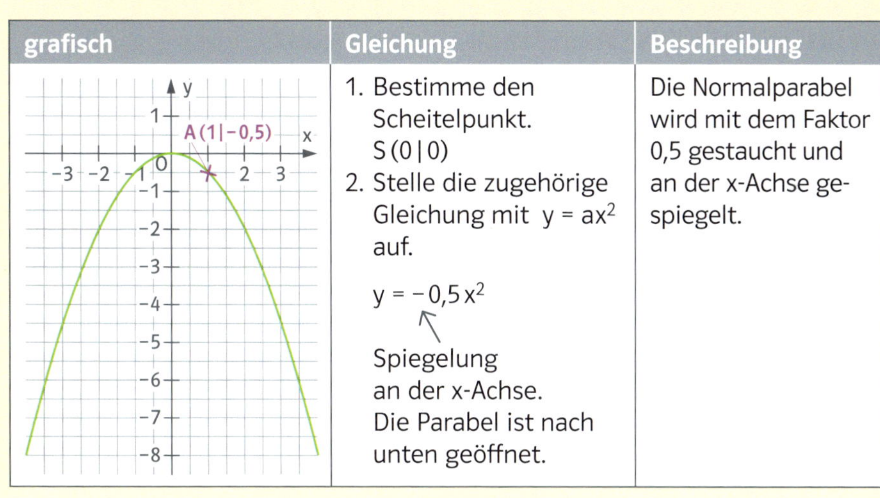

grafisch	Gleichung	Beschreibung
	1. Bestimme den Scheitelpunkt. $S(0\|0)$ 2. Stelle die zugehörige Gleichung mit $y = ax^2$ auf. $y = -0{,}5x^2$ ↖ Spiegelung an der x-Achse. Die Parabel ist nach unten geöffnet.	Die Normalparabel wird mit dem Faktor 0,5 gestaucht und an der x-Achse gespiegelt.

Übungsaufgaben

Aufgabe 23 ●○○

Gegeben sind die Parabeln mit

① $y = -\frac{1}{2}x^2$ ② $y = 2x^2$ ③ $y = 1,5x^2$

und die Punkte $A(0\,|\,0)$, $B(-1\,|\,-\frac{1}{2})$, $C(-2\,|\,6)$ und $D(1,5\,|\,4,5)$.

a) Skizziere die Parabeln in ein Koordinatensystem (LE 1 cm).
b) Überprüfe, welcher Punkt auf welcher Parabel liegt.

Aufgabe 24 ●○○

Beschreibe, wie die Parabel aus der Normalparabel hervorgeht.

a) $y = -2,5x^2$ b) $y = 5x^2$ c) $y = -\frac{1}{3}x^2$

Aufgabe 25 ●○○

Gib die zugehörige Gleichung an und skizziere die Parabeln in ein Koordinatensystem.

a) Die Normalparabel wird mit dem Faktor 2 in y-Richtung gestreckt und an der x-Achse gespiegelt.
b) Die Normalparabel wird mit dem Faktor $\frac{1}{4}$ in y-Richtung gestaucht.

Aufgabe 26 ●○○

Kreuze alle zutreffenden Eigenschaften an.

Gleichung der Parabel	Normalparabel	gestreckt	gestaucht	nach oben geöffnet	nach unten geöffnet
$y = -4x^2$	☐	☐	☐	☐	☐
$y = \frac{3}{5}x^2$	☐	☐	☐	☐	☐
$y = -x^2$	☐	☐	☐	☐	☐
$y = \frac{4}{3}x^2$	☐	☐	☐	☐	☐
$y = -1,2x^2$	☐	☐	☐	☐	☐

Aufgabe 27 ●○○

Gib zu den Parabeln die zugehörigen Gleichungen an.

a) y = ____________________

b) y = ____________________

c) y = ____________________

d) y = ____________________

e) y = ____________________

f) y = ____________________

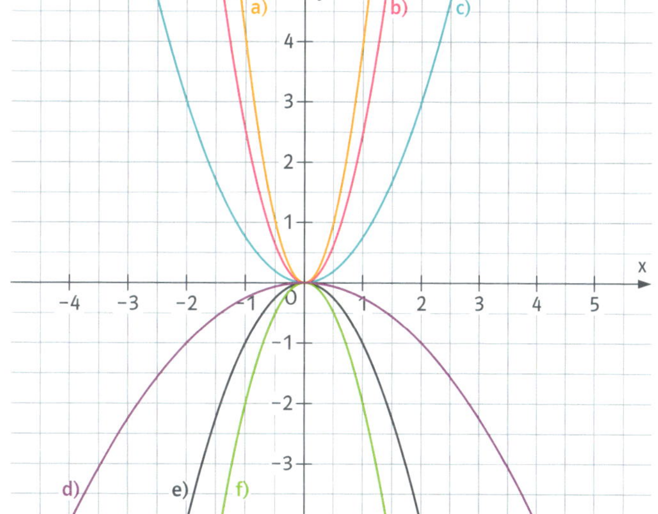

Aufgabe 28 ●○○

Gib zu der Wertetabelle die Gleichung der zugehörigen Parabel an.

a)

x	−1	0	1	2
y	4	0	4	16

y = ____________________

b)

x	−1	0	1	2
y	−0,2	0	−0,2	−0,8

y = ____________________

Aufgabe 29 ●●○

Gib zu diesen Eigenschaften jeweils die Gleichung einer in y-Richtung gestreckten Parabel an.

a) Der Scheitelpunkt ist $S(0\,|\,0)$ und der Punkt $P(1\,|\,-3)$ liegt auf der Parabel.

b) Der Scheitelpunkt ist $S(0\,|\,0)$ und der Punkt $P(-4\,|\,4)$ liegt auf der Parabel.

c) Die Parabel ist nach unten geöffnet und $\frac{1}{3}$ so steil wie die Normalparabel.

Verschoben, gespiegelt und gestreckt – Parabeln in Scheitelpunktform

Kompetenzcheck

Ich kann …	Aufgabe	Ergebnis
… den Graphen einer verschobenen und gestreckten Parabel skizzieren.	**Aufgabe 1** Skizziere die Parabel mit $y = -2(x-1)^2 + 3$ in ein Koordinatensystem mit LE 1 cm.	☺ 😐 ☹ → S. 211
… zu einem Graphen die zugehörige Funktionsgleichung aufstellen.	**Aufgabe 2** Gib jeweils die Gleichung der Parabel an. a) Die Normalparabel wird um 2 Einheiten nach links verschoben, mit dem Faktor 0,5 in y-Richtung gestaucht, an der x-Achse gespiegelt und dann 4 Einheiten nach oben verschoben. $y =$ ______ b) [Graph: x-Achse −1 bis 4, y-Achse −4 bis 2; x, y, 0] $y =$ ______	☺ 😐 ☹ → S. 211
… beschreiben, wie die Parabel aus der Normalparabel hervorgeht.	**Aufgabe 3** Beschreibe, wie die Parabel aus der Normalparabel hervorgeht. a) $y = 5(x-2)^2 + 10$ ______ ______ b) $y = -\frac{1}{3}(x+8)^2 - 6$ ______ ______	☺ 😐 ☹ → S. 211

Schritt-für-Schritt-Erklärung

Fachbegriffe

Eigenschaften einer verschobenen und gestreckten Parabel

Wenn du die Normalparabel nacheinander
- um d Einheiten in x-Richtung verschiebst,
- dann mit dem Faktor a streckst (und evtl. auch an der x-Achse spiegelst)
- und schließlich um e Einheiten in y-Richtung verschiebst, erhältst du eine Parabel mit $y = a(x - d)^2 + e$.

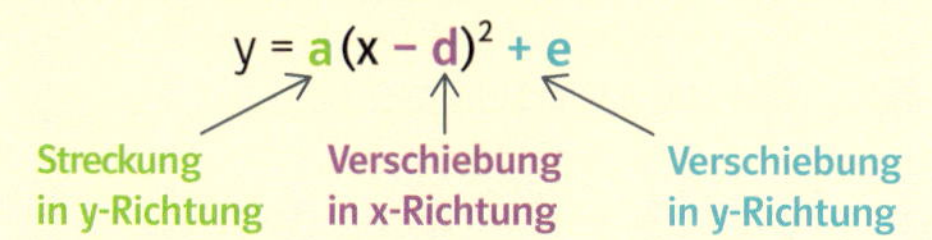

Diese Gleichung nennt man auch Scheitelpunktform, da man den Scheitelpunkt direkt aus der Gleichung ablesen kann.

Diese Parabel kannst du **nicht** mit der Schablone zeichnen.

Sie hat die folgenden Eigenschaften:
- **Scheitelpunkt ist S (d | e).**
  Gehe vom Scheitelpunkt aus 1 nach rechts und a nach oben. Dann erhältst du einen weiteren **markanten Punkt**.
- Die **Gerade $x = d$** ist Symmetrieachse der Parabel.

So gehst du vor

So erhältst du aus der Beschreibung bzw. Gleichung die Parabel:

Beschreibung	Gleichung	grafisch
Die Normalparabel wird • um 0,5 Einheiten nach rechts verschoben, • mit dem Faktor 1,5 in y-Richtung gestreckt und an der x-Achse gespiegelt, • um 2 Einheiten nach oben verschoben.	$y = -1{,}5(x - 0{,}5)^2 + 2$ Scheitelpunkt S (0,5 | 2)	S (0,5 | 2)
1. Markiere den Scheitelpunkt S. 2. a) Markiere weitere Punkte mithilfe einer Wertetabelle oder b) Gehe vom Scheitelpunkt S aus 1 nach rechts und a nach oben.		

Schritt-für-Schritt-Erklärung

So gehst du vor

So erhältst du aus der Parabel die zugehörige Gleichung bzw. Beschreibung:

grafisch	Gleichung	Beschreibung
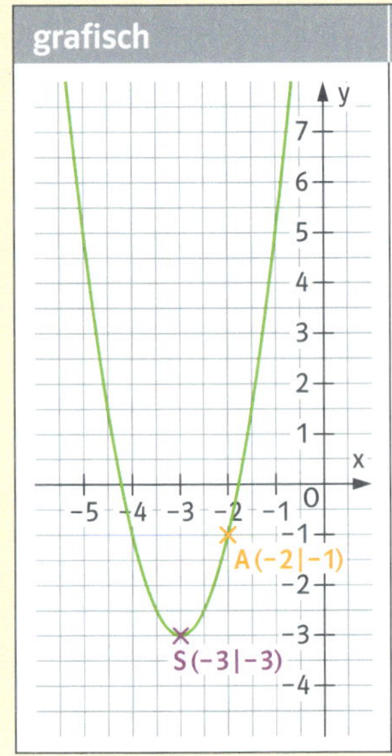	1. Bestimme den Scheitelpunkt. S(−3|−3) d e 2. Gehe vom Scheitelpunkt aus 1 nach rechts und dort aus nach oben oder unten zur Parabel. Den Wert, den du nach oben oder unten gehst, setzt du für a in die allgemeine Scheitelpunktform ein. $y = 2(x+3)^2 - 3$	Die Normalparabel wird • um 3 Einheiten nach links verschoben, • mit dem Faktor 2 in y-Richtung gestreckt und • um 3 Einheiten nach unten verschoben.

Welcher Schritt in welcher Reihenfolge getan wird, geben die Vorfahrtsregeln vor: Klammer vor Punkt vor Strich!

Übungsaufgaben

Aufgabe 30 ●○○

Gegeben sind die Parabeln mit

① $y = -\frac{1}{2}(x+1)^2 + 2$ ② $y = 2(x-1)^2 - 3$ ③ $y = -(x+2)^2 + 2$

und die Punkte A(0 | −1), B(−1 | 2), C(−2 | 2) und D(1 | −7).

a) Skizziere die Parabeln in ein Koordinatensystem (LE 1 cm).
b) Überprüfe, welcher Punkt auf welcher Parabel liegt.

Aufgabe 31 ●○○

Beschreibe, wie die Parabel aus der Normalparabel hervorgeht.

a) $y = -0{,}5(x-2)^2 + 3$ b) $y = 5(x+4)^2 - 2$ c) $y = -\frac{1}{3}(x-3)^2 + 5$

Aufgabe 32
Gib die zugehörige Gleichung an und skizziere die Parabeln in ein Koordinatensystem.

a) Die Normalparabel wird um 3 Einheiten nach links verschoben, mit dem Faktor 2 in y-Richtung gestreckt, an der x-Achse gespiegelt und dann 4 Einheiten nach oben verschoben.
b) Die Normalparabel wird um 1 Einheit nach rechts verschoben, mit dem Faktor $\frac{1}{2}$ in y-Richtung gestaucht und 3 Einheiten nach unten verschoben.

Aufgabe 33
Ordne jeder Parabel die zugehörige Gleichung zu.

① $y = -\frac{1}{2}(x-2)^2 + 3$

② $y = 2(x-3)^2 - 3$

③ $y = -(x-1)^2 + 2$

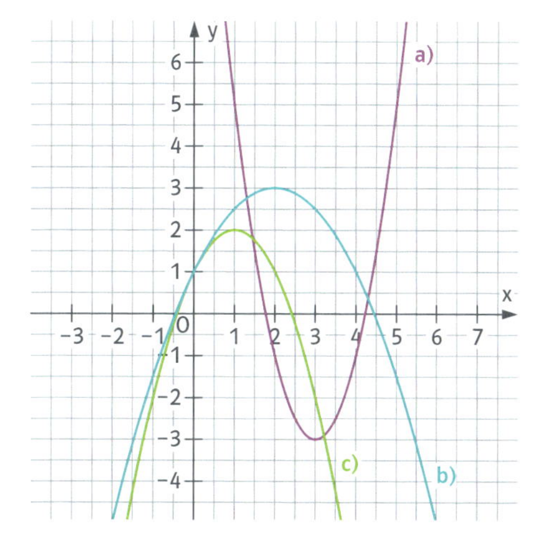

Aufgabe 34
Gib zu jeder Parabel die zugehörige Gleichung an.

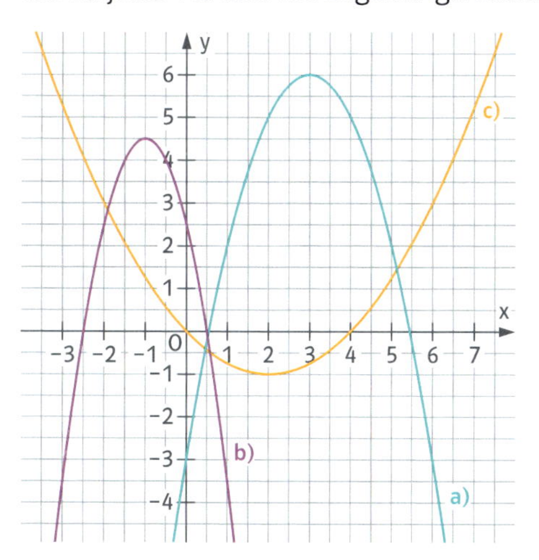

Die allgemeine quadratische Funktion – Funktionen in Normalform mit $f(x) = ax^2 + bx + c$

Kompetenzcheck

Ich kann …	Aufgabe	Ergebnis
… Funktionen in Scheitelpunktform in Normalform umwandeln.	**Aufgabe 1** Gib die Funktion in Normalform an. a) $f(x) = 2(x-3)^2 - 3$ $f(x) =$ ____________ b) $f(x) = -(x-1)^2 + 2$ $=$ ____________	🙂 😐 🙁 → S. 212
… Funktionen in Normalform in Scheitelpunktform umwandeln.	**Aufgabe 2** Gib die Funktion in Scheitelpunktform an. a) $f(x) = x^2 - 8x + 15$ $f(x) =$ ____________ b) $f(x) = 2x^2 + 12x + 14$ $f(x) =$ ____________	🙂 😐 🙁 → S. 212

Schritt-für-Schritt-Erklärung

Fachbegriffe

Was ist die Normalform einer quadratischen Funktion?

Eine quadratische Funktion f kann auch durch die Gleichung $\mathbf{f(x) = ax^2 + bx + c}$ (mit $a \neq 0$) beschrieben werden, dabei sind a, b und c reelle Zahlen. Diese Form heißt **Normalform** einer quadratischen Funktion.
Wie bei der Scheitelpunktform bestimmt auch bei der Normalform der **Parameter a** die Form der zugehörigen Parabel. Es gilt:

Die Parabel ist ...	nach oben geöffnet	nach unten geöffnet
gestreckt	$a > 1$	$a < -1$
gestaucht	$0 < a < 1$	$-1 < a < 0$

Welche Vorteile hat welche Darstellung?

Scheitelpunktform $\mathbf{f(x) = a(x - d)^2 + e}$
Die Scheitelpunktform eignet sich besonders gut zum **Zeichnen** der Parabel und zur Angabe der charakteristischen **Eigenschaften**:
- Scheitelpunkt $S(d \mid e)$
- Symmetrieachse $x = d$

Normalform $\mathbf{f(x) = ax^2 + bx + c}$
Die Normalform eignet sich besonders gut zur (rechnerischen) **Bestimmung der Nullstellen** oder von Stellen, an denen die Funktion einen bestimmten Wert annimmt, also kurz zum **Lösen von quadratischen Gleichungen**.
Dazu benötigst du die **Lösungsformel** oder die **Mitternachtsformel** (s. Kapitel 4).

So gehst du vor

So wandelst du die Scheitelpunktform in die Normalform um:

Das Umwandeln von Scheitelpunktform in Normalform scheint recht einfach, beinhaltet aber doch einige schwierige Stellen, bei denen du gut aufpassen musst!

Denke an die Vorfahrtsregeln: Klammer vor Punkt vor Strich!

① Lass den Summanden und den Vorfaktor stehen und **multipliziere die Klammer aus** (oder wende eine binomische Formel an). Lass dabei den neuen Term, der aus 3 Summanden besteht, in der Klammer stehen! Fasse gleiche Teile in der Klammer zusammen.

② Multipliziere jeden Teil in der Klammer mit dem Vorfaktor.
Beachte: Wenn vor der Klammer ein Minus steht, drehst du alle Vorzeichen in der Klammer um.

③ Addiere den Summanden am Ende.

Beispiel:

$-2(x+3)^2 - 4$ ①

$= -2(x^2 + 2 \cdot 3 \cdot x + 9) - 4$

$= -2(x^2 + 6x + 9) - 4$ ②

$= -2x^2 - 12x - 18 - 4$ ③

$= -2x^2 - 12x - 22$

Übungsaufgaben

Aufgabe 35 ●○○

Welche Funktionen sind gleich? Verbinde.

a) $f(x) = (x + 2)^2 - 3$	① $f(x) = 4x^2 + 4x + 1$
b) $f(x) = 2(x - 1)^2 + 3$	② $f(x) = x^2 - 4x + 5$
c) $f(x) = -(x - 2)^2 + 3$	③ $f(x) = -x^2 + 4x - 1$
d) $f(x) = 2(x + 1)^2 - 3$	④ $f(x) = 2x^2 + 4x - 1$

Aufgabe 36 ●○○

Gib die Funktion in Normalform an.

a) $f(x) = 2(x - 1)^2 - 3$
b) $f(x) = -(x + 2)^2 + 2$
c) $f(x) = -\frac{1}{2}(x + 1)^2 + 2$
d) $f(x) = 5(x + 4)^2 - 2$
e) $f(x) = 2(x - 3)^2$
f) $f(x) = (x + 3)^2 - 1$

Aufgabe 37 ●●○

Von einer Parabel sind der Scheitel S und ein weiterer Punkt P gegeben. Gib eine zugehörige Gleichung in Normalform an.

a) $S(1\,|\,0)$; $P(3\,|\,-8)$
b) $S(-4\,|\,-3)$; $P(-2\,|\,3)$
c) $S(-2\,|\,1)$; $P(-1\,|\,4)$
d) $S(3\,|\,-2{,}5)$; $P(0\,|\,15{,}5)$

Tipp:
Bestimme erst die Scheitelpunktform, indem du den Scheitelpunkt S und den Punkt P in die Scheitelpunktform einsetzt.

Schritt-für-Schritt-Erklärung

Fachbegriffe

Was ist die quadratische Ergänzung?

Die quadratische Ergänzung ist ein Verfahren, mit dem man Terme so umformen kann, dass am Ende eine binomische Formel rückwärts angewendet werden kann.
Du benötigst die quadratische Ergänzung, um eine Gleichung in Normalform **in Scheitelpunktform umzuwandeln**. Dazu musst du die binomischen Formeln kennen und rückwärts anwenden können.

Was sind die binomischen Formeln?

Die binomischen Formeln helfen dir beim Rechnen mit quadratischen Klammern. Für das Umwandeln in Scheitelpunktform benötigst du die 1. und 2. binomische Formel:
1. Binomische Formel: $(a + b)^2 = a^2 + 2 \cdot a \cdot b + b^2$
2. Binomische Formel: $(a - b)^2 = a^2 - 2 \cdot a \cdot b + b^2$

Von der linken Seite zur rechten kommst du einfach durch Anwenden der Formel.

Beispiele:

a) $(x + 3)^2 = x^2 + 2 \cdot x \cdot 3 + 3^2$
$= x^2 + 6x + 9$

b) $(x - 4)^2 = x^2 - 2 \cdot x \cdot 4 + 4^2$
$= x^2 - 8x + 16$

Binomische Formeln rückwärts anwenden:
Wenn du von der rechten Seite der Gleichung zur linken Seite der Gleichung kommen willst, musst du die einzelnen Bestandteile miteinander vergleichen. Diesen Vorgang nennt man **Faktorisieren**.

Beispiel:

1. Schreibe die rechte Seite der Gleichung und die allgemeine binomische Formel untereinander.
   $x^2 - 8x + 16$
   $a^2 - 2ab + b^2$
2. Vergleiche die einzelnen Bestandteile.
   $a^2 = x^2$, also ist $a = x$
   $b^2 = 16$, also ist $b = 4$
3. Kontrolliere, ob der „Mischterm" in der Mitte stimmt.
   $-2 \cdot x \cdot 4 = -8x$ ✓

Übungsaufgaben

Aufgabe 38 ●○○

Multipliziere mithilfe der binomischen Formeln aus.

a) $(x + 1)^2$ b) $(x - 4)^2$ c) $(x + 3)^2$
d) $(x - 2)^2$ e) $(x + 5)^2$ f) $(x - 1)^2$

Aufgabe 39 ●○○

Ergänze die fehlenden Zahlen und das passende Rechenzeichen.

a) $(x \;\square\; \square)^2 = x^2 + 12x + 36$ b) $(x \;\square\; \square)^2 = x^2 - 10x + 25$

c) $(x \;\square\; \square)^2 = x^2 + 8x + 16$ d) $(x \;\square\; \square)^2 = x^2 - 14x + 49$

Aufgabe 40 ●○○

Faktorisiere mithilfe der binomischen Formeln.

a) $x^2 - 16x + 64$ b) $x^2 + 6x + 9$ c) $x^2 + 18x + 81$

Aufgabe 41 ●○○

Faktorisiere mithilfe der binomischen Formeln.

a) $x^2 + 9x + 20{,}25$ b) $x^2 + x + 0{,}25$ c) $x^2 - 5x + 6{,}25$

Aufgabe 42 ●●○

Ergänze die fehlende Zahl, so dass du die rechte Seite einer binomischen Formel erhältst.

a) $x^2 + 6x + \square$ b) $x^2 - 12x + \square$ c) $x^2 + 14x + \square$

d) $x^2 - 22x + \square$ e) $x^2 + 20x + \square$ f) $x^2 - 9x + \square$

Schritt-für-Schritt-Erklärung

Fachbegriffe

So wandelst du die Normalform in die Scheitelpunktform um:

Beim Umwandeln von der Normalform in die Scheitelpunktform gehst du die Schritte rückwärts. Das wird etwas komplizierter, funktioniert aber auch nach einer festen Vorgehensweise.
Dieses Verfahren nennt man auch **quadratische Ergänzung**.

Achte darauf, dass die Summanden in der richtigen Reihenfolge stehen, also erst x^2, dann x und dann die Zahl.

Beispiel: $2x^2 - 8x + 9$

① Lass den Summanden am Ende stehen.
Klammere bei x^2 und x **die Zahl vor dem x^2** aus. Schreibe den Rest in eine Klammer.

$$2x^2 - 8x + 9$$
$$= 2 \cdot (x^2 - 4x) + 9$$

② **Ergänze** die Klammer quadratisch so, dass du sie nachher mit einer binomischen Formel zusammenfassen kannst.
Dabei musst du die Zahl vor dem x durch 2 teilen und dann **quadrieren**. Damit du nicht zuviel hast, addierst du die Zahl in der Klammer und ziehst sie gleich wieder ab.

$-4 : 2 = -2$

$(-2)^2 = 4$, also 4 in der Klammer addieren und wieder abziehen

$$= 2 \cdot (x^2 - 4x + 4 - 4) + 9$$

③ Wende für die innere Klammer **eine binomische Formel rückwärts** an.
Dabei steht die Zahl in der Klammer, die du vorher für die quadratische Ergänzung berechnest hast.

$$= 2 \cdot \left((x^2 - 4x + 4) - 4\right) + 9$$
$$= 2 \cdot \left((x - 2)^2 - 4\right) + 9$$

④ Multipliziere die äußere Klammer mit dem Vorfaktor und **fasse zusammen**, indem du den Summanden addierst. Jetzt hast du die Scheitelpunktform.

$$= 2(x - 2)^2 - 8 + 9$$
$$= 2(x - 2)^2 + 1$$

Übungsaufgaben

Aufgabe 43 ●○○

Ergänze quadratisch so, dass du eine binomische Formel anwenden kannst.

a) $x^2 + 12x + \square - \square$ b) $x^2 + 8x + \square - \square$ c) $x^2 + 14x + \square - \square$

d) $x^2 - 10x + \square - \square$ e) $x^2 - 2x + \square - \square$ f) $x^2 - 3x + \square - \square$

Aufgabe 44 ●●○

Klammere aus und ergänze quadratisch so, dass du eine binomische Formel anwenden kannst.

a) $2x^2 + 28x$ b) $3x^2 - 36x$ c) $\frac{1}{2}x^2 + 2x$

d) $-x^2 + 2x$ e) $5x^2 + 40x$ f) $-4x^2 + 24x$

Aufgabe 45 ●○○

Forme in die Scheitelpunktform um.

a) $x^2 + 2x - 3$ b) $x^2 - 8x + 5$

c) $x^2 - 10x + 15$ d) $x^2 + 6x + 2$

Aufgabe 46 ●●○

Forme in die Scheitelpunktform um.

a) $4x^2 - 8x + 1$ b) $-x^2 + 2x + 3$

c) $3x^2 + 18x + 5$ d) $\frac{1}{2}x^2 + \frac{1}{2}x + 4$

Aufgabe 47 ●●○

Forme in die Scheitelpunktform um, gib den Scheitelpunkt der zugehörigen Parabel an und zeichne sie in ein Koordinatensystem.

a) $f(x) = -x^2 + 4x + 5$ b) $f(x) = x^2 - 4x + 3$

c) $f(x) = 2x^2 - 6x + 2{,}5$ d) $f(x) = -\frac{1}{2}x^2 + 2x$

Aufgabe 48 ●●○

Forme in die Scheitelpunktform um und zeichne die zugehörigen Parabeln in ein Koordinatensystem.

① $f(x) = x^2 - 6x - 1$ ② $f(x) = 2x^2 - 2x + 2$

③ $f(x) = 2x^2 - 8x + 4$ ④ $f(x) = \frac{1}{2}(x + 2)^2 + 1$

Aufgabe 49

Gegeben sind die quadratischen Funktionen mit

① $f(x) = 2x^2 + 1$

② $f(x) = (x - 2)^2$

③ $f(x) = 2(x - 2)^2 - 1$

④ $f(x) = 2x^2 + x - 1$

⑤ $f(x) = -\frac{1}{2}x^2 - x + 2$

⑥ $f(x) = -\frac{1}{2}x^2 - x - 1$

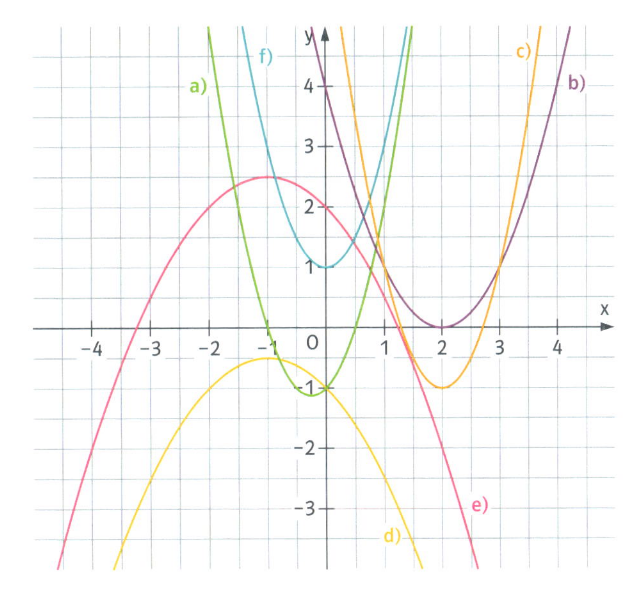

Ordne jeder Parabel die zugehörige Funktionsgleichung zu.

Nullstellen von quadratischen Funktionen

Kompetenzcheck

Ich kann …	Aufgabe	Ergebnis
… die Nullstellen von quadratischen Funktionen rechnerisch bestimmen.	**Aufgabe 1** Berechne die Nullstellen der quadratischen Funktionen. a) $f(x) = x^2 - 16$ $x_1 =$ ______; $x_2 =$ ______ b) $f(x) = x^2 - 3x$ $x_1 =$ ______; $x_2 =$ ______ c) $f(x) = x^2 - 2x - 24$ $x_1 =$ ______; $x_2 =$ ______ d) $f(x) = -(x-2)^2 - 1$ $x_1 =$ ______; $x_2 =$ ______	→ S. 212
… mithilfe der Nullstellen die Funktionsgleichung einer quadratischen Funktion aufstellen.	**Aufgabe 2** Gib eine zugehörige Funktionsgleichung in Normalform an. Eine quadratische Funktion hat die Nullstellen $x_1 = -2$ und $x_2 = 3$. $f(x) =$ ____________	→ S. 212

Schritt-für-Schritt-Erklärung

Übersicht

Wenn du Nullstellen von quadratischen Funktionen berechnen musst, musst du immer eine **quadratische Gleichung** der Form $f(x) = 0$ lösen. Das geht rechnerisch geschickt, wenn die Funktion in Normalform gegeben ist.

Übersicht über das Lösen von quadratischen Gleichungen

Gleichungstyp	reinquadratisch	gemischt-quadratisch ohne Absolutglied	gemischt-quadratisch in Normalform
	$x^2 - d = 0$ bzw. $x^2 = d$	$ax^2 + bx = 0$ $(a, b \neq 0)$	$ax^2 + bx + c = 0$
Lösungsverfahren	Wurzel ziehen	Satz vom Nullprodukt $x \cdot (ax + b) = 0$	Lösungsformel $(a = 1)$ für $x^2 + px + q = 0$ $x_{1,2} = -\frac{p}{2} \pm \sqrt{\left(\frac{p}{2}\right)^2 - 2}$ oder Mitternachtsformel $x_{1,2} = \frac{-b \pm \sqrt{b^2 - 4ac}}{2a}$
zwei Lösungen	Auf der rechten Seite steht eine positive Zahl. $x_{1,2} = \pm\sqrt{d}$	$x_1 = 0$ oder $ax + b = 0$ $x_2 = -\frac{b}{a}$	Zahl unter Wurzel (Diskriminante) ist positiv.
genau eine Lösung	$x^2 = 0$ $x_1 = 0$	–	Zahl unter Wurzel (Diskriminante) ist null.
keine Lösung	Auf der rechten Seite steht eine negative Zahl.	–	Zahl unter Wurzel (Diskriminante) ist negativ.

Beispiele:

Berechne die Nullstellen der Funktion f.

a) $f(x) = x^2 - 2$
$f(x) = 0$,
also $x^2 - 2 = 0 \quad | +2$
$x^2 = 2$
$x_{1,2} = \pm\sqrt{2}$

b) $f(x) = 3x^2 - 6x$
$f(x) = 0$,
also $3x^2 - 6x = 0$
Satz vom Nullprodukt
$x(3x - 6) = 0$
$x_1 = 0$
oder $3x - 6 = 0$
$3x = 6$
$x_2 = 2$

c) $f(x) = 2x^2 - 6x + 4$
$f(x) = 0$,
also $2x^2 - 6x + 4 = 0$
Mitternachtsformel
$$x_{1,2} = \frac{-(-6) \pm \sqrt{(-6)^2 - 4 \cdot 2 \cdot 4}}{2 \cdot 2}$$
$$= \frac{6 \pm \sqrt{(36 - 32)}}{4} = \frac{6 \pm 2}{4}$$
$x_1 = 2$; $x_2 = 1$

Übungsaufgaben

Aufgabe 50 ●○○

Berechne die Nullstellen der quadratischen Funktion.

a) $f(x) = x^2 - 1$

b) $f(x) = -x^2 + 16$

c) $f(x) = \frac{1}{4}x^2 - 1$

d) $f(x) = 2x^2$

e) $f(x) = 2x^2 + 2$

f) $f(x) = 9x^2 - 1$

Aufgabe 51 ●○○

Berechne die Nullstellen der quadratischen Funktion.

a) $f(x) = x^2 + 5x$

b) $f(x) = x^2 - 6x$

c) $f(x) = x^2 - x$

d) $f(x) = -3x^2 - 12x$

e) $f(x) = 8x^2 - 4x$

f) $f(x) = 2x^2 - \frac{1}{2}x$

Aufgabe 52 ●○○

Berechne die Nullstellen der quadratischen Funktion.

a) $f(x) = x^2 - x + 1$

b) $f(x) = -2x^2 + x + 3$

c) $f(x) = 2x^2 - 6x + 4$

d) $f(x) = \frac{1}{2}x^2 + 3x - 8$

Aufgabe 53 ●○○

Berechne die Nullstellen der quadratischen Funktion.

a) $f(x) = x^2 - x - 6$

b) $f(x) = 3x^2 - 12x$

c) $f(x) = 2x^2 - 7x + 5$

d) $f(x) = \frac{1}{4}x^2 - 4$

Schritt-für-Schritt-Erklärung

Von den Nullstellen zu der Gleichung einer quadratischen Funktion

Wenn von einer quadratischen Funktion lediglich 2 Nullstellen gegeben sind, gibt es unendlich viele Funktionen, die diese beiden Nullstellen haben. Das liegt daran, dass man nicht weiß, welche Form die zugehörige Parabel hat (Parameter a).

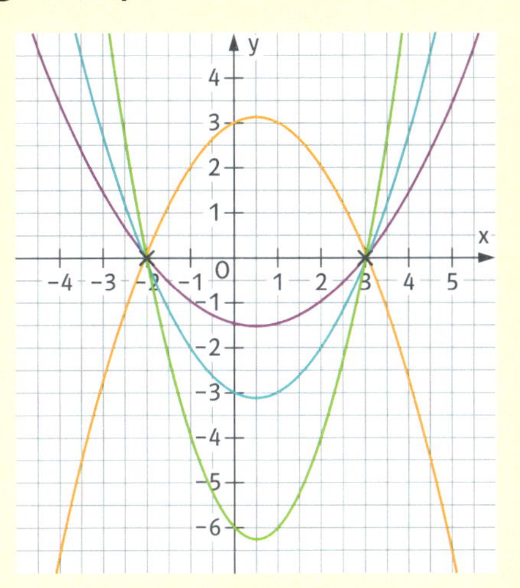

Wenn es aber auf die Form nicht ankommt, kannst du eine Gleichung relativ einfach bestimmen, indem du den **Satz vom Nullprodukt rückwärts** anwendest.

Der Satz vom Nullprodukt sagt, dass ein Produkt null ist, wenn einer der Faktoren null ist, oder kurz: $\mathbf{T_1 \cdot T_2 = 0}$.
Nullstelle bedeutet $f(x) = 0$.
Sind x_1 und x_2 Nullstellen, dann ist auch $(x - x_1) \cdot (x - x_2) = 0$.
Somit ist $f(x) = (x - x_1) \cdot (x - x_2)$ Gleichung einer quadratischen Funktion mit den Nullstellen x_1 und x_2.

Die Terme $(x - x_1)$ und $(x - x_2)$ nennt man auch Linearfaktoren.

So gehst du vor

So kannst du aus zwei gegebenen Nullstellen die Gleichung einer quadratischen Funktion angeben:

Achte darauf, dass du das Vorzeichen umdrehen musst!

1. Setze die Nullstellen in die allgemeine Funktionsgleichung $\mathbf{f(x) = (x - x_1) \cdot (x - x_2)}$ ein.
2. Wenn du die Funktion in Normalform angeben musst, musst du die Klammern miteinander ausmultiplizieren.
   Achte darauf, dass du jeden Teil der einen Klammer mit jedem Teil der anderen Klammer multiplizierst.

Beispiel: Nullstellen $x_1 = -2$ und $x_2 = 4$
$f(x) = (x - (-2)) \cdot (x - 4)$
$= (x + 2) \cdot (x - 4)$

Übungsaufgaben

Aufgabe 54 ●○○

Gib die Gleichung einer quadratischen Funktion mit den gegebenen Nullstellen an.

a) $x_1 = -1$ und $x_2 = 3$

b) $x_1 = -5$ und $x_2 = -2$

c) $x_1 = 2$ und $x_2 = 6$

d) $x_1 = -\frac{1}{2}$ und $x_2 = 6$

Aufgabe 55 ●○○

Gib die Gleichung einer quadratischen Funktion in Normalform mit den gegebenen Nullstellen an.

a) $x_1 = -1$ und $x_2 = 3$

b) $x_1 = -\frac{1}{2}$ und $x_2 = 2$

c) $x_1 = -2$ und $x_2 = 0$

d) $x_1 = 0$ und $x_2 = 5$

Abschlusskompetenzcheck

	Ich kann ...	✓

1 **... den Graphen einer (verschobenen und gestreckten) Parabel skizzieren.**

a) Gib den Scheitelpunkt der Parabel an und ob die Parabel nach oben oder nach unten geöffnet ist.

$y = \frac{1}{4}(x + 3)^2 + 2$; S(|); nach ______________ geöffnet

$y = -3(x - 2)^2 + 1$; S(|); nach ______________ geöffnet

b) Skizziere diese Parabeln in ein Koordinatensystem mit LE 1 cm.

① $y = -x^2 + 2$ ② $y = (x + 2)^2$ ③ $y = -2(x + 1)^2 + 4$

2 **... zu einer Parabel die zugehörige Gleichung angeben.**
Gib die zugehörige Gleichung der Parabel an.

a) Die Normalparabel wird um 1,5 Einheiten nach unten verschoben.

y = ______________________________

b) Die Normalparabel wird um 2 Einheiten nach links und um 3 Einheiten nach oben verschoben.

y = ______________________________

c) Die Normalparabel wird um 1 Einheit nach rechts verschoben, mit dem Faktor $\frac{1}{3}$ in y-Richtung gestaucht, an der x-Achse gespiegelt und um 3 Einheiten nach unten verschoben.

y = ______________________________

3 **... zu einer Parabel die zugehörige Gleichung angeben.**
Gib zu jeder Parabel die zugehörige Gleichung an.

a) y = ______________________________

b) y = ______________________________

c) y = ______________________________

d) y = ______________________________

e) y = ______________________________

f) y = ______________________________

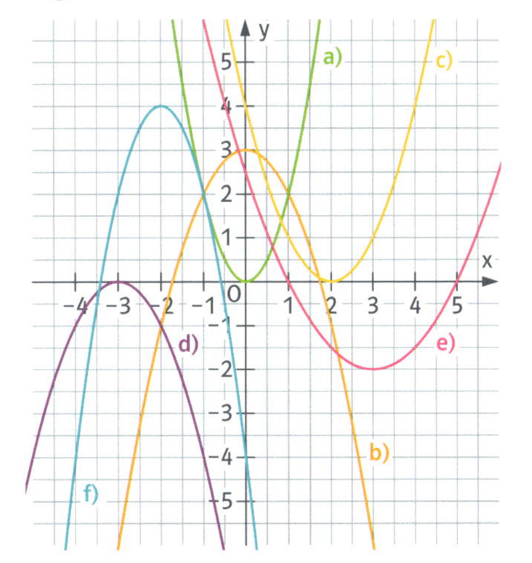

	Ich kann ...	✓
4	**... beschreiben, wie die Parabel aus der Normalparabel hervorgeht.** Beschreibe, wie die Parabel aus der Normalparabel hervorgeht. a) $y = 5(x-2)^2 + 10$ b) $y = -\frac{1}{3}(x+8)^2 - 6$	
5	**... die Gleichung einer Parabel angeben, wenn der Scheitelpunkt S und ein weiterer Punkt P gegeben sind.** Gib die Gleichung einer Parabel an. a) S(0 | 0); P(2 | −2) y = __________ b) S(2 | 3); P(1 | −1) y = __________	
6	**... Eigenschaften einer Parabel am Funktionsterm erkennen.** Kreuze alle zutreffenden Eigenschaften an.	

Die Parabel ist ...	$y = \frac{1}{2}x^2 + 3$	$y = -(x-3)^2$	$y = 3(x+2)^2 - 1$
in y-Richtung verschoben.	☐	☐	☐
in x-Richtung verschoben.	☐	☐	☐
in y-Richtung gestreckt/ gestaucht.	☐	☐	☐
nach unten geöffnet.	☐	☐	☐

7	**... Funktionen in Scheitelpunktform in Normalform umwandeln.** Gib die Funktion in Normalform an. a) $f(x) = \frac{1}{2}(x-2)^2 + 1$ y = __________ b) $f(x) = -(x+3)^2 + 2$ y = __________	
8	**... Funktionen in Normalform in Scheitelpunktform umwandeln.** Gib die Funktion in Scheitelpunktform an. a) $f(x) = x^2 - 2x - 3$ y = __________ b) $f(x) = -2x^2 - 4x + 3$ y = __________	

	Ich kann ...	✓
9	**... die Nullstellen einer quadratischen Funktion berechnen.** Berechne die Nullstellen. a) $f(x) = 2x^2 - 18$ x_1 = ______; x_2 = ______ b) $f(x) = 4x^2 - 2x$ x_1 = ______; x_2 = ______ c) $f(x) = x^2 + 4x - 45$ x_1 = ______; x_2 = ______	

1 Lineare Funktionen

Kompetenzcheck
Was sind Zuordnungen und Funktionen?

Aufgabe 1

a) und c) sind Graphen von Funktionen.
b) gehört zu keiner Funktion, da es in diesem Graph zu einem x-Wert zwei y-Werte gibt.

Aufgabe 2

☒ Zahl → das Doppelte der Zahl
☐ Alter → Körpergröße
☒ Kantenlänge eines Würfels → Volumen

Aufgabe 3

a) ③ $f(x) = -x + 1$ b) ② $h(x) = \frac{1}{2}x$ c) ① $g(x) = x^2$

Kompetenzcheck
Besondere lineare Funktionen mit $f(x) = m \cdot x$ – proportionale Funktionen

Aufgabe 1

	Zuordnung	Begründung
☒	Anzahl an Stickerpäckchen → Preis	Ja, denn 2 Päckchen kosten doppelt so viel, 3 Päckchen dreimal so viel, …
☒	Zahl → das Doppelte der Zahl	Ja, denn das Doppelte einer Zahl x kann mit 2x beschrieben werden. Also gilt $f(x) = 2x$.
☐	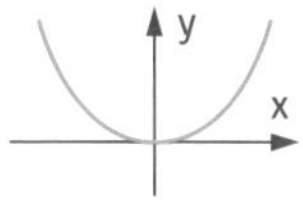	Nein, denn der Graph ist keine Ursprungsgerade.

Aufgabe 2

		Wertetabelle				Begründung
☒	x	−1	0	1	2	Ja, denn $m = \frac{y}{x} = -2{,}5$.
	y	2,5	0	−2,5	−5	
☐	x	−1	0	1	2	Nein, denn $\frac{y}{x}$ ergibt hier keine feste Zahl.
	y	−1	1	3	5	

Aufgabe 3

$m = \frac{y}{x} = -\frac{4}{2} = -2$

$y = -2x$

x	2	1	−3
y	−4	$-2 \cdot 1 = -2$	$-2 \cdot (-3) = 6$

$m = \frac{y}{x} = \frac{2}{4} = \frac{1}{2}$; $y = \frac{1}{2}x$

x	4	$6 : \frac{1}{2} = 12$	$-4 : \frac{1}{2} = -8$
y	2	6	−4

Aufgabe 4

a) $f(1) = 4 \cdot 1 = 4$ ✓; Der Punkt liegt also auf dem Graphen der Funktion.

b) $f(4) = \frac{1}{2} \cdot 4 = 2$ ✓; Der Punkt liegt also auf dem Graphen der Funktion.

Kompetenzcheck
Die Steigung m – Bestimmung der Geradengleichung und Zeichnen von Geraden

Aufgabe 1

a) $y = -2x$ b) $y = -\frac{1}{4}x$ c) $y = 4x$ d) $y = \frac{1}{3}x$

Aufgabe 2

a) $m = \frac{2}{3}$, also $y = \frac{2}{3}x$

b) $m = \frac{-1-2}{2-(-4)} = -\frac{3}{6} = -\frac{1}{2}$, also $y = -\frac{1}{2}x$

Aufgabe 3

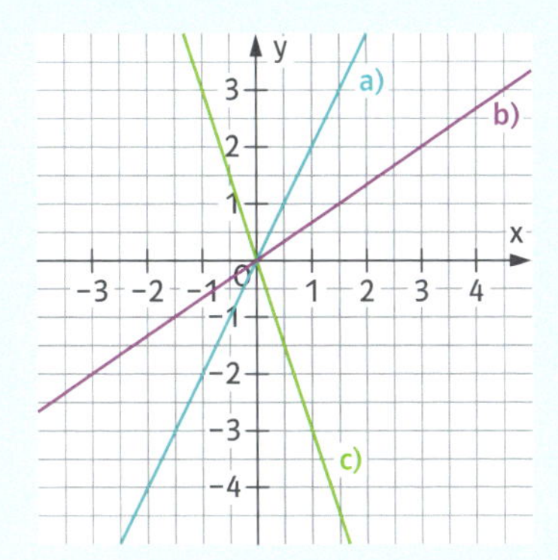

Aufgabe 4

a) ① steigt, da $m > 0$ ② fällt, da $m < 0$ ③ steigt, da $m > 0$ ④ fällt, da $m < 0$

b) ① $m = 5$ ② $m = \frac{1}{5}$ ③ $m = 1{,}2$ ④ $m = 1$

also ist ① steiler als ③, ③ steiler als ④ und am flachsten ist ②.

Kompetenzcheck
Lineare Funktionen – Zeichnen von Geraden mit y = mx + c

Aufgabe 1

Funktionsgleichung	lineare Funktion
$f(x) = 2x - 2$	☒ ja ☐ nein
$f(x) = 5 - \frac{1}{2}x$	☒ ja ☐ nein
$f(x) = x^2 + 1$	☐ ja ☒ nein
$f(x) = \frac{1}{x} - 3$	☐ ja ☒ nein
$f(x) = 2$	☒ ja ☐ nein

Aufgabe 2

a) ① $m = \frac{1}{2}$; $c = -3$ ② $m = 0$; $c = 3$ ③ $m = -2$; $c = \frac{1}{2}$

b) ① $y = -x + 2$ ② $y = \frac{2}{5}x$ ③ $y = -3$

Aufgabe 3

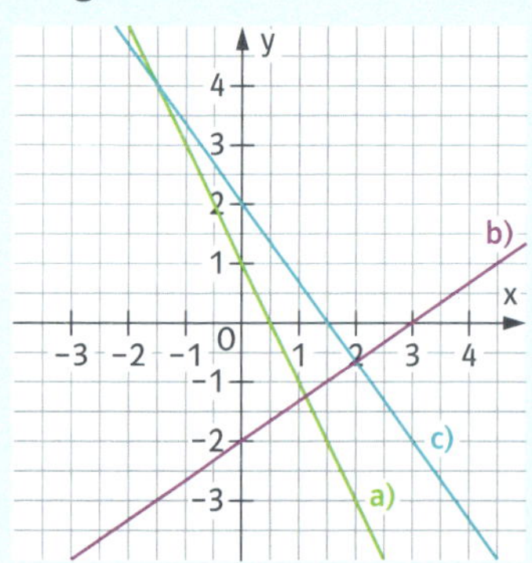

Aufgabe 4

Setze x in die Funktionsgleichung ein.

a) $2 \cdot (-1) - 2 = -4$, also liegt P auf der Geraden.

b) $-(-1) + 2 = 1 + 2 = 3$, also liegt P auf der Geraden.

Kompetenzcheck
Bestimmung der Funktionsgleichung einer linearen Funktion

Aufgabe 1

a) $y = 2x - 2$

b) $y = -\frac{1}{3}x + 3$

c) $y = \frac{3}{4}x + 2$

d) $y = -2x + 1$

Aufgabe 2

a) $4 = 2 \cdot (-2) + c$

$c = 8$, also $y = 2x + 8$

b) $-4 = -\frac{1}{2} \cdot 4 + c$

$-2 = c$, also $y = -\frac{1}{2}x - 2$

Aufgabe 3

a) $m = \frac{4-3}{4-2} = \frac{1}{2}$

$3 = \frac{1}{2} \cdot 2 + c$

$2 = c$, also $y = \frac{1}{2}x + 2$

b) $m = \frac{4-5{,}5}{2-(-1)} = -\frac{1{,}5}{3} = -\frac{1}{2}$

$4 = -\frac{1}{2} \cdot 2 + c$

$5 = c$, also $y = -\frac{1}{2}x + 5$

Aufgabe 1

a) Tageszeit → Temperatur
b) Fahrtzeit → zurückgelegte Strecke
c) Anzahl → Preis
d) Alter → Körpergröße
e) Anzahl der Klassen → Anzahl der Lehrer
f) Seitenlänge → Flächeninhalt eines Quadrats

Aufgabe 2

a) Den verbrauchten Einheiten werden die Handykosten zugeordnet bzw. die Handykosten sind abhängig von den verbrauchten Einheiten.
b) Der Punktezahl wird die Note in der Klassenarbeit zugeordnet, bzw. die Note ist abhängig von der Punktezahl in der Klassenarbeit.
c) Der verkauften Menge wird der Preis zugeordnet bzw. der Preis ist abhängig von der verkauften Menge.
d) Dem Alter wird das Wachstum eines Kindes zugeordnet bzw. das Wachstum eines Kindes ist abhängig vom Alter.

Aufgabe 3

a)

Uhrzeit	8	10	12	16	20
Temperatur in °C	20	29	33	32	26

b)

Geschwindigkeit in km/h	20	60	80	100
Bremsweg in m	4	36	64	100

Aufgabe 4

a) Die Zuordnung Seitenlänge eines Quadrates → Umfang eines Quadrates ist eine Funktion mit der Gleichung $f(x) = 4x$, da zu jeder Seitenlänge der eindeutige Umfang $U = 4x$ gehört.

b) Die Zuordnung Umfang eines Quadrates → Seitenlänge eines Quadrates ist eine Funktion mit der Gleichung $f(x) = \frac{1}{4}x$, da zu jedem Umfang die eindeutige Seitenlänge $s = \frac{1}{4}x$ gehört.

c) Die Zuordnung Körpergröße → Schuhgröße ist keine Funktion, da Menschen mit gleicher Körpergröße unterschiedliche Schuhgrößen haben können. Diese Zuordnung ist also nicht eindeutig.

d) Die Zuordnung Zahl → Hälfte der Zahl ist eine Funktion mit der Gleichung $f(x) = \frac{1}{2}x$, bei der jeder Zahl eindeutig die Hälfte zugeordnet wird.

Aufgabe 5

a) und b) gehören zu einer Funktion, da es zu jedem x-Wert genau einen y-Wert gibt.
c) gehört nicht zu einer Funktion, da es z. B. zu dem x-Wert 4 zwei verschiedene y-Werte gibt, nämlich −2 und 2.

Aufgabe 6

a), c) und f) zeigen Graphen von Funktionen, da jedem x-Wert genau ein y-Wert zugeordnet ist.
b), d) und e) sind keine Graphen von Funktionen, da einem x-Wert mehrere y-Werte zugeordnet sind.

Aufgabe 7

① gehört zu c) und h, ② gehört zu b) und g, ③ gehört zu a) und f.

Aufgabe 8

Ausgangsgröße	zugeordnete Größe	proportionale Zuordnung	Begründung
Seitenlänge eines Quadrats	Umfang des Quadrats	☒ ja ☐ nein	zugehörige Gleichung $f(x) = 4x$
Seitenlänge eines Quadrats	Flächeninhalt des Quadrats	☐ ja ☒ nein	zugehörige Gleichung $f(x) = x^2$
Anzahl der Testaufgaben	Zeit für die Bearbeitung	☐ ja ☒ nein	Personen brauchen unterschiedlich viel Zeit für die Bearbeitung.
Gewicht	Körpergröße	☐ ja ☒ nein	Personen mit gleichem Gewicht können unterschiedlich groß sein.
Gewicht der Äpfel (in kg)	Preis	☒ ja ☐ nein	zugehörige Gleichung $f(x) = \text{Preis pro kg} \cdot x$

Aufgabe 9

a) ☒ ja ☐ nein Der Graph ist eine Ursprungsgerade.

b) ☐ ja ☒ nein Der Graph ist keine Ursprungsgerade.

c) ☐ ja ☒ nein Der Graph ist keine Ursprungsgerade.

Aufgabe 10

a) Gehört nicht zu einer proportionalen Funktion, da zu $x = 0$ nicht $y = 0$ gehört. Außerdem ist m nicht immer die gleiche Zahl.

b) Ja, denn $m = \frac{y}{x} = 3$.

c) Ja, denn $m = -\frac{1}{2}$.

Aufgabe 11

a) $m = \frac{5}{2} = 2{,}5$; $f(x) = 2{,}5x$

x	0	1	2	3	4	**7**	$\frac{2}{5}$ **= 0,4**
f(x)	**0**	**2,5**	5	**7,5**	**10**	17,5	1

b) $m = \frac{6{,}3}{3} = 2{,}1$; $f(x) = 2{,}1x$

x	0	1	2	3	4	**6**	**1,5**
f(x)	**0**	**2,1**	**4,2**	6,3	**8,4**	12,6	3,15

Aufgabe 12

a) $m = \frac{2}{1} = 2$; $y = 2 \cdot 3 = 6$, also $Q(3|6)$

b) $m = \frac{-1}{2}$; $y = \left(-\frac{1}{2}\right) \cdot 4 = -2$, also $Q(4|-2)$

c) $m = \frac{6}{-2} = -3$; $y = -3 \cdot 4 = -12$, also $Q(4|-12)$

d) $m = 4$; $x = -8 : 4 = -2$, also $Q(-2|-8)$

e) $m = \frac{-6}{-3} = 2$; $x = 1 : 2 = \frac{1}{2}$, also $Q\left(\frac{1}{2}\middle|1\right)$

f) $m = \frac{-6}{4} = -\frac{3}{2}$; $x = 9 : \left(-\frac{3}{2}\right) = 9 \cdot \left(-\frac{2}{3}\right) = -6$, also $Q(-6|9)$

Aufgabe 13

a) $y = 3 \cdot 3 = 9 \neq 1$, also liegt A nicht auf der Geraden.
$y = 3 \cdot 1 = 3$ ✓, also liegt B auf der Geraden.
$y = 3 \cdot 0 = 0$ ✓, also liegt C auf der Geraden.
D liegt nicht auf der Geraden, da $y = 3 \cdot 3 = 9 \neq 3$.
$y = 3 \cdot (-1) = -3$ ✓, also liegt E auf der Geraden.
$y = 3 \cdot (-9) = -27 \neq -3$, also liegt F nicht auf der Geraden.

b) Auf der Geraden $y = x$ liegen die Punkte C und D.

c) Auf der Geraden $y = \frac{1}{3}x$ liegen die Punkte A, C und F.

Aufgabe 14

a) steigt; steiler als $y = x$
b) fällt; flacher als $y = -x$
c) steigt; flacher als $y = x$
d) steigt; steiler als $y = x$
e) fällt; steiler als $y = -x$
f) fällt; flacher als $y = -x$

Aufgabe 15

④ ist steiler als ①, ① ist steiler als ② und ② ist steiler als ③.

Aufgabe 16

a) $m = \frac{y}{x} = -\frac{1}{2}$; $y = -\frac{1}{2}x$

b) $m = \frac{y}{x} = \frac{9}{3} = 3$; $y = 3x$

c) $m = \frac{y}{x} = -\frac{3}{2}$; $y = -\frac{3}{2}x$

d) $m = \frac{y}{x} = \frac{-1}{-3} = \frac{1}{3}$; $y = \frac{1}{3}x$

Aufgabe 17

Gleichung	Steigung m	Die Gerade …	Punkt P
$y = \mathbf{4x}$	$m = \mathbf{4}$	☒ steigt ☐ fällt	P(1 | 4)
$y = \mathbf{-\frac{1}{2}x}$	$m = \mathbf{-\frac{1}{2}}$	☐ steigt ☒ fällt	P(−2 | 1)
$y = -\frac{3}{4}x$	$m = \mathbf{-\frac{3}{4}}$	☐ steigt ☒ fällt	P(8 | **−6**)
$y = 3x$	$m = \mathbf{3}$	☒ steigt ☐ fällt	P(**2** | 6)
$y = \mathbf{\frac{4}{5}x}$	$m = \frac{4}{5}$	☒ steigt ☐ fällt	P(−5 | **−4**)
$y = \mathbf{-\frac{2}{5}x}$	$m = \mathbf{-\frac{2}{5}}$	☐ steigt ☒ fällt	P(−10 | 4)

Aufgabe 18

a) $m = -\frac{1}{2}$; $y = -\frac{1}{2}x$

b) $m = -1$; $y = -x$

c) $m = -3$; $y = -3x$

d) $m = \frac{3}{2}$; $y = \frac{3}{2}x$

e) $m = 1$; $y = x$

f) $m = \frac{2}{3}$; $y = \frac{2}{3}x$

Aufgabe 19

a) richtig

b) falsch; $y = \frac{3}{2}x$

c) richtig

d) falsch; $y = -\frac{1}{2}x$

e) richtig

f) falsch; $y = -3x$

Aufgabe 20

a) $m = -\frac{4}{5}$; $y = -\frac{4}{5}x$

b) $m = -1$; $y = -x$

c) $m = -\frac{5}{2}$; $y = -\frac{5}{2}x$

d) $m = -4$; $y = -4x$

e) $m = 3$; $y = 3x$

f) $m = \frac{4}{3}$; $y = \frac{4}{3}x$

g) $m = \frac{3}{4}$; $y = \frac{3}{4}x$

h) $m = \frac{2}{7}$; $y = \frac{2}{7}x$

Aufgabe 21

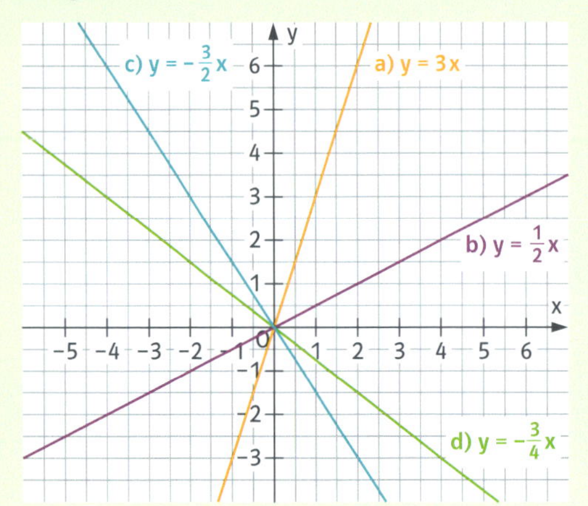

Aufgabe 22

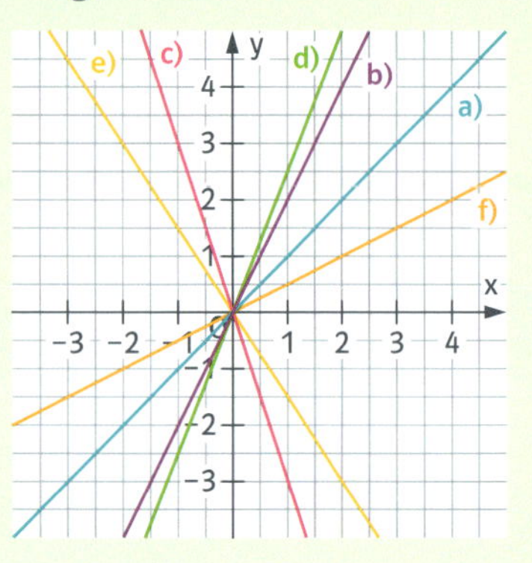

Aufgabe 23

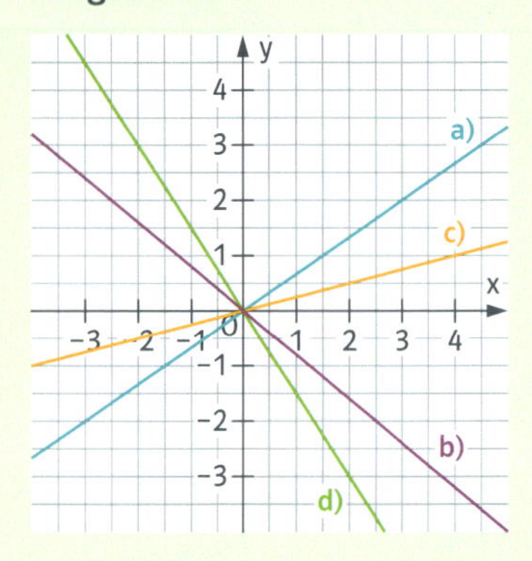

Aufgabe 24

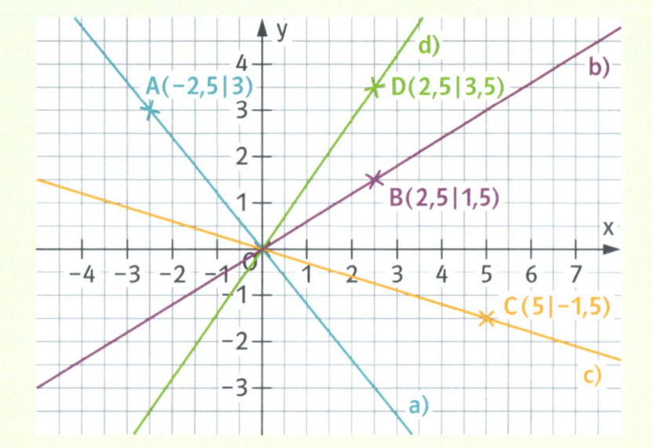

Aufgabe 25

Funktionsgleichung	lineare Funktion
$f(x) = 5x - \frac{1}{2}$	☒ ja ☐ nein
$f(x) = \frac{1}{2}x$	☒ ja ☐ nein
$f(x) = 2x^2 - 1$	☐ ja ☒ nein
$f(x) = -5$	☒ ja ☐ nein
$f(x) = 3 - 4x$	☒ ja ☐ nein
$f(x) = 0$	☒ ja ☐ nein
$f(x) = \frac{1}{x} - 2$	☐ ja ☒ nein

Aufgabe 26

a) $y = -\frac{1}{2}x + 4$ b) $y = 4x$ c) $y = x - \frac{1}{4}$

d) $y = \frac{1}{2}$ e) $y = -1{,}5x + 1$ f) $y = -\frac{2}{3}x + \frac{3}{2}$

Aufgabe 27

Gleichung	m	c	Liegt A(3 | 2) auf der Geraden?	Liegt B(−2 | 4) auf der Geraden?
$y = -x + 1$	−1	1	☐ ja ☒ nein	☐ ja ☒ nein
$y = 2$	0	2	☒ ja ☐ nein	☐ ja ☒ nein
$y = \frac{1}{2}x + 5$	$\frac{1}{2}$	5	☐ ja ☒ nein	☒ ja ☐ nein
$y = \frac{5}{2} - \frac{3}{4}x$	$-\frac{3}{4}$	$\frac{5}{2}$	☐ ja ☒ nein	☐ ja ☒ nein
$y = 3x - 7$	3	−7	☒ ja ☐ nein	☐ ja ☒ nein

Aufgabe 28

a) $y = x - 3$

b) $y = 2x - 1$

c) $y = 3x - 0{,}5$

d) $y = \frac{1}{2}x + 2$

e) $y = \frac{4}{3}x - 2$

f) $y = 1{,}5x - 3$

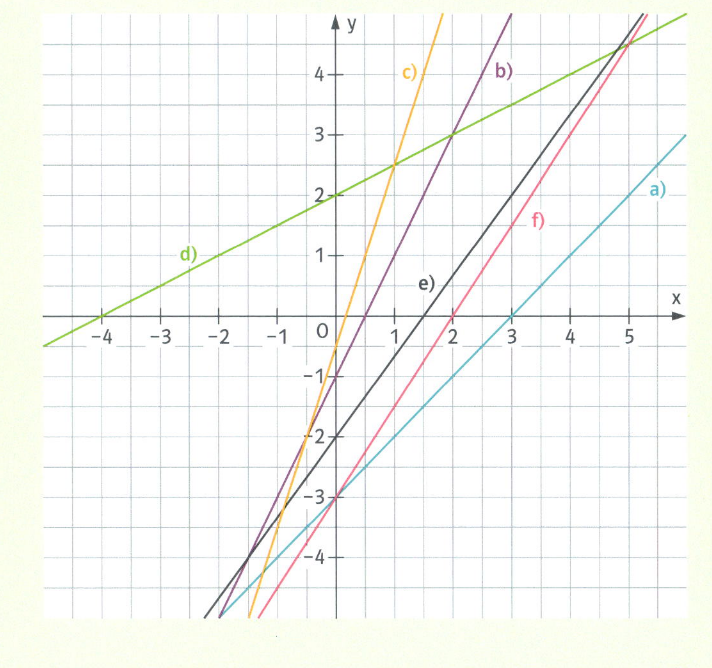

Aufgabe 29

a) $y = -x + 1$

b) $y = -2x + 3$

c) $y = -3x + 1{,}5$

d) $y = -\frac{1}{2}x + 2$

e) $y = -\frac{2}{3}x + 1$

f) $y = -\frac{6}{5}x - 1$

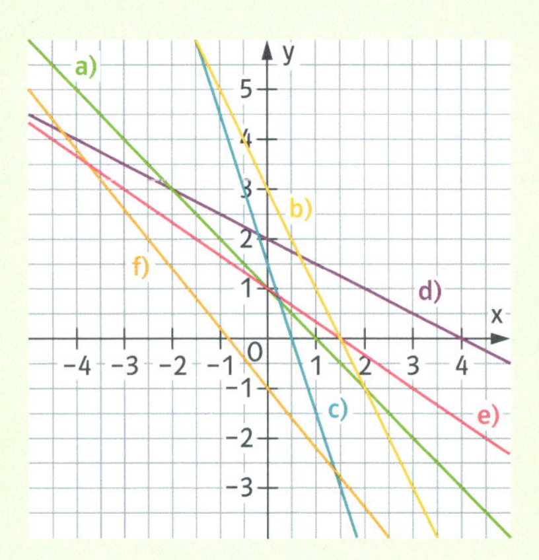

Aufgabe 30

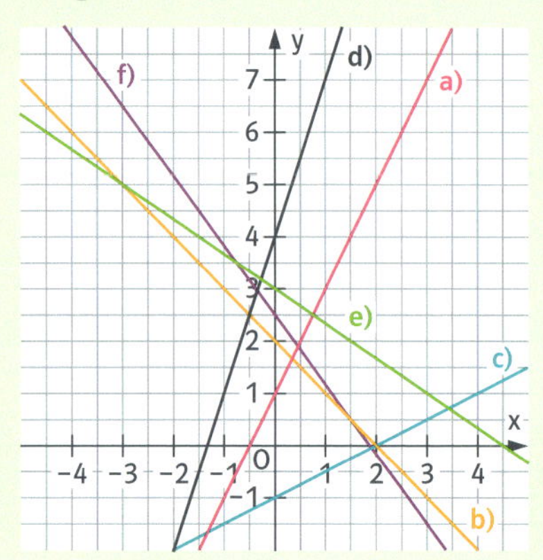

Aufgabe 31

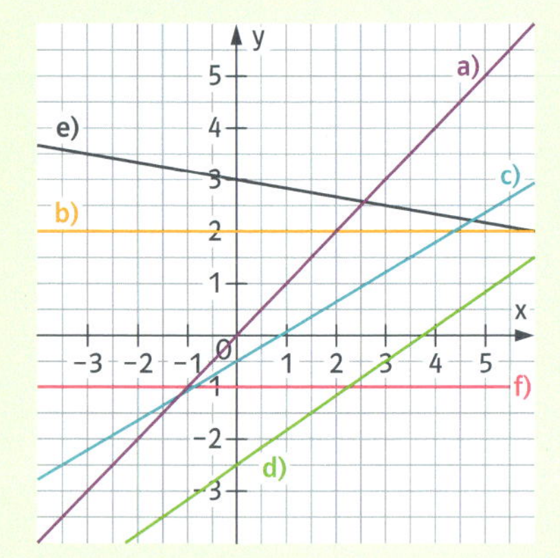

Aufgabe 32

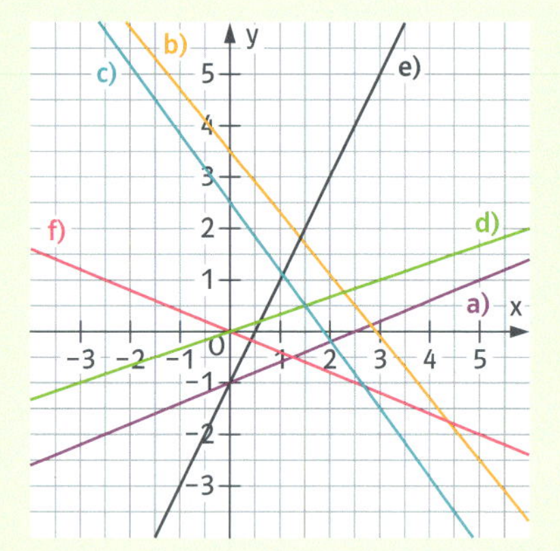

Aufgabe 33

a) richtig

b) richtig

c) falsch; $y = -\frac{1}{2}x$

d) richtig

e) richtig

f) falsch; $y = 3$

Aufgabe 34

a)
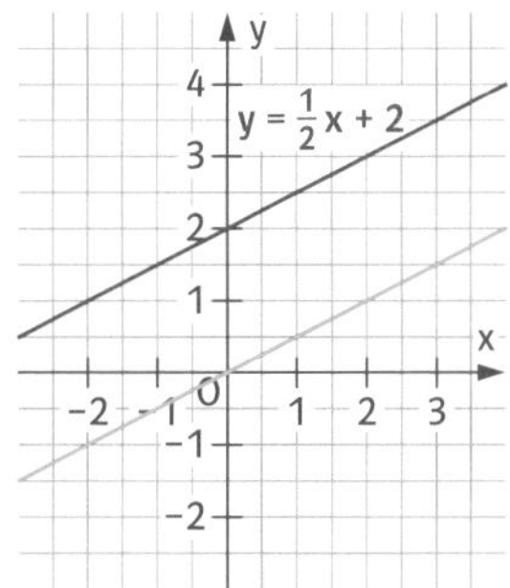

b)
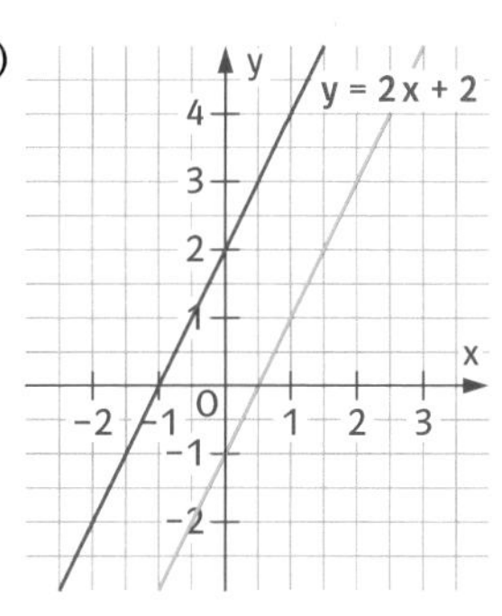

c)
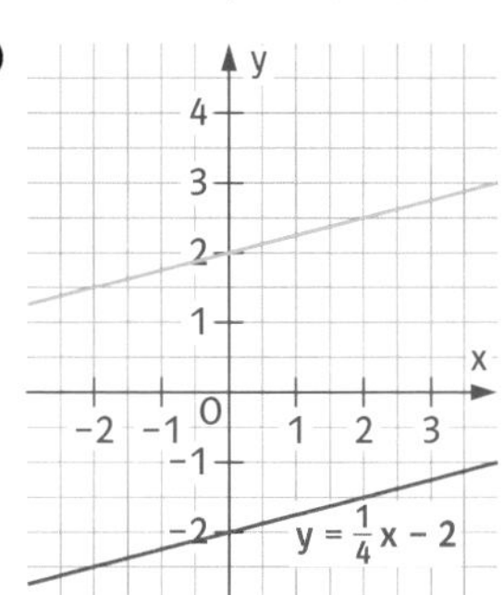

d)
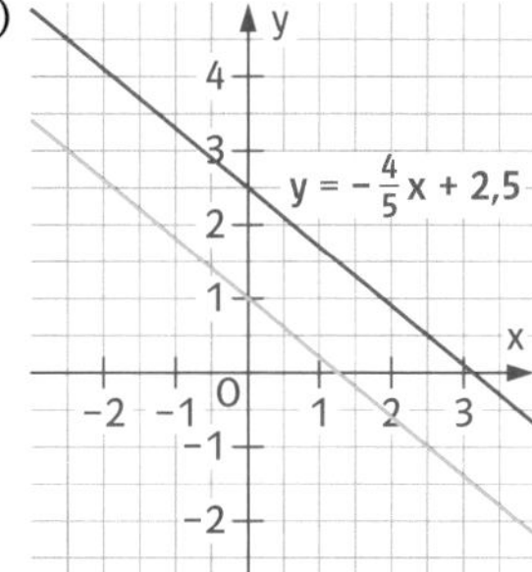

Aufgabe 35

a) $-1 = 3 \cdot (-2) + c$
$5 = c$, also $y = 3x + 5$

b) $1 = -2 \cdot 3 + c$
$7 = c$, also $y = -2x + 7$

c) $-2 = -4 + c$
$2 = c$, also $y = -x + 2$

d) $2 = \frac{2}{5} \cdot (-1) + c$
$2\frac{2}{5} = c$, also $y = \frac{2}{5}x + 2\frac{2}{5}$

e) $6 = \frac{1}{4} \cdot 8 + c$
$4 = c$, also $y = \frac{1}{4}x + 4$

f) $-2 = 0 \cdot 3 + c$
$-2 = c$, also $y = -2$

Aufgabe 36

a) $5 = 3 \cdot m + 2$, also $m = 1$; $y = x + 2$

b) $m = -\frac{3}{2}$; $y = -\frac{3}{2}x + 2$

c) $m = -\frac{1}{2}$; $y = -\frac{1}{2}x + 2$

d) $m = 0$; $y = 2$

Aufgabe 37

a) $m = \frac{1}{2}$
$6 = \frac{1}{2} \cdot 2 + c$
$5 = c$, also $y = \frac{1}{2}x + 5$

b) $m = -\frac{3}{4}$
$-1 = -\frac{3}{4} \cdot (-4) + c$
$-4 = c$, also $y = -\frac{3}{4}x - 4$

c) $m = 1$
$2 = 1 \cdot 1{,}5 + c$
$0{,}5 = c$, also $y = x + 0{,}5$

d) $m = 0$
also $y = 4$

Aufgabe 38

Es ist $m = -2$.

a) $2 = -2 \cdot (-1) + c$
$0 = c$, also $y = -2x$

b) $-5 = -2 \cdot 2 + c$
$-1 = c$, also $y = -2x - 1$

c) $-1 = -2 \cdot 6 + c$
$11 = c$, also $y = -2x + 11$

d) $-1 = -2 \cdot (-3) + c$
$-7 = c$, also $y = -2x - 7$

Aufgabe 39

a) $y = 0x + 1{,}5$

b) $y = -4x - 2$

c) $y = -\frac{5}{3}x + 2{,}5$

d) $y = \frac{5}{2}x + 1$

e) $y = \frac{4}{3}x - 3{,}5$

f) $y = \frac{1}{6}x - 0{,}5$

Aufgabe 40

a) $y = 2x + 2$ b) $y = 3x - 3$ c) $y = -\frac{4}{3}x + 4$ d) $y = -\frac{2}{3}x - 2$

Aufgabe 41

a) $m = \frac{3-4}{-1-0} = 1$
$4 = c$, also $y = x + 4$

b) $m = \frac{4-1}{-6-3} = -\frac{1}{3}$
$1 = -\frac{1}{3} \cdot 3 + c$
$2 = c$, also $y = -\frac{1}{3}x + 2$

c) $y = -\frac{1}{2}x - 1$

d) $y = -\frac{1}{2}x - 1$

e) $y = -\frac{1}{2}x + 3$

f) $y = \frac{5}{3}x - \frac{1}{3}$

g) $y = 2x$

h) $y = \frac{1}{3}x + \frac{1}{3}$

Aufgabe 42

a) $P(-2{,}5 \mid -1{,}5)$; $Q(0 \mid -3{,}5)$; $y = -\frac{4}{5}x - \frac{7}{2}$

b) $P(2 \mid 2)$; $Q(-4 \mid 4)$; $y = -\frac{1}{3}x + \frac{8}{3}$

c) $P(3{,}5 \mid 4)$; $Q(-1{,}5 \mid 3)$; $y = \frac{1}{5}x + 3\frac{3}{10}$

d) $P(3 \mid 0{,}5)$; $Q(-1 \mid -4)$; $y = \frac{9}{8}x - 2\frac{7}{8}$

e) $P(1 \mid 1)$; $Q(-4 \mid -1)$; $y = \frac{2}{5}x + \frac{3}{5}$

f) $P(-3 \mid 1)$; $Q(4 \mid -1)$; $y = -\frac{2}{7}x + \frac{1}{7}$

Aufgabe 43

Möglichkeit 1: Zeichne die Punkte und eine Gerade durch zwei dieser Punkte.
Möglichkeit 2:

1. Stelle aus zwei Punkten A und B eine Funktionsgleichung auf.
2. Setze den dritten Punkt C ein und überprüfe, ob eine wahre Aussage entsteht.

a) $m = \frac{-1 + 0{,}5}{4 - 2} = -\frac{0{,}5}{2} = -\frac{1}{4}$
$y = -\frac{1}{4}x + c$
Setze B ein: $-1 = -\frac{1}{4} \cdot 4 + c$, also $c = 0$
Setze C in $y = -\frac{1}{4}x$ ein:
$-\frac{1}{4} \cdot (-2) = \frac{1}{2}$ ✓

b) nein

c) ja; $y = -2x - 1$

d) nein

Lösungen zum Abschlusskompetenzcheck

	Lösung
1	Überprüfe, ob einem x-Wert genau ein y-Wert zugeordnet ist. Dann gehört der Graph zu einer Funktion. 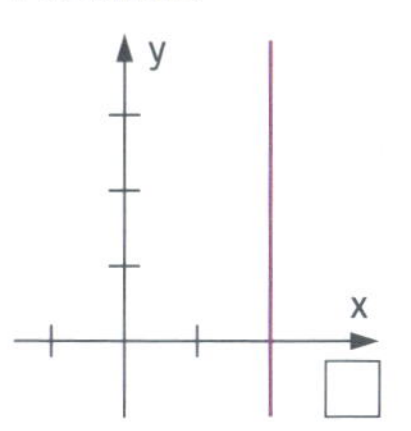 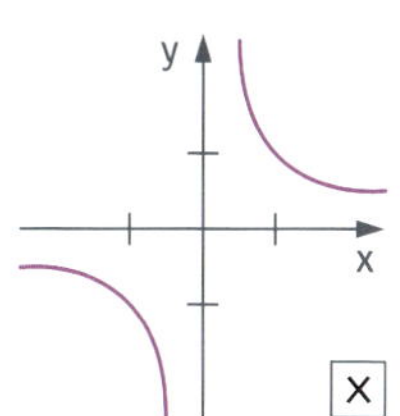 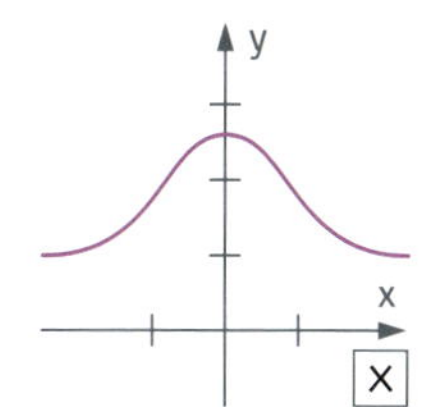 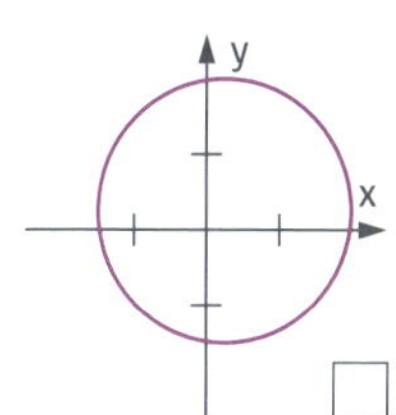
2	Mache jeweils eine Punktprobe. $y = 2x$: b) $y = x^2$: a) $y = \frac{1}{2}x$: c)
3	☐ Personenzahl → Gesamtgewicht aller Personen ☒ Euro → US-Dollar ☒ Länge einer Seite → Umfang eines gleichseitigen Fünfecks
4	a) $y = 2x$ b) $y = -\frac{3}{2}x$ c) ① $y = 2{,}5x$; ② $y = \frac{4}{3}x$; ③ $y = -\frac{3}{7}x$
5	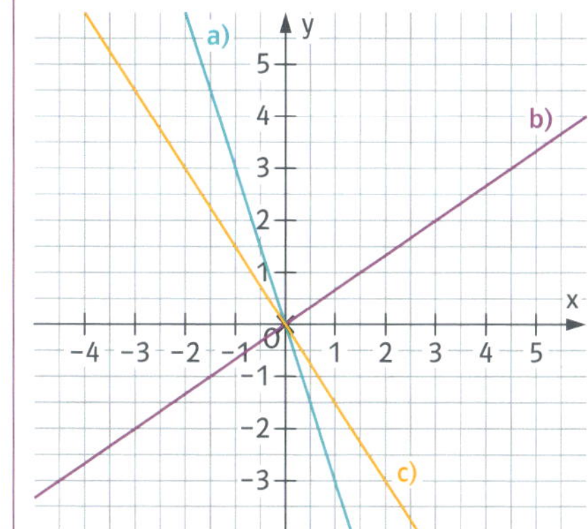

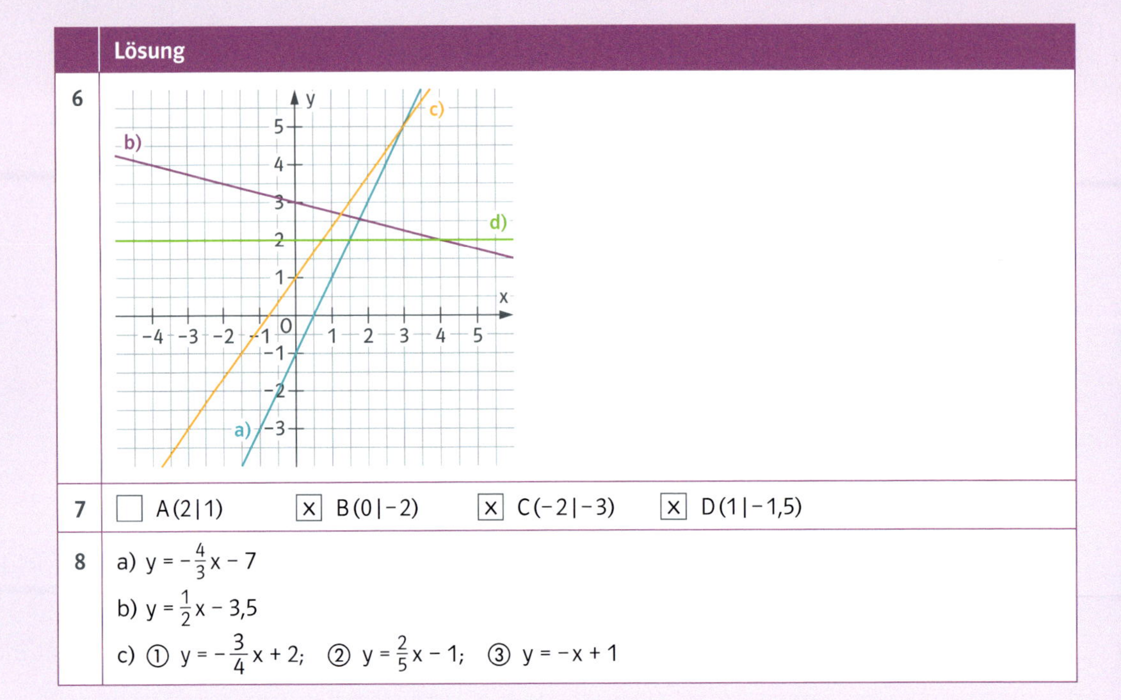

	Lösung
6	(Graph)
7	☐ A(2 | 1) ☒ B(0 | −2) ☒ C(−2 | −3) ☒ D(1 | −1,5)
8	a) $y = -\frac{4}{3}x - 7$ b) $y = \frac{1}{2}x - 3{,}5$ c) ① $y = -\frac{3}{4}x + 2$; ② $y = \frac{2}{5}x - 1$; ③ $y = -x + 1$

2 Eigenschaften von linearen Funktionen – Lösen von linearen Gleichungen

Kompetenzcheck
Nullstellen linearer Funktionen – Lösen linearer Gleichungen der Form $mx + c = 0$

Aufgabe 1

a) S(6 | 0)

b)

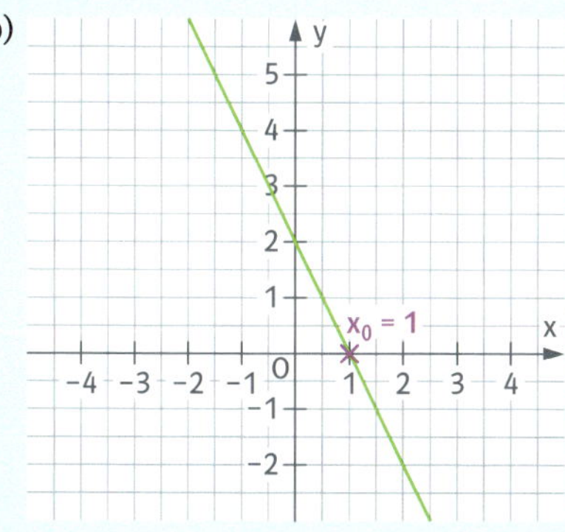

Aufgabe 2

a) $3x + 6 = 0 \quad | -6$

$3x = -6 \quad | :3$

$x = -2$, also $x_0 = \mathbf{-2}$

b) $-\frac{1}{2}x - 4 = 0 \quad | +4$

$-\frac{1}{2}x = 4 \quad | \cdot(-2)$

$x = -8$, also $x_0 = \mathbf{-8}$

Kompetenzcheck
Funktionswerte berechnen – Lösen der Gleichung $mx + c = d$

Aufgabe 1

a) A(−2 | 1); B$\left(-6\middle|-\frac{1}{2}\right)$; C(−4 | 0); D(0 | 2); E(4 | 4)

b) A$\left(-\frac{1}{2}\middle|5\right)$; B(1 | 2); C(2 | 0); D(2,5 | −1); E(3 | −2)

Aufgabe 2

a) $x_1 = -3$ b) $x_1 = -4$

Aufgabe 3

Für alle $x > 1$ gilt $f(x) > 3$.

Kompetenzcheck
Modellieren mit linearen Funktionen – lineare Funktionen im Sachzusammenhang

Aufgabe 1

a) $f(x) = 150 + 80 \cdot x$; x in €

b) $f(x) = -2x + 19$; x in h; f(x) in cm

$m = \frac{9-15}{5-2} = -\frac{6}{3} = -2$

$y = -2x + c$

$15 = -2 \cdot 2 + c \quad | +4$

$19 = c$

Aufgabe 2

$m = \frac{26{,}90 - 22{,}10}{15 - 12} = \frac{4{,}80}{3} = 1{,}60$

$22{,}10 = 1{,}60 \cdot 12 + c \quad | -19{,}20$

$2{,}90 = c$

$f(x) = 1{,}60x + 2{,}90$

a) Ein gefahrener km kostet 1,60 €.

b) Der Grundtarif beträgt 2,90 €.

c) $f(8{,}5) = 1{,}60 \cdot 8{,}5 + 2{,}90 = 13{,}60 + 2{,}90 = 16{,}50$
8,5 km Taxifahrt kosten 16,50 €.

Kompetenzcheck
Lineare Funktionen als Darstellung von linearen Gleichungen mit zwei Variablen

Aufgabe 1

☒ (1; −2) ☒ (−0,5; −3) ☐ (0; −5) ☒ (4; 0)

Aufgabe 2

a) (2; −2) b) (−5; −10)

Aufgabe 3

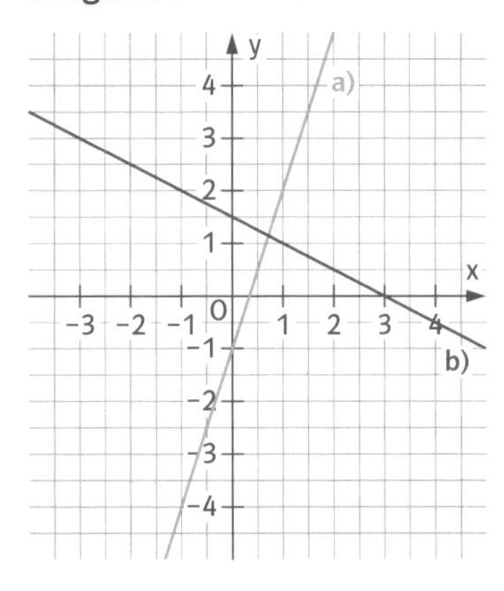

Aufgabe 1

a) S(−1|0)
$x_0 = -1$

b) S(1|0)
$x_0 = 1$

c) S(3|0)
$x_0 = 3$

d) S(−3|0)
$x_0 = -3$

Aufgabe 2

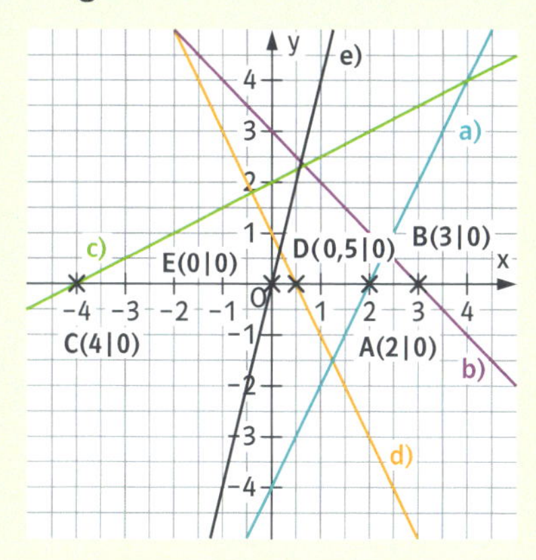

Aufgabe 3

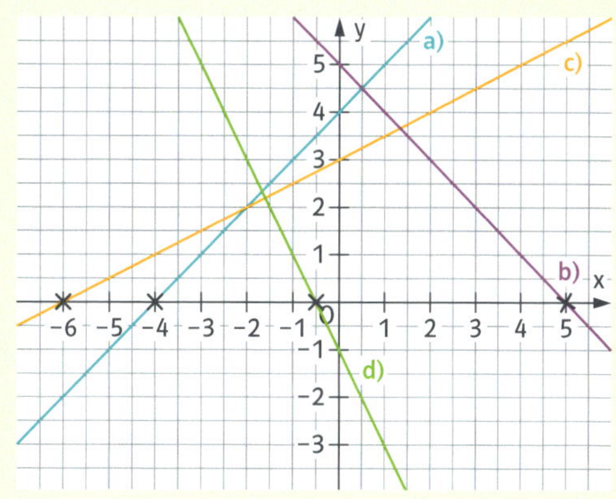

a) S(−4|0) b) S(5|0)
c) S(−6|0) d) S(−0,5|0)

Aufgabe 4

a) $3x - 3 = 0 \quad | +3$
$3x = 3 \quad | :3$
$x = 1$

b) $-2x - 4 = 0 \quad | +4$
$-2x = 4 \quad | :(-2)$
$x = -2$

c) $x - \frac{1}{2} = 0 \quad | +\frac{1}{2}$
$x = \frac{1}{2}$

d) $4x + 12 = 0 \quad | -12$
$4x = -12 \quad | :4$
$x = -3$

e) $\frac{1}{2}x + 5 = 0 \quad | -5$
$\frac{1}{2}x = -5 \quad | :\frac{1}{2}$
$x = -10$

$:\frac{1}{2}$ ist das gleiche wie $\cdot 2$

f) $2x - 1 = 0 \quad | +1$
$2x = 1 \quad | :2$
$x = \frac{1}{2}$

Aufgabe 5

a) $\frac{1}{4}x + 2 = 0 \quad | -2$
$\frac{1}{4}x = -2 \quad | \cdot 4$
$x = -8$

b) $-\frac{3}{2}x + 6 = 0 \quad | -6$
$-\frac{3}{2}x = -6 \quad | \cdot\left(-\frac{2}{3}\right)$
$x = 4$

c) $-\frac{2}{5}x - 1 = 0 \quad | +1$
$-\frac{2}{5}x = 1 \quad | \cdot\left(-\frac{5}{2}\right)$
$x = -\frac{5}{2}$

d) $-0{,}2x + 1 = 0 \quad | -1$
$-0{,}2x = -1 \quad | :(-0{,}2)$
$x = 5$

$0{,}2 = \frac{1}{5}$

e) $\frac{2}{3}x - 5 = 0 \quad | +5$
$\frac{2}{3}x = 5 \quad | \cdot\frac{3}{2}$
$x = \frac{15}{2} = 7{,}5$

f) $-1{,}2x - 6 = 0 \quad | +6$
$-1{,}2x = 6 \quad | :(-1{,}2)$
$x = -5$

Aufgabe 6

a) $x_0 = -\frac{4}{3}$ b) $x_0 = \frac{1}{10}$ c) $x_0 = \frac{3}{4}$

d) $x_0 = -\frac{3}{2}$ e) $x_0 = \frac{1}{4}$ f) keine Lösung

Aufgabe 7

Überprüfe deine Lösung selbst, z. B.:

a) $f(x) = x - 2$; $f(x) = 2x - 4$; $f(x) = -x + 2$

b) $f(x) = x + 4$; $f(x) = -x - 4$; $f(x) = 2x + 8$

c) $f(x) = -x + 3$; $f(x) = -2x + 6$; $f(x) = -3x + 9$

Aufgabe 8

a) A(−4 | 0); B(−6 | −0,5); C(4 | 2)

b) A(2 | −2); B(0 | 1); C(−1 | 2,5)

Aufgabe 9

a) P(4 | 4)
b) P(−1 | 4)
c) P(4 | 4)
d) P(−1,5 | 4)
e) P(1 | 4)

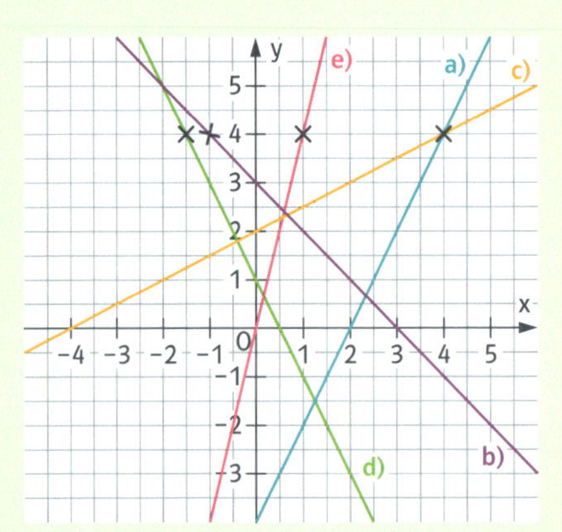

Aufgabe 10

a) x = 1
b) x = 2
c) x = −1,5
d) x = −8
e) x = −4,5
f) x = 2

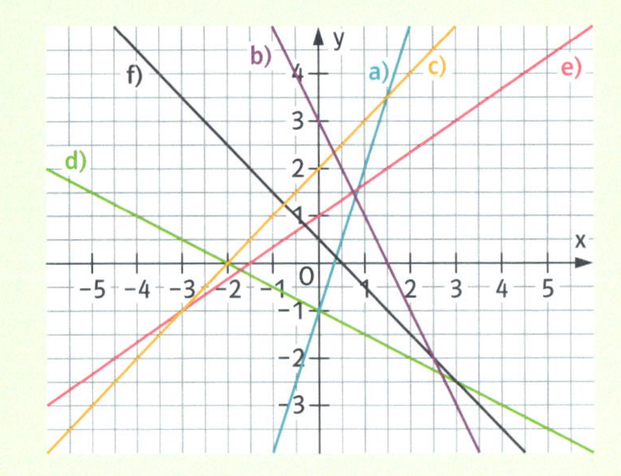

Aufgabe 11

a)
$$\begin{aligned} 2x + 3 &= 7 \quad &| -3 \\ 2x &= 4 \quad &| :2 \\ x &= 2 \end{aligned}$$

b)
$$\begin{aligned} -3x + 2 &= 8 \quad &| -2 \\ -3x &= 6 \quad &| :(-3) \\ x &= -2 \end{aligned}$$

c)
$$\begin{aligned} -x + 3 &= 2 \quad &| -3 \\ -x &= -1 \\ x &= 1 \end{aligned}$$

d)
$$\begin{aligned} -4x - 6 &= 14 \quad &| +6 \\ -4x &= 20 \quad &| :(-4) \\ x &= -5 \end{aligned}$$

Aufgabe 12

a)
$$\begin{aligned} -\tfrac{2}{3}x + 1 &= -3 \quad &| -1 \\ -\tfrac{2}{3}x &= -4 \quad &| \cdot\left(-\tfrac{3}{2}\right) \\ x &= 6 \end{aligned}$$

b)
$$\begin{aligned} -\tfrac{1}{2}x - 5 &= -6{,}5 \quad &| +5 \\ -\tfrac{1}{2}x &= -1{,}5 \quad &| \cdot(-2) \\ x &= 3 \end{aligned}$$

c)
$$\begin{aligned} -\tfrac{2}{3}x - \tfrac{1}{6} &= -\tfrac{1}{2} \quad &| +\tfrac{1}{6} \\ -\tfrac{2}{3}x &= -\tfrac{1}{3} \quad &| \cdot\left(-\tfrac{3}{2}\right) \\ x &= \tfrac{1}{2} \end{aligned}$$

d)
$$\begin{aligned} -\tfrac{1}{3}x - 2{,}5 &= 0{,}5 \quad &| +2{,}5 \\ -\tfrac{1}{3}x &= 3 \quad &| \cdot(-3) \\ x &= -9 \end{aligned}$$

Aufgabe 13

a) $x = 3$

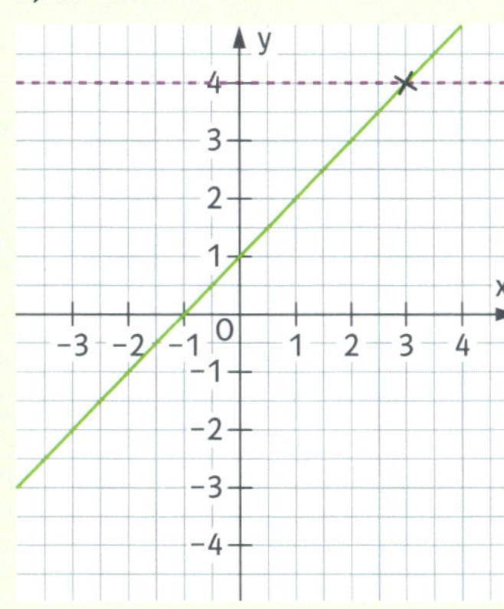

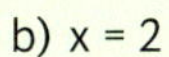

b) $x = 2$

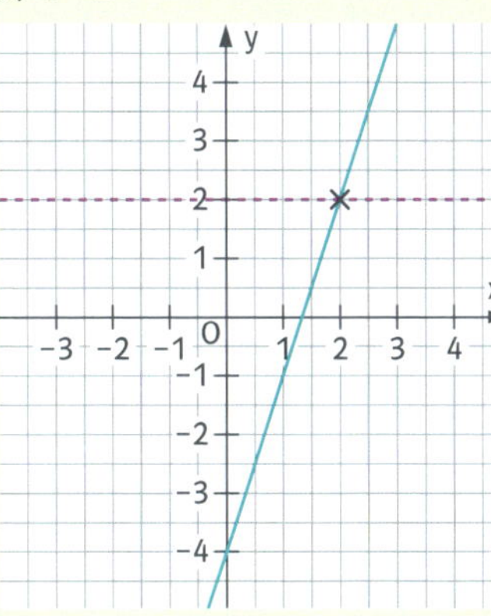

c) $x = 3$

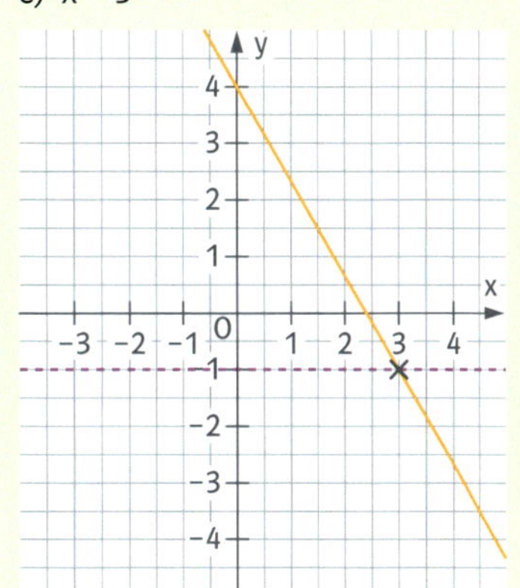

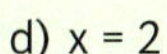

d) $x = 2$

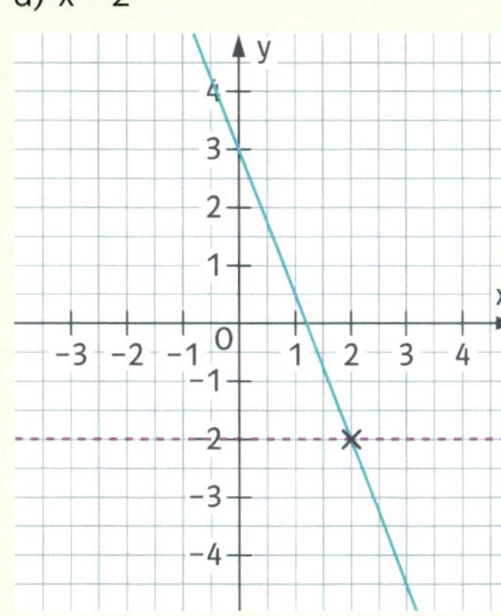

e) $x = 6$

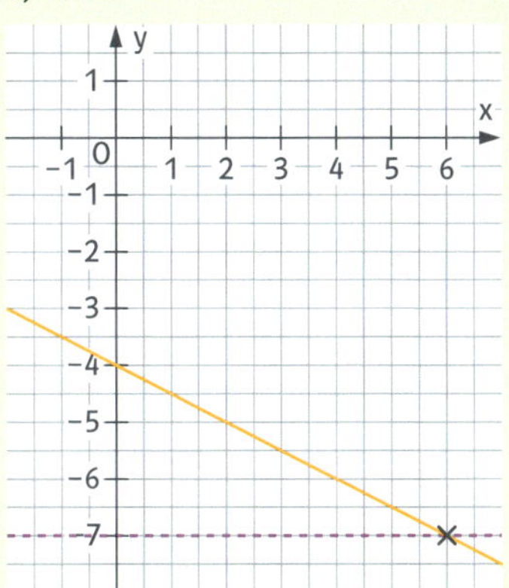

f) $x = 1$

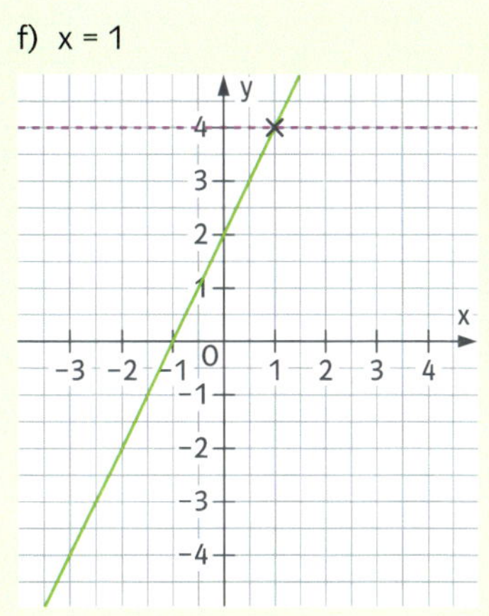

Aufgabe 14

a) $2x - 1 = 2$
$x = 1{,}5$

b) $-x + 1 = -1$
$x = 2$

Aufgabe 15

a) $m = -1{,}5$
$f(3) = -1{,}5 \cdot 3 + c = 9{,}5 \quad | +4{,}5$
$c = 14$
$f(x) = -1{,}5x + 14;$ x in Stunden, f(x) in cm

b) Die Kerze war ursprünglich 14 cm hoch.

c) $-1{,}5x + 14 = 0 \quad | -14$
$-1{,}5x = -14 \quad | \cdot\left(-\frac{2}{3}\right)$
$x = \frac{28}{3}$
$\frac{28}{3}\,\text{h} = \frac{28}{3} \cdot 60\,\text{min} = 560\,\text{min} = 9\,\text{h}\ 20\,\text{min}$
Die Nullstelle gibt an, wann die Kerze ganz abgebrannt ist.

Aufgabe 16

$f(x) = 0{,}18x + 24;$ x in km, f(x) in €

a) $f(58) = 0{,}18 \cdot 58 + 24 = 34{,}44$
Die Fahrt kostet 34,44 €.

b) $f(92{,}5) = 0{,}18 \cdot 92{,}5 + 24 = 40{,}65$
Ein Tag mit 92,5 km kostet 40,65 €.

Aufgabe 17

a) $y = 1{,}8x + 32;$ x in °C, y in °F
b) $1{,}8 \cdot 0 + 32 = 32$
Der Gefrierpunkt reinen Wassers beträgt also 32 °F.
c) $100 = 1{,}8x + 32$
$68 = 1{,}8x;$ also $x = 68 : 1{,}8 \approx 37{,}8$
100 °F entspricht also etwa 37,8 °C.

Aufgabe 18

Die Gleichung $y = 150 - 0{,}25x$ (x in s, y in mm^3) beschreibt den Vorgang.
a) $75 = 150 - 0{,}25x$
$-75 = -0{,}25x;$ also $x = 300$
Nach $300\,\text{s} = 5\,\text{min}$ ist die Hälfte des Sandes durchgerieselt.
b) $150 - 0{,}25x = 0$
$150 = 0{,}25x;$ also $x = 600$
Nach $600\,\text{s} = 10\,\text{min}$ ist der ganze Sand hindurchgerieselt.

Aufgabe 19

a) Aufstellen der Geradengleichung durch P(50 | 8,6) und Q(100 | 10,2):

$m = \frac{10{,}2 - 8{,}6}{100 - 50} = \frac{1{,}6}{50} = 0{,}032$

$8{,}6 = 0{,}032 \cdot 50 + c$, also $c = 7$

$y = 0{,}032x + 7$; x Masse in g und y Länge der Feder in cm

Punktprobe ✓

b) Der y-Achsenabschnitt ist 7. Er gibt die Länge der Feder in cm ohne Gewicht an.

c)

Masse in g	50	100	250	300	**725**
Länge in cm	8,6	10,2	15	**16,6**	30,2

Aufgabe 20

a) $y = \frac{1}{2}x - 2$

b) $y = 4x - 6$

c) $y = 3x - 3$

d) $y = 2x - 2$

e) $y = 3x - 1$

f) $y = -\frac{1}{2}x - \frac{1}{2}$

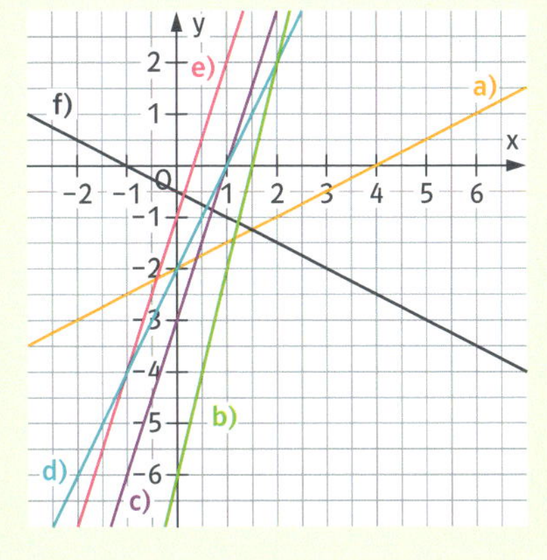

Aufgabe 21

a) $y = 2x + 3$

b) $y = \frac{1}{2}x - 1$

c) $y = x + 2$

d) $y = x - 2$

e) $y = \frac{1}{3}x + 2$

f) $y = -x$

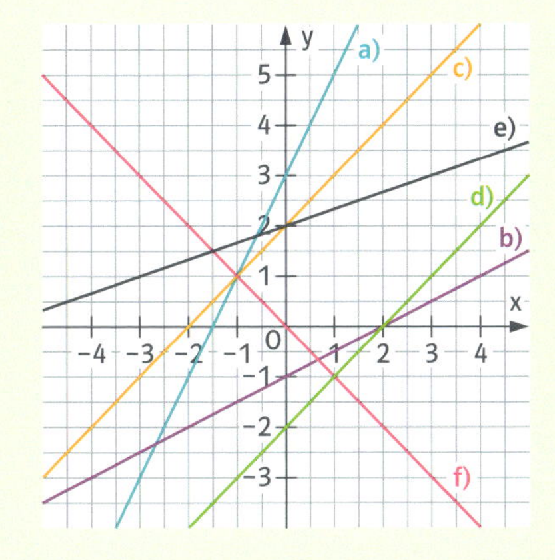

Aufgabe 22

a) $y = -x + 2$

b) $y = 3x + 2$

c) $y = 2x - 3$

d) $y = \frac{2}{5}x$

e) $y = -x + 3$

f) $y = -\frac{1}{2}x - 3$

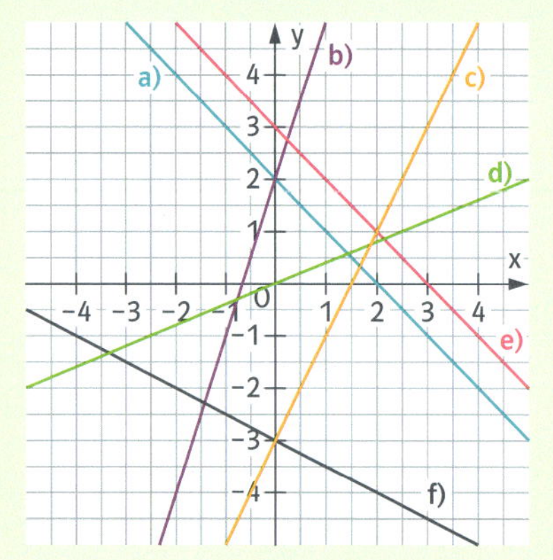

Aufgabe 23

① a)
② b)
③ c)

Aufgabe 24

Überprüfe deine Lösungen selbst. Mögliche Beispiele:

a) $(0; -5)$, $(2{,}5; 0)$, $(1; -3)$

b) $\left(0; -\frac{1}{2}\right)$, $(-1; 0)$, $(1; -1)$

c) $\left(0; -\frac{6}{5}\right)$, $\left(\frac{3}{2}; 0\right)$, $\left(1; -\frac{2}{5}\right)$

Aufgabe 25

a)
$$-6 \cdot 1 + 2y = 2 \quad | +6$$
$$2y = 8 \quad | :2$$
$$y = 4$$
$(1; 4)$

b)
$$-6x + 2 \cdot 2 = 2 \quad | -4$$
$$-6x = -2 \quad | :(-6)$$
$$x = \frac{2}{6} = \frac{1}{3}$$
$\left(\frac{1}{3}; 2\right)$

c)
$$-6 \cdot (-2) + 2y = 2 \quad | -12$$
$$2y = -10 \quad | :2$$
$$y = 5$$
$(-2; 5)$

d) $\left(-\frac{1}{3}; 0\right)$

e) $\left(\frac{1}{2}; 2{,}5\right)$

f) $\left(-\frac{11}{3}; -10\right)$

Aufgabe 26

a) $3x - 2y = 12$ ☒ $(2; -3)$ ☐ $(-3; 2)$ ☒ $(4; 0)$ ☒ $(1; -4{,}5)$

b) $\frac{1}{2}x - 3y = 8$ ☒ $(-2; -3)$ ☐ $(4; 0)$ ☒ $\left(8; -\frac{4}{3}\right)$ ☐ $(3; -0{,}5)$

Aufgabe 27

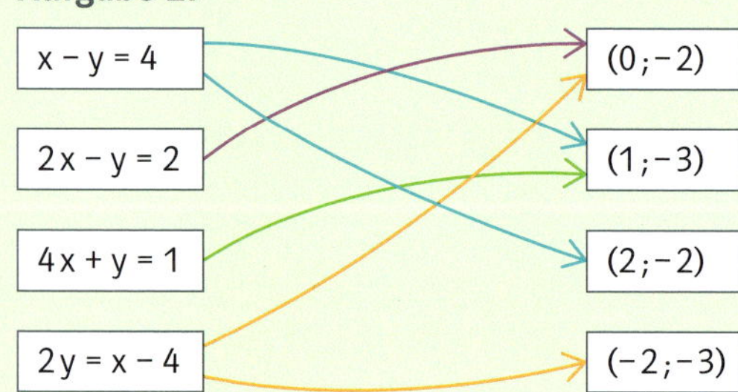

Aufgabe 28

Gleichung	Steigung m	y-Achsenabschnitt	Nullstelle
$x + 2y = 6$	$-\frac{1}{2}$	3	$x_0 = 6$
$3x - 5y = 2$	$\frac{3}{5}$	$-\frac{2}{5}$	$x_0 = \frac{2}{3}$
$-8x - 2y = -6$	-4	3	$x_0 = \frac{3}{4} = 0{,}75$
$2x + 3y = 9$	$-\frac{2}{3}$	3	$x_0 = \frac{9}{2} = 4{,}5$
$-5x - 20y = -15$	$-\frac{1}{4}$	$\frac{3}{4}$	$x_0 = 3$

Nullstelle bedeutet $y = 0$.

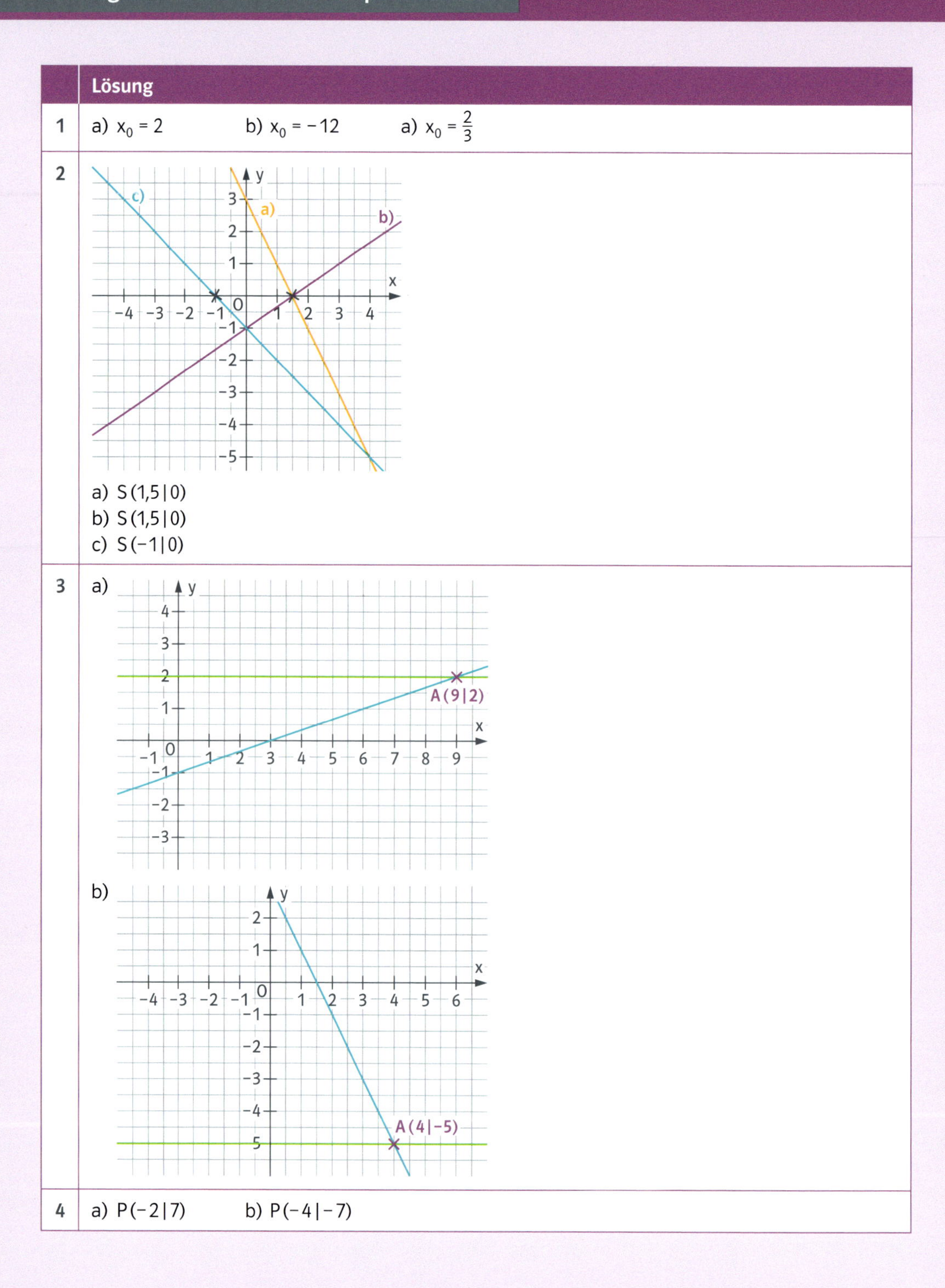

	Lösung		
1	a) $x_0 = 2$	b) $x_0 = -12$	a) $x_0 = \frac{2}{3}$
2	a) S (1,5 | 0) b) S (1,5 | 0) c) S (−1 | 0)		
3	a) A (9 | 2) b) A (4 | −5)		
4	a) P (−2 | 7)	b) P (−4 | −7)	

	Lösung
5	a) $f(x) = 15x + 30$; x in min, f(x) in l Der y-Achsenabschnitt gibt an, wie viel Wasser zu Beginn schon im Tank ist. b) Nach 16 min sind 270 l im Tank. c) Es passen maximal 600 l in den Tank.
6	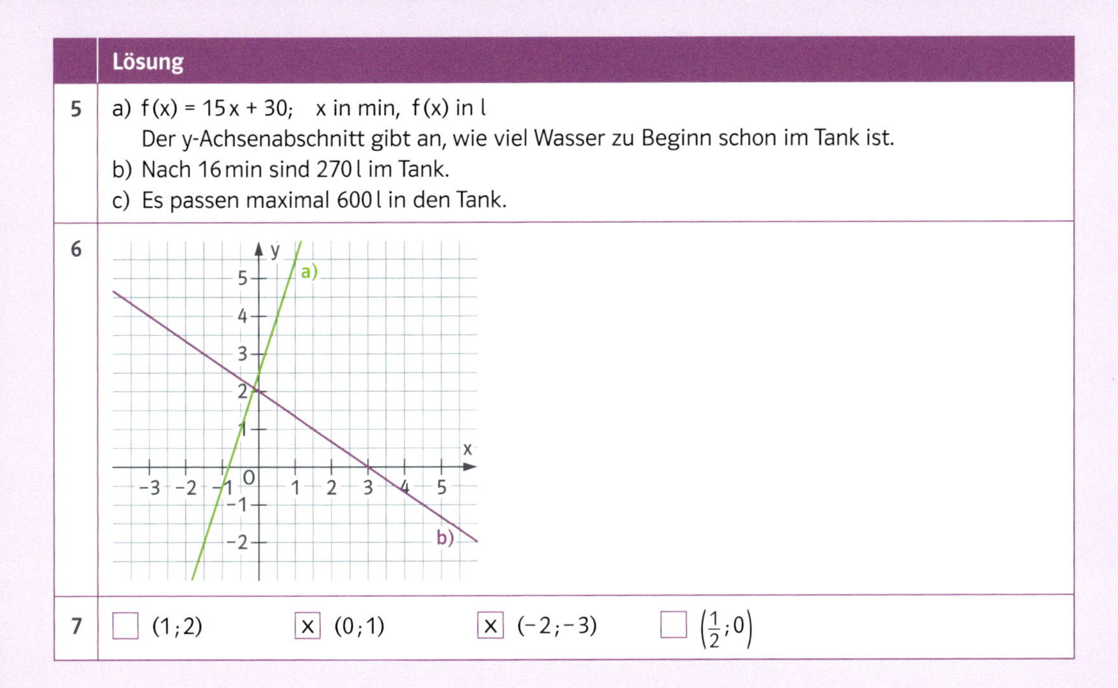
7	☐ (1; 2) ☒ (0; 1) ☒ (−2; −3) ☐ $\left(\frac{1}{2}; 0\right)$

3 Lagebeziehungen von Geraden – Lineare Gleichungssysteme

Kompetenzcheck
Lineare Gleichungssysteme grafisch lösen

Aufgabe 1

a)

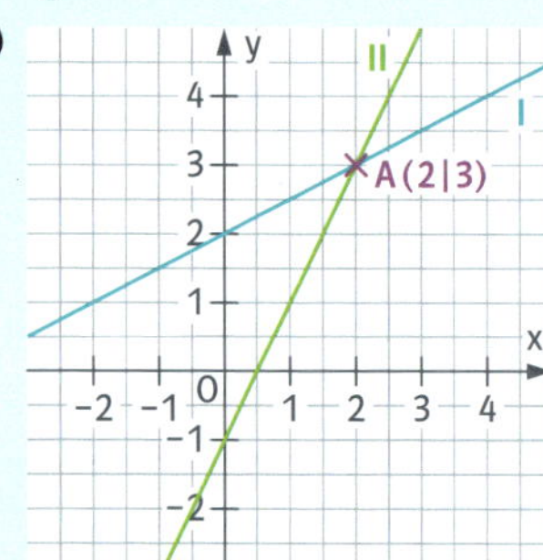

b)

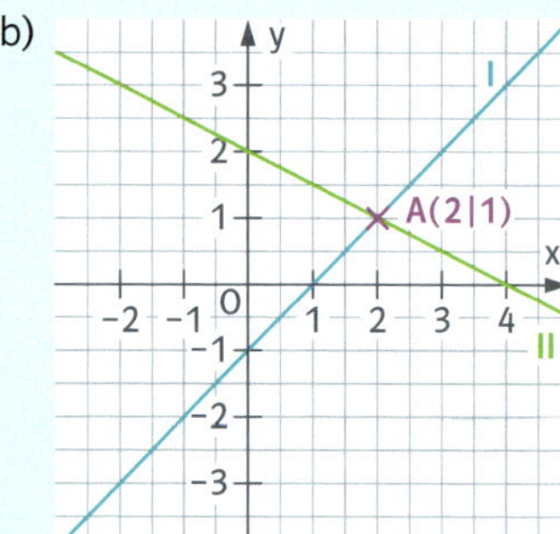

Aufgabe 2

a) $y = -\frac{3}{2}x + 4$

$y = x - 1$

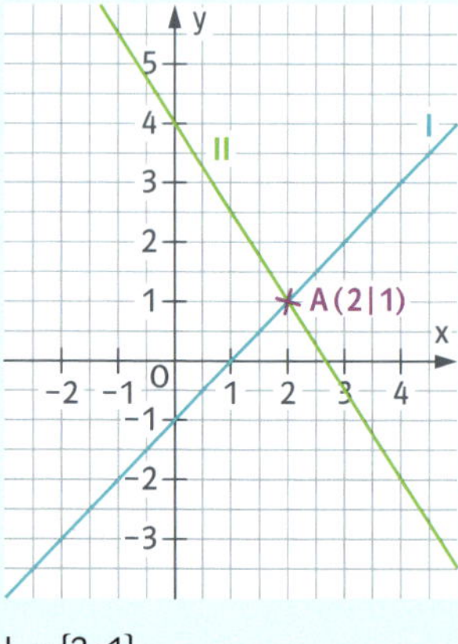

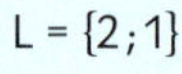

L = {2;1}

b) $y = 2x - 5$

$y = 2x + 3$

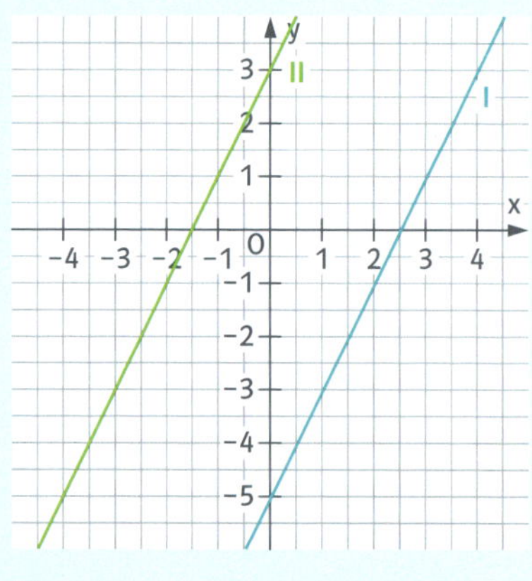

Die beiden Geraden sind parallel.

L = { }

c) $y = \frac{3}{2}x + \frac{3}{2}$

$y = \frac{3}{2}x + \frac{3}{2}$

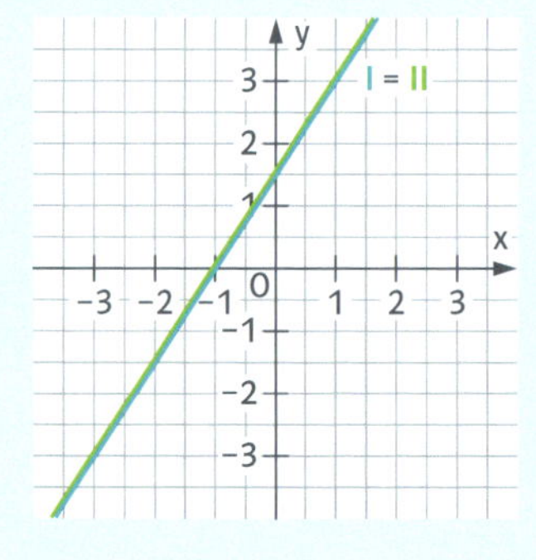

Die beiden Geraden sind identisch.

$L = \left\{(x;y) \,\middle|\, y = \frac{3}{2}x + \frac{3}{2}\right\}$

Aufgabe 3

a) $y = \frac{3}{2}x - 1$

$y = \frac{3}{2}x + 3$

$L = \{\ \}$

b) $y = -2x - 1$

$y = x + 2$

$S(-1|1)$

$L = \{-1; 13\}$

Kompetenzcheck
Ein LGS rechnerisch lösen – das Gleichsetzungsverfahren

Aufgabe 1

a)
$$\begin{aligned} x - 3 &= -3x + 5 \quad &&|+3x \\ 4x - 3 &= 5 &&|+3 \\ 4x &= 8 &&|:4 \\ x &= 2 \\ y &= 2 - 3 = -1 \end{aligned}$$
also $L = \{(2; -1)\}$

b)
$$\begin{aligned} 4x + y &= 3 \\ y &= -4x + 3 \\ y &= -4x - 1 \\ -4x + 3 &= -4x - 1 \quad &&|+4x \\ 3 &= -1 \end{aligned}$$
$L = \{\ \}$

c)
$$\begin{aligned} -2y + 6 &= y + 9 \quad &&|+2y \\ 6 &= 3y + 9 &&|-9 \\ -3 &= 3y &&|:3 \\ -1 &= y \\ 4x &= -1 + 9 = 8 &&|:4 \\ x &= 2 \end{aligned}$$
$L = \{(2; -1)\}$

Kompetenzcheck
Ein LGS rechnerisch lösen – das Einsetzungsverfahren

Aufgabe 1

a)
$$\begin{aligned} 2\cdot(-3x + 5) - 2x &= 6 \\ -6x + 10 - 2x &= 6 \quad &&|-10 \\ -8x &= -4 &&|:(-8) \\ x &= \tfrac{1}{2} \\ y &= -3\cdot\tfrac{1}{2} + 5 = \tfrac{7}{2} \end{aligned}$$
$L = \left\{\left(\frac{1}{2}; \frac{7}{2}\right)\right\}$

b)
$$\begin{aligned} y &= -4x - 1 \\ 8x + 2\cdot(-4x - 1) &= 6 \\ 8x - 8x - 2 &= 6 \\ -2 &= 6 \end{aligned}$$
$L = \{\ \}$

c)
$$\begin{aligned} y + 9 + 2y &= 6 \quad &&|-9 \\ 3y &= -3 &&|:3 \\ y &= -1 \\ 4x &= -1 + 9 = 8 &&|:4 \\ x &= 2 \end{aligned}$$
$L = \{(2; -1)\}$

Kompetenzcheck
Ein LGS rechnerisch lösen – das Additionsverfahren

Aufgabe 1

a)
$$\begin{aligned} x + 3y &= 2 \quad | \cdot(-4) \\ 4x + 2y &= -2 \\ \hline -4x - 12y &= -8 \\ 4x + 2y &= -2 \\ -10y &= -10, \text{ also } y = 1 \\ 4x + 2 &= -2, \text{ also } x = -1 \end{aligned}$$
$L = \{(-1;1)\}$

b)
$$\begin{aligned} 8x + 2y &= 6 \\ 4x + y &= -1 \quad | \cdot(-2) \\ \hline 8x + 2y &= 6 \\ -8x - 2y &= 2 \\ \hline 0 &= 8 \end{aligned}$$
$L = \{\ \}$

c)
$$\begin{aligned} 3x + 4y &= 5 \quad | \cdot(-2) \\ 2x + 3y &= 3 \quad | \cdot 3 \\ \hline -6x - 8y &= -10 \\ 6x + 9y &= 9 \\ \hline y &= -1 \\ 6x - 9 &= 9 \\ 6x &= 18 \quad | : 6 \\ x &= 3 \end{aligned}$$
$L = \{(3;-1)\}$

Aufgabe 2

a)
$$\begin{aligned} 2x - 4y &= -3 \quad | : 2 \\ -3x + 6y &= 4{,}5 \quad | : 3 \\ \hline x - 2y &= -\tfrac{3}{2} \\ -x + 2y &= 1{,}5 \\ \hline 0 &= 0 \end{aligned}$$
$L = \{(x;y) \mid 2x - 4y = -3\}$

b)
$$\begin{aligned} x - 2y &= -3 \\ y &= -2x + 4 \\ x - 2(-2x + 4) &= -3 \\ x + 4x - 8 &= -3 \\ 5x &= 5 \\ x &= 1 \\ y &= -2 + 4 = 2 \end{aligned}$$
$L = \{(1;2)\}$

c)
$$\begin{aligned} x + 2y &= 3 \\ -x - 2y &= -4 \\ \hline 0 &= -1 \end{aligned}$$
$L = \{\ \}$

Kompetenzcheck
Modellieren mit linearen Gleichungssystemen

Aufgabe 1

☐ $x - y = 38$; $x - 1 + y + 1 = 0$

☒ $x + y = 38$; $x - 1 = y + 1$

☐ $x + y = 38$; $x + 1 = y - 1$

Aufgabe 2

erste Zahl: 33; zweite Zahl: 19

$$\begin{aligned} x + y &= 52 \\ x - y &= 14 \\ \hline 2x &= 66 \\ x &= 33 \\ 33 - y &= 14 \\ 19 &= y \end{aligned}$$

Aufgabe 1

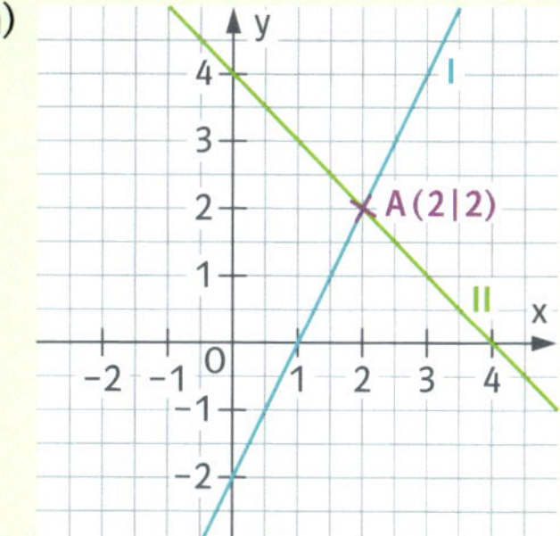

b)

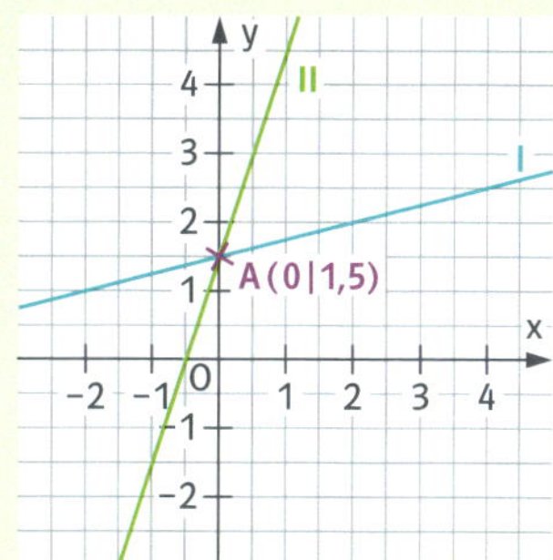

Aufgabe 2

a) $L = \{(1{,}5; 2{,}5)\}$

b) $L = \{(-2; 2)\}$

c) $L = \{\ \}$

d) $L = \left\{(x;y) \,\middle|\, y = \frac{1}{2}x + 2\right\}$

Aufgabe 3

a) I $y = 2x + 0{,}5$
II $y = 2x - 1{,}5$
$L = \{\ \}$

b) I $y = 3x - 2$
II $y = 3x - 2$
$L = \{(x;y) \mid y = 3x - 2\}$

c) I $y = x - 0{,}5$
II $y = \frac{3}{2}x$
$L = \{(-1; -1{,}5)\}$

d) I $y = \frac{2}{3}x - 1$
II $y = -\frac{3}{2}x - 1$
$L = \{(0; -1)\}$

Aufgabe 4

a) ① $L = \{\ \}$

b) ② $L = \{(x;y) \mid y = -3x + 2\}$

c) ③ $L = \{(1; 0)\}$

d) ④ $L = \{(5; 4)\}$

Aufgabe 5

a)

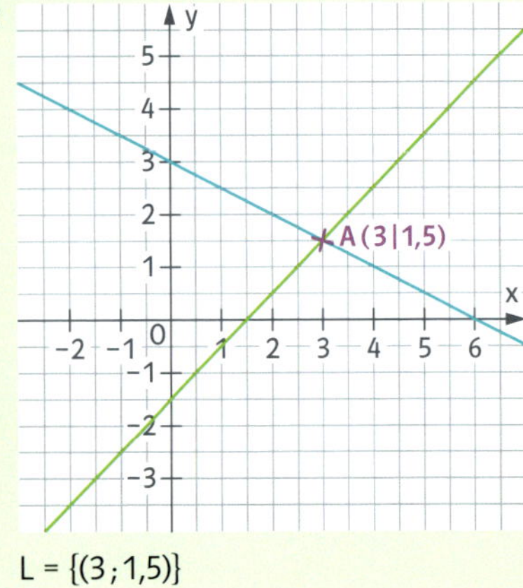

$L = \{(3;1{,}5)\}$

b)

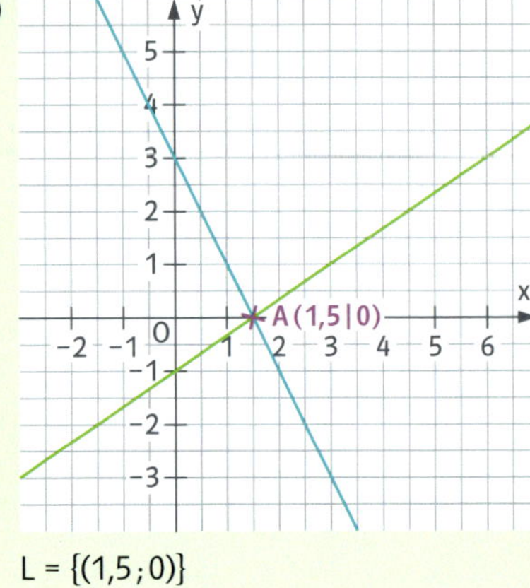

$L = \{(1{,}5;0)\}$

c)

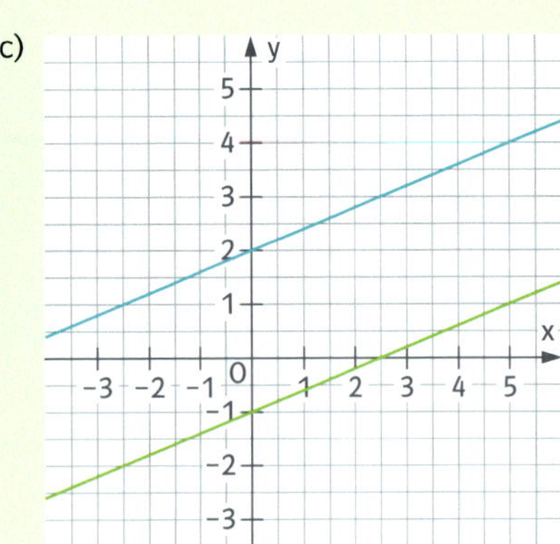

$L = \{\ \}$

d)

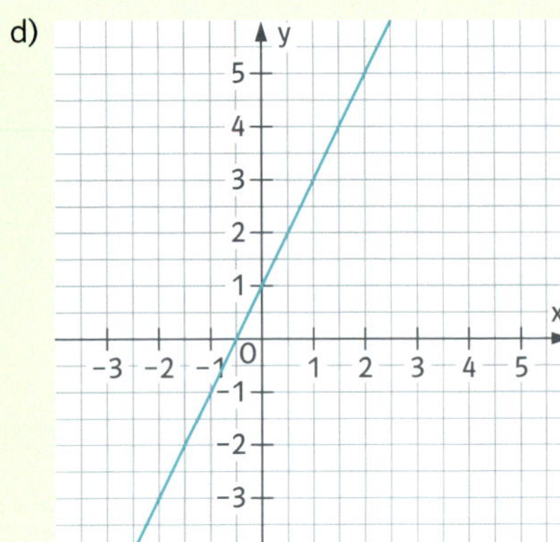

$L = \{(x;y) \mid y = 2x + 1\}$

e)

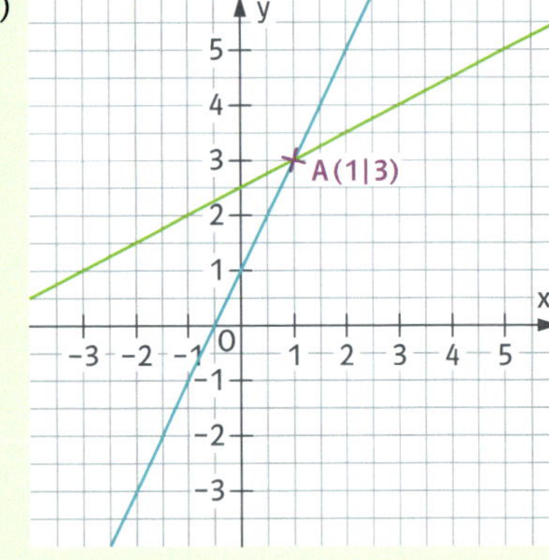

$L = \{(1;3)\}$

f)

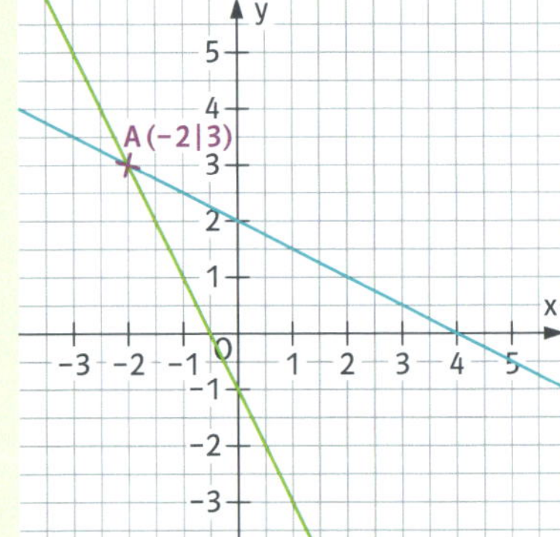

$L = \{(-2;3)\}$

Aufgabe 6

a)

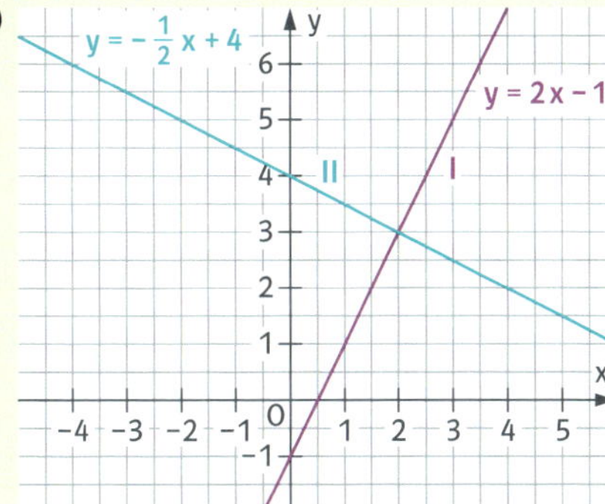

L = {(2 ; 3)}

b)

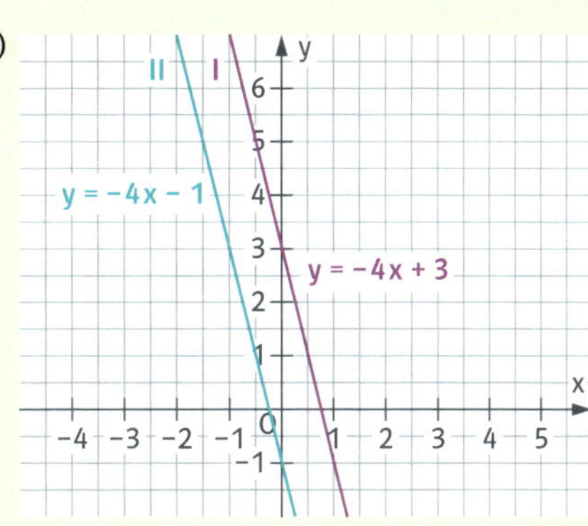

L = { }

c)

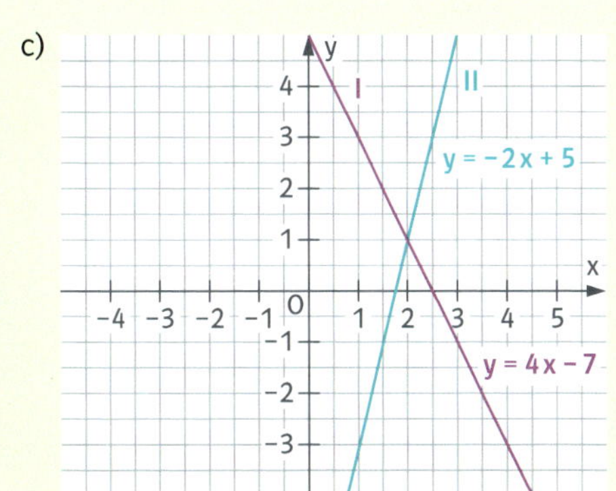

L = {(2 ; 1)}

d)

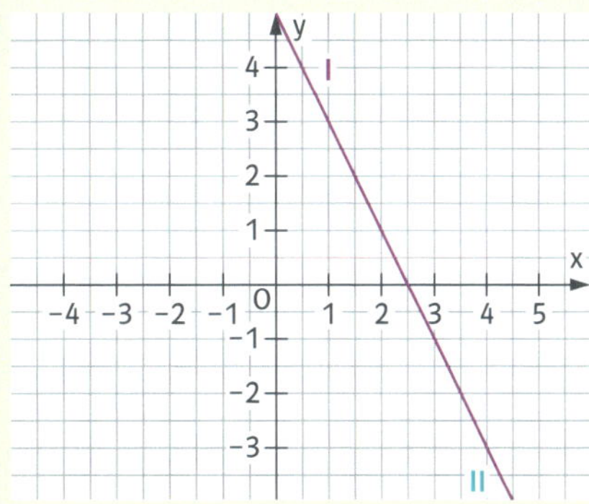

L = {(x ; y) | y = −2x + 5}

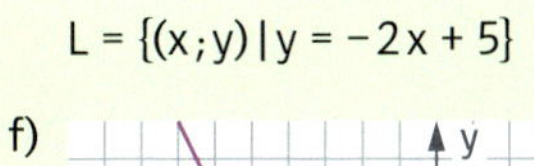

e)

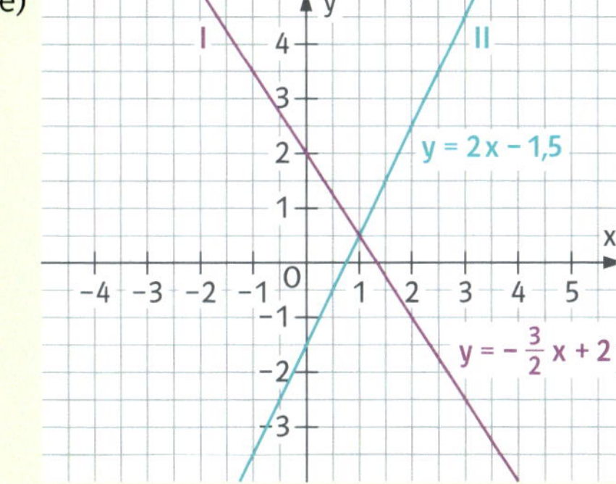

L = {(1 ; 0,5)}

f)

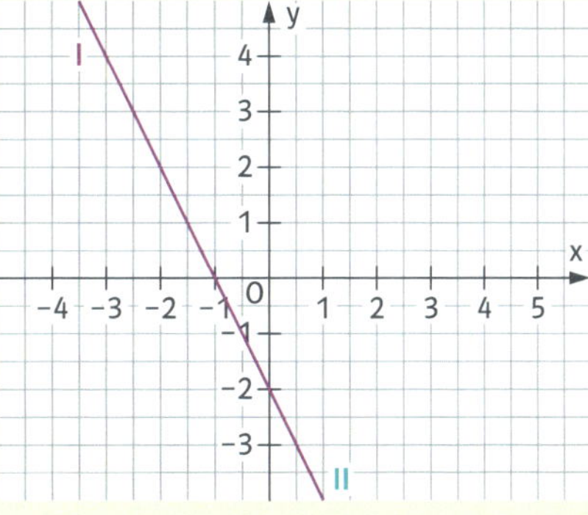

L = {(x ; y) | y = −2x − 2}

Aufgabe 7

a) $y = 3x + 2$
$y = 3x - 2$

b) $y - 4x = 2$
$y = 4x - 4$

c) $2x + y = 4$
$3y = -6x - 1$

d) $\frac{2}{3}x - 2y = 6$
$6y = 2x - 1$

Aufgabe 8

a) $-x + 4 = 2x - 5 \quad | +x$
$4 = 3x - 5 \quad | +5$
$9 = 3x \quad | :3$
$3 = x$
$y = -3 + 4 = 1$
$L = \{(3;1)\}$

b) $-3y + 4 = -2y + 3 \quad | +3y$
$4 = y + 3 \quad | -3$
$1 = y$
$x = -3 + 4 = 1$
$L = \{(1;1)\}$

c) $y = x - 1$
$y = -\frac{1}{2}x + 5$
$x - 1 = -\frac{1}{2}x + 5 \quad | +\frac{1}{2}x$
$\frac{3}{2}x - 1 = 5 \quad | +1$
$\frac{3}{2}x = 6 \quad | \cdot\frac{2}{3}$
$x = 4$
$y = 4 - 1 = 3$
$L = \{(4;3)\}$

Aufgabe 9

a) $4x - 2 = -x + 8 \quad | +x$
$5x - 2 = 8 \quad | +2$
$5x = 10 \quad | :5$
$x = 2$
$2y = -2 + 8 = 6$
$y = 3$
$L = \{(2;3)\}$

b) $-y + 3 = -y - 1 \quad | +y$
$3 = -1$
$L = \{\ \}$

c) $2y = -3x + 4$
$2y = 4x - 3$
$-3x + 4 = 4x - 3 \quad | +3x$
$4 = 7x - 3 \quad | +3$
$7 = 7x \quad | :7$
$1 = x$
$2y = -3 + 4 = 1 \quad | :2$
$y = \frac{1}{2}$
$L = \left\{\left(1;\frac{1}{2}\right)\right\}$

Aufgabe 10

a) $6x = -2y + 16$
$6x = 3y - 9$
$-2y + 16 = 3y - 9 \quad | +2y$
$16 = 5y - 9 \quad | +9$
$25 = 5y \quad | :5$
$5 = y$
$6x = -10 + 16 = 6 \quad | :6$
$x = 1$
$L = \{(1;5)\}$

b) $2x = y - 1$
$2x = -2y + 8$
$y - 1 = -2y + 8 \quad | +2y$
$3y - 1 = 8 \quad | +1$
$3y = 9 \quad | :3$
$y = 3$
$2x = 3 - 1 = 2 \quad | :2$
$x = 1$
$L = \{(1;3)\}$

c) $5x - y = 2$
$y = 5x - 4$
$y = 5x - 2$
$5x - 4 = 5x - 2 \quad | -5x$
$-4 = -2$
$L = \{\ \}$

d) $x - 2y = -3$
$-x + 3y = 5$
$x = 2y - 3$
$x = 3y - 5$
$2y - 3 = 3y - 5 \quad | -2y$
$-3 = y - 5 \quad | +5$
$2 = y$
$x - 4 = -3 \quad | +4$
$x = 1$
$L = \{(1;2)\}$

Aufgabe 11

a) $-x + (2x - 4) = -4 \quad | +4$

$x = 0$

$y = -4$

$L = \{(0; -4)\}$

b) $4y + 2(-3y + 4) = 6$

$4y - 6y + 8 = 6 \quad | -8$

$-2y = -2 \quad | : (-2)$

$y = 1$

$x = -3 + 4 = 1$

$L = \{(1; 1)\}$

c) $y = -\frac{1}{2}x + 5$

$2x - 2\left(-\frac{1}{2}x + 5\right) = 2$

$2x \quad + x - 10 = 2 \quad | +10$

$3x = 12 \quad | : 3$

$x = 4$

$y = -2 + 5 = 3$

$L = \{(4; 3)\}$

Aufgabe 12

a) $x + (4x - 2) = 8 \quad | +2$

$5x = 10 \quad | : 5$

$x = 2$

$2y = 4 \cdot 2 - 2$

$2y = 6 \quad | : 2$

$y = 3$

$L = \{(2; 3)\}$

b) $(4y - 4) + 6y = 6 \quad | +4$

$10y = 10 \quad | : 10$

$y = 1$

$2x = 4 - 4 = 0$

$x = 0$

$L = \{(0; 1)\}$

c) $3x + (4x - 3) = 4 \quad | +3$

$7x = 7 \quad | : 7$

$x = 1$

$2y = 4 - 3 = 1 \quad | : 2$

$y = \frac{1}{2}$

$L = \left\{\left(1; \frac{1}{2}\right)\right\}$

Aufgabe 13

a) $2x + 2(2x + 1) = 8$

$2x + 4x + 2 = 8 \quad | -2$

$6x = 6$

$x = 1$

$y = 2 + 1 = 3$

$L = \{(1; 3)\}$

b) $6x = 3y - 9$

$(3y - 9) + 2y = 16 \quad | +9$

$5y = 25 \quad | : 5$

$y = 5$

$6x + 10 = 16 \quad | -10$

$6x = 6 \quad | : 6$

$x = 1$

$L = \{(1; 5)\}$

c) $y = 5x - 2$

$10x - 2(5x - 2) = 4$

$10x - 10x + 4 = 4$

$0 = 0$

$L = \{(x; y) \mid y = 5x - 2\}$

d) $x - 2y = -3$

$x = 3y - 5$

$3y - 5 - 2y = -3$

$y = 2$

$2x - 8 = -6$

$x = 1$

$L = \{(1; 2)\}$

Aufgabe 14

a) I $4x + 2y = 6$
II $8x - 2y = 18$
Auflösen von I nach y:
alles richtig ✓
Setze I in II ein:
II $8x - 2y = 18$
$8x - 2 \cdot \mathbf{3 - 2x} = 18$
hier fehlt die Klammer!
richtig: $8x - 2 \cdot (3x - 2) = 18$

b) I $4x + 2y = 6$
II $8x - 2y = 18$
Auflösen von I nach y:
I $4x + 2y = 6 \quad |:2$
$2x + y = \mathbf{6} \quad |-2x$
rechte Seite wurde nicht durch 2 dividiert!
$y = 6 - 2x$ richtig: $2x + y = 3$
Setze I in II ein:
weiter richtig ✓
$x = \frac{30}{12} = \frac{5}{2} = 2{,}5$
$\mathbf{y = 1}$
$L = \{(\mathbf{1};\mathbf{2{,}5})\}$ richtig: $L = \{(2{,}5;1)\}$
x und y vertauscht!

Aufgabe 15

a)
$-x + y = -4$
$-2x + y = -3 \quad |\cdot(-1)$
$-x + y = -4$
$2x - y = 3$
$x = -1$
$-2 - y = 3$
$y = -5$
$L = \{(-1; -5)\}$

b)
$x + 3y = 4 \quad |\cdot(-2)$
$2x + 4y = 6$
$-2x - 6y = -8$
$2x + 4y = 6$
$-2y = -2$, also $y = 1$
$2x + 4 = 6$
$2x = 2$
$x = 1$
$L = \{(1;1)\}$

c)
$2x - 2y = 2$
$\frac{1}{2}x + y = 5 \quad |\cdot 2$
$2x - 2y = 2$
$x + 2y = 10$
$3x = 12$
$x = 4$
$2 + y = 5$
$y = 3$
$L = \{(4;3)\}$

Aufgabe 16

a)
$$\begin{aligned} -4x + 2y &= -2 \quad | \cdot(-1) \\ x + 2y &= 8 \\ \hline 4x - 2y &= 2 \\ x + 2y &= 8 \\ \hline 5x &= 10 \\ x &= 2 \\ 2 + 2y &= 8 \\ 2y &= 6 \\ y &= 3 \end{aligned}$$
$L = \{(2;3)\}$

b)
$$\begin{aligned} 2x + 6y &= -6 \\ x - 4y &= 4 \quad | \cdot(-2) \\ \hline 2x + 6y &= -6 \\ -2x + 8y &= -8 \\ \hline 14y &= -14 \\ y &= -1 \\ x + 4 &= 4 \\ x &= 0 \end{aligned}$$
$L = \{(0;-1)\}$

c)
$$\begin{aligned} 3x + 2y &= 4 \\ -2x + y &= -1{,}5 \quad | \cdot(-2) \\ \hline 3x + 2y &= 4 \\ 4x - 2y &= 3 \\ \hline 7x &= 7 \\ x &= 1 \\ -2 + y &= -1{,}5 \\ y &= 0{,}5 \end{aligned}$$
$L = \left\{\left(1;\frac{1}{2}\right)\right\}$

d)
$$\begin{aligned} -6x + y &= 8 \quad | \cdot(-1) \\ 10x + y &= 40 \\ \hline 6x - y &= -8 \\ 10x + y &= 40 \\ \hline 16x &= 32 \\ x &= 2 \\ 20 + y &= 40 \\ y &= 20 \end{aligned}$$
$L = \{(2;20)\}$

e)
$$\begin{aligned} 3x - 5y &= -35 \\ -x - 9y &= 1 \quad | \cdot 3 \\ \hline 3x - 5y &= -35 \\ -3x - 27y &= 3 \\ \hline -32y &= -32 \\ y &= 1 \\ -x - 9 &= 1 \\ x &= -10 \end{aligned}$$
$L = \{(-10;1)\}$

f)
$$\begin{aligned} 6x + 2y &= 16 \\ -6x + 3y &= 9 \\ \hline 5y &= 25 \\ y &= 5 \\ -6x + 15 &= 9 \\ -6x &= -6 \\ x &= 1 \end{aligned}$$
$L = \{(1;5)\}$

Aufgabe 17

a)
$$\begin{aligned} y &= 2x + 1 \\ 2x + 2y &= 8 \end{aligned}$$
$$\begin{aligned} -2x + y &= 1 \\ 2x + 2y &= 8 \\ \hline 3y &= 9 \\ y &= 3 \\ 2x + 6 &= 8 \\ 2x &= 2 \\ x &= 1 \end{aligned}$$
$L = \{(1;3)\}$

b)
$$\begin{aligned} 3x + 5y &= -1 \quad | \cdot(-4) \\ 4x - 3y &= 18 \quad | \cdot 3 \\ \hline -12x - 20y &= 4 \\ 12x - 9y &= 54 \\ \hline -29y &= 58 \\ y &= -2 \\ 4x + 6 &= 18 \\ 4x &= 12 \\ x &= 3 \end{aligned}$$
$L = \{(3;-2)\}$

c)
$$\begin{aligned} 10x - 2y &= 4 \\ 5x - y &= 2 \quad | \cdot(-2) \\ \hline 10x - 2y &= 4 \\ -10x + 2y &= -4 \\ \hline 0 &= 0 \end{aligned}$$
$L = \{(x;y) \mid 10x - 2y = 4\}$

d)
$$\begin{aligned} 2x - 4y &= -6 \quad | \cdot 3 \\ -3x + 9y &= 5 \quad | \cdot 2 \\ \hline 6x - 12y &= -18 \\ -6x + 18y &= 10 \\ \hline 6y &= -8 \\ y &= -\frac{4}{3} \\ -3x + 9 \cdot \left(-\frac{4}{3}\right) &= 5 \\ -3x - 12 &= 5 \\ -3x &= 17 \\ x &= -\frac{17}{3} \end{aligned}$$
$L = \left\{\left(-\frac{17}{3}; -\frac{4}{3}\right)\right\}$

e)
$$\begin{aligned} 4x - 5y &= 0 \quad | \cdot(-7) \\ 7x - 9y &= 1 \quad | \cdot 4 \\ \hline -28x + 35y &= 0 \\ 28x - 36y &= 4 \\ \hline -y &= 4 \quad \rightarrow \quad y = -4 \\ 7x + 36 &= 1 \\ 7x &= -35 \\ x &= -5 \end{aligned}$$
$L = \{(-5; -4)\}$

f)
$$\begin{aligned} x - 4y &= 1 \\ -\frac{1}{2}x + 2y &= -\frac{1}{2} \quad | \cdot 2 \\ \hline x - 4y &= 1 \\ -x + 4y &= -1 \\ \hline 0 &= 0 \end{aligned}$$
$L = \{(x;y) \mid x - 4y = 1\}$

Aufgabe 18

LGS	Gleichsetzungs-verfahren	Einsetzungs-verfahren	Additions-verfahren	Begründung
$5x = 7y + 4$ $5x = -8y + 49$	☒	☐	☐	In beiden Gleichungen steht 5x auf der linken Seite.
$2x + y = 5$ $-2x + y = 3$	☐	☐	☒	Die Koeffizienten vor x sind Gegenzahlen.
$3x + 2y = 5$ $x = 3 - y$	☐	☒	☐	x steht isoliert in der zweiten Gleichung.
$3x - 2y = 7$ $-3x + 2y = -2$	☐	☐	☒	Die Koeffizienten vor x sind Gegenzahlen.
$-x - y = 9$ $x + 2y = 5$	☐	☐	☒	Die Koeffizienten vor x sind Gegenzahlen.

Aufgabe 19

a) $L = \{(-1;2)\}$
b) $L = \{(x;y) \mid y = 4x - 8\}$
c) $L = \{\ \}$
d) $L = \{(-1;1)\}$
e) $L = \{(0;-1)\}$
f) $L = \left\{(x;y) \mid y = -\frac{1}{4}x + \frac{3}{4}\right\}$

Aufgabe 20

① c); ② a); ③ b)

Aufgabe 21

x: erste Zahl; y: zweite Zahl

$$\begin{array}{ll} \text{I} & x + y = 72 \\ \text{II} & x = y + 12 \end{array}$$

$$x + y = 72$$
$$x - y = 12$$
$$2x = 84 \quad | :2$$
$$x = 42$$
$$42 = y + 12 \quad | -12$$
$$30 = y$$

Die beiden Zahlen sind 42 und 30.

Aufgabe 22

x: erste Zahl; y: zweite Zahl

$$\begin{array}{ll} \text{I} & x + y = 55 \\ \text{II} & 2x = 3y \\ \hline & x + y = 55 \quad | \cdot(-2) \\ & 2x - 3y = 0 \\ \hline & -2x - 2y = -110 \\ & 2x - 3y = 0 \\ \hline & -5y = -110 \quad | :(-5) \\ & y = 22 \\ & 2x = 3 \cdot 22 \quad | : 2 \\ & x = 33 \end{array}$$

Die beiden Zahlen sind 33 und 22.

Aufgabe 23

x: Einerziffer; y: Zehnerziffer

$$\begin{array}{l} x + y = 9 \\ 3x + y = 13 \\ \hline 2x = 4 \quad | : 2 \\ x = 2 \\ 2 + y = 9 \quad | -2 \\ y = 7 \end{array}$$

Die Zahl lautet 72.

Aufgabe 24

x: Frau Batke heute; y: Tochter hetue

$$\begin{array}{l} x + y = 50 \\ x - 5 = 3(y - 5) \\ \hline x + y = 50 \\ x - 5 = 3y - 15 \\ \hline x + y = 50 \\ x - 3y = -10 \\ \hline 4y = 60 \\ y = 15 \\ x + 15 = 50 \\ x = 35 \end{array}$$

Frau Batke ist 35 Jahre alt,
ihre Tochter ist 15 Jahre alt.

Aufgabe 25

x: Daniel; y: Lukas

$$\begin{aligned} x - 5 &= y \\ x + 10 &= 2y \\ \hline x + 10 &= 2(x - 5) \\ x + 10 &= 2x - 10 \\ 20 &= x \\ 20 - 5 &= y \\ 15 &= y \end{aligned}$$

Daniel ist 20 Jahre, Lukas 15 Jahre alt.

Aufgabe 26

x: Till; y: Steffi

$$\begin{aligned} x + y &= 19 \\ (x + 1) &= 2(y + 1) \\ \hline x + y &= 19 \\ x + 1 &= 2y + 2 \\ \hline x &= 19 - y \\ x &= 2y + 1 \\ 19 - y &= 2y + 1 \\ 18 &= 3y \\ 6 &= y \\ x + 6 &= 19 \\ x &= 13 \end{aligned}$$

Till ist 13 Jahre, Steffi ist 6 Jahre alt.

Aufgabe 27

x: Länge; y: Breite

$$\begin{aligned} 2x + 2y &= 160 \\ x &= y + 30 \\ \hline 2(y + 30) + 2y &= 160 \\ 2y + 60 + 2y &= 160 \\ 4y &= 100 \\ y &= 25 \\ x &= 25 + 30 = 55 \end{aligned}$$

Das Rechteck ist 55 cm lang und 25 cm breit.

Aufgabe 28

x: Länge; y: Breite

$$
\begin{aligned}
\text{I} \quad 2x + 2y &= 160 \\
x + y &= 80 \\
\text{II} \quad (x-5)(y+5) &= xy + 75 \\
xy + 5x - 5y - 25 &= xy + 75 \\
5x - 5y &= 100 \\
\underline{x - y} &\underline{= 20} \\
x + y &= 80 \\
\underline{x - y} &\underline{= 20} \\
2x &= 100 \\
\mathbf{x} &\mathbf{= 50} \\
\mathbf{y} &\mathbf{= 30}
\end{aligned}
$$

Das Grundstück ist 50 m lang und 30 m breit.

Aufgabe 29

Anzahl 4-er-Zimmer: x; Anzahl 6-er-Zimmer: y

I $\quad x + y + 1 = 17$
II $\quad 4x + 6y + 2 = 86$
Lösung: $\mathbf{x = 6}$, $\mathbf{y = 10}$

Es gibt also 6 4-Bett-Zimmer
und 10 6-Bett-Zimmer.

Aufgabe 30

Anzahl Taschen Jasmin: x; Anzahl Taschen Jonas: y

I $\quad y - 1 = x + 1$
II $\quad 2 \cdot (x - 1) = y + 1$
Lösung: $\mathbf{x = 5}$, $\mathbf{y = 7}$

Jasmin trägt also 5 Einkaufstaschen,
Jonas 7.

Aufgabe 31

Anzahl 1-€-Stücke: x; Anzahl 50-ct-Stücke: y

I $\quad x + 0{,}5y = 20$
II $\quad x = y + 5$
Lösung: $\mathbf{x = 15}$, $\mathbf{y = 10}$

Max hat den 20-Euro-Schein in 15 1-€-Stücke und 10 50-ct-Stücke gewechselt.

Lösungen zum Abschlusskompetenzcheck

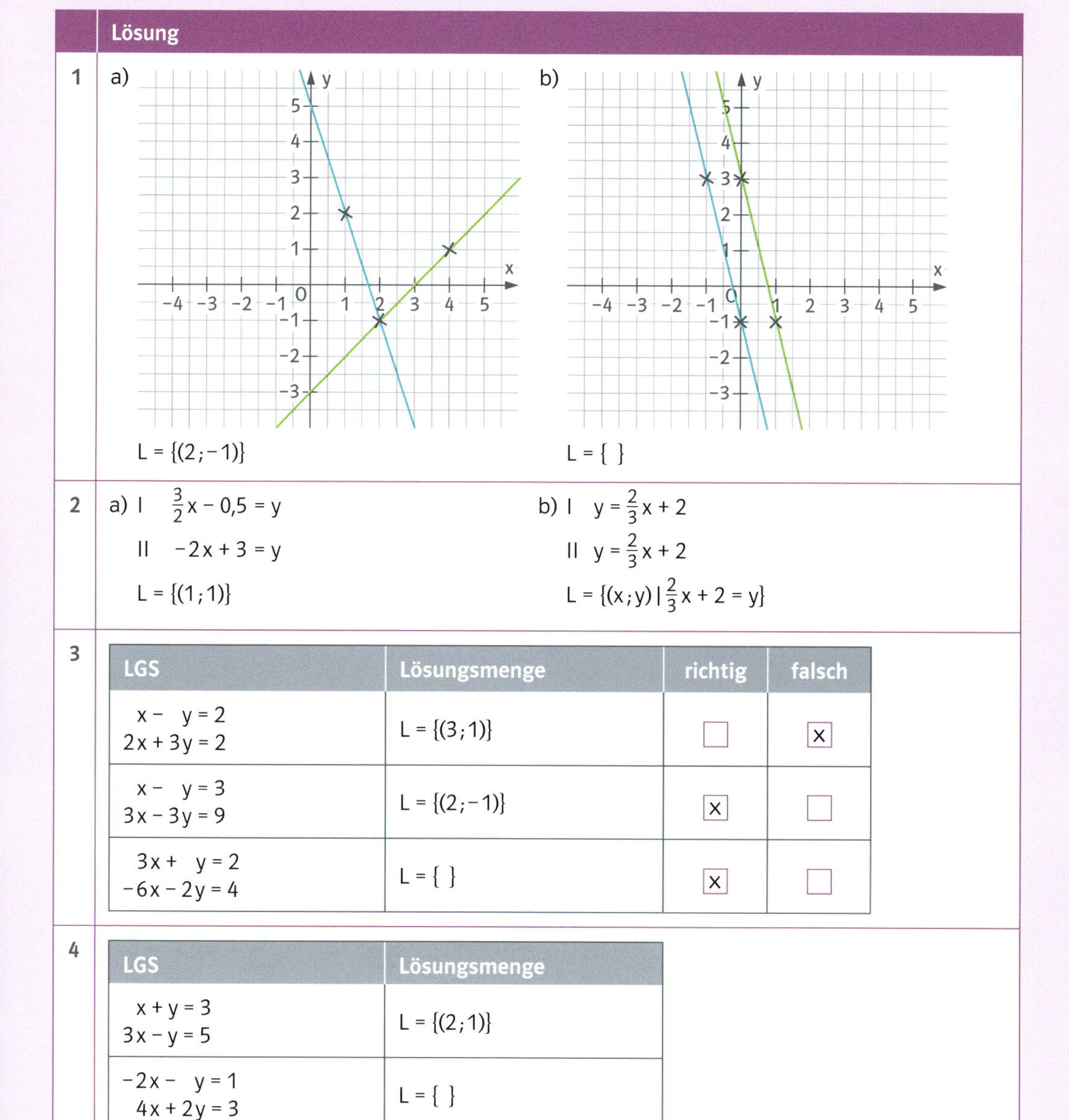

	Lösung
1	a) $L = \{(2; -1)\}$ b) $L = \{\,\}$
2	a) I $\frac{3}{2}x - 0{,}5 = y$ II $-2x + 3 = y$ $L = \{(1; 1)\}$ b) I $y = \frac{2}{3}x + 2$ II $y = \frac{2}{3}x + 2$ $L = \{(x; y) \mid \frac{2}{3}x + 2 = y\}$
3	siehe Tabelle unten
4	siehe Tabelle unten

3

LGS	Lösungsmenge	richtig	falsch
$x - y = 2$ $2x + 3y = 2$	$L = \{(3; 1)\}$	☐	☒
$x - y = 3$ $3x - 3y = 9$	$L = \{(2; -1)\}$	☒	☐
$3x + y = 2$ $-6x - 2y = 4$	$L = \{\,\}$	☒	☐

4

LGS	Lösungsmenge
$x + y = 3$ $3x - y = 5$	$L = \{(2; 1)\}$
$-2x - y = 1$ $4x + 2y = 3$	$L = \{\,\}$
$3x + 12y = 9$ $5x + 20y = 15$	$L = \{(x; y) \mid x + 4y = 3\}$
$2x + 5y = 16$ $-4x - 2y = -16$	$L = \{(3; 2)\}$

	Lösung						
5	$4x + y = 9$ $\square\, x + \frac{1}{2}y = 1{,}5$	$L = \{\ \}$	☐ −4	☐ −2	☐ 0	☐ 1	☒ 2
	$2x + y = 5$ $4x + \square\, y = 7$	$L = \{(1;3)\}$	☐ −4	☐ −2	☐ 0	☒ 1	☐ 2
	$4x + 3y = 1$ $4x + \square\, y = -14$	$L = \{(-2;3)\}$	☐ −4	☒ −2	☐ 0	☐ 1	☐ 2
6	☐ $x + y = 2$ $x - \frac{1}{2}y = 10$	☒ $y - x = 2$ $x - \frac{1}{2}x = 5$	☐ $x - y = 2$ $(x - 10) + y = 2$				
7	erste Zahl: 49 zweite Zahl: 32						

4 Verschiedene Lösungsverfahren für quadratische Gleichungen

Kompetenzcheck
Reinquadratische Gleichungen

Aufgabe 1

Gleichung	nicht quadratisch	rein-quadratisch	gemischt-quadratisch
$x^2 - 48 = 0$	☐	☒	☐
$3x - 1 = 4$	☒	☐	☐
$(x-1)^2 + 5 = 4$	☐	☐	☒
$4x^2 = \frac{1}{2}x$	☐	☐	☒
$2x^2 = x^3 - x$	☒	☐	☐

Aufgabe 2

a) $x^2 = 49$
$L = \{-7; 7\}$

b) $-x^2 - 9 = 0$
$L = \{\ \}$

c) $2x^2 - 32 = 0$
$L = \{-4; 4\}$

d) $4x^2 - 1 = 15$
$L = \{-2; 2\}$

Aufgabe 3

Gleichung	keine Lösung	eine Lösung	zwei Lösungen
$x^2 = -4$	☒	☐	☐
$4x^2 = 9$	☐	☐	☒
$-4x^2 + 1 = 0$	☐	☐	☒
$x^2 - 1 = -1$	☐	☒	☐

Kompetenzcheck
Gemischtquadratische Gleichungen der Form $ax^2 + bx + c = 0$ bzw. $x^2 + px + q = 0$

Aufgabe 1

a) $a = 2;\ b = 2;\ c = \frac{1}{2}$

b) $a = 1;\ b = -1;\ c = 1$

c) $a = -3;\ b = -18;\ c = -29$

Aufgabe 2

a) $p = -2;\ q = 1$

b) $p = 10;\ q = 9$

c) $p = -2;\ q = -8$

Aufgabe 3

a) $L = \{-1; 4\}$

b) $L = \{1; 7\}$

c) $L = \{-1\}$

Aufgabe 4

Gleichung	keine Lösung	eine Lösung	zwei Lösungen	
$x^2 - 2x + 8 = 0$	☒	☐	☐	$L = \{\ \}$
$x^2 + 4x + 7 = 0$	☒	☐	☐	$L = \{\ \}$
$2x^2 - 6x + 4 = 0$	☐	☐	☒	$L = \{1; 2\}$
$2x^2 - 3x + 1 = 0$	☐	☐	☒	$L = \{1; 0{,}5\}$

Kompetenzcheck
Spezialfall – gemischtquadratische Gleichungen der Form $ax^2 + bx = 0$

Aufgabe 1

a) $L = \{0; 1\}$ b) $L = \left\{0; \frac{2}{3}\right\}$ c) $L = \left\{-\frac{1}{4}; 0\right\}$

Aufgabe 2

Gleichung	Wurzel ziehen	Lösungsformel	Satz vom Nullprodukt
$x^2 - 4x = 0$	☐	☐	☒
$3x^2 = 6$	☒	☐	☐
$5x^2 - 8x + 3 = 0$	☐	☒	☐
$4x^2 = 4x$	☐	☐	☒

Aufgabe 3

a) $L = \{-2; 2\}$ b) $L = \{1; 4\}$ c) $L = \left\{0; -\frac{2}{7}\right\}$

Kompetenzcheck
Modellieren mit quadratischen Gleichungen

Aufgabe 1

x: eine Zahl

$\frac{1}{2}x \cdot 3x = 96$

Die gesuchte Zahl ist −8 oder 8.

Aufgabe 2

eine Seite: x

$$x \cdot (x - 5) = 500$$
$$x^2 - 5x - 500 = 0$$
$$x = 25$$

Eine Seite ist 25 m, die andere 20 m lang.

Aufgabe 1

Gleichung	nicht quadratisch	rein-quadratisch	gemischt-quadratisch	es kommen vor:
$3x^2 = 4x$	☐	☐	☒	x^2, x
$x^2 = 64$	☐	☒	☐	nur x^2
$10 = 1 - 3x + x^2$	☐	☐	☒	x^2, x, Zahlen
$4x = 6$	☒	☐	☐	nur x
$(x-3)^2 = 5$	☐	☐	☒	x^2, x, Zahlen
$x^2 = 2 - x^3$	☒	☐	☐	x^3

Aufgabe 2

a) $a = -1;\ b = 3;\ c = -5$

b) $3x^2 - 4x + 5 = 0$
$a = 3;\ b = -4;\ c = 5$

c) $a = 2;\ b = 1;\ c = 0$

d) $5x^2 - 3x + 11 = 0$
$a = 5;\ b = -3;\ c = 11$

e) $x^2 + 8x + 16 - 3 = 0$
$x^2 + 8x + 13 = 0$
$a = 1;\ b = 8;\ c = 13$

f) $3x^2 - 4x + 1 = 0$
$a = 3;\ b = -4;\ c = 1$

Aufgabe 3

	Zahl unter der Wurzel	keine Lösung	eine Lösung	zwei Lösungen
$x^2 + 2 = 0$	−2	☒	☐	☐
$3x^2 = 48$	16	☐	☐	☒
$-5x^2 + 5 = 0$	1	☐	☐	☒
$2x^2 = 0$	0	☐	☒	☐
$-2x^2 = -8$	4	☐	☐	☒

Aufgabe 4

a) $x = 0$
$L = \{0\}$

b) $x^2 = \frac{1}{4}$
$x_1 = -\frac{1}{2};\ x_2 = \frac{1}{2}$
$L = \left\{-\frac{1}{2}; \frac{1}{2}\right\}$

c) $x^2 = -2$
$L = \{\ \}$

d) $x^2 = 36$
$L = \{-6; 6\}$

Aufgabe 5

a) $\frac{1}{5}x^2 = 5$
$x^2 = 25$
$L = \{-5; 5\}$

b) $x^2 = \frac{16}{9}$
$L = \left\{-\frac{4}{3}; \frac{4}{3}\right\}$

c) $3x^2 = 6$
$x^2 = 2$
$L = \{-\sqrt{2}; \sqrt{2}\}$

d) $2x^2 = 32$
$x^2 = 16$
$L = \{-4; 4\}$

Aufgabe 6

Gleichung	Diskriminante	keine Lösung	eine Lösung	zwei Lösungen
$x^2 - 2x + 1 = 0$	$\left(-\frac{2}{2}\right)^2 - 1 = 0$	☐	☒	☐
$x^2 - x + 1 = 0$	$\left(-\frac{1}{2}\right)^2 - 1 = -\frac{3}{4}$	☒	☐	☐
$x^2 + 10x + 9 = 0$	$5^2 - 9 = 16$	☐	☐	☒
$x^2 - \frac{1}{2}x - \frac{1}{2} = 0$	$\left(-\frac{1}{2}\right)^2 - 4\cdot\left(-\frac{1}{2}\right) = 2\frac{1}{4}$	☐	☐	☒

Aufgabe 7

Gleichung	Diskriminante	keine Lösung	eine Lösung	zwei Lösungen
$3x^2 - 3x + 1 = 0$	$9 - 4\cdot3\cdot1 = -3$	☒	☐	☐
$2x^2 - 6x + 4 = 0$	$36 - 4\cdot2\cdot4 = 4$	☐	☐	☒
$-3x^2 - 18x - 27 = 0$	$324 - 4\cdot(-3)\cdot(-27) = 0$	☐	☒	☐
$-\frac{1}{2}x^2 + x + 4 = 0$	$1 - 4\cdot\left(-\frac{1}{2}\right)\cdot4 = 9$	☐	☐	☒

Aufgabe 8

a) $L = \{1\}$ b) $L = \{\ \}$ c) $L = \{-9; -1\}$ d) $L = \left(\frac{1}{2}; -1\right)$

Aufgabe 9

a) $L = \{1; 2\}$ b) $L = \{-3\}$ c) $L = \{0{,}5; 1\}$ d) $L = \{\ \}$ e) $L = \{2; -8\}$ f) $L = \{-3{,}2; 4{,}5\}$

Aufgabe 10

a) $L = \{0; 5\}$ b) $L = \{0; -1\}$ c) $L = \left\{0; -\frac{3}{2}\right\}$ d) $L = \{0; 4\}$ e) $L = \{0; -2\}$ f) $L = \{0; 3\}$

Aufgabe 11

a) $L = \{0; 4\}$ b) $L = \left\{0; -\frac{2}{3}\right\}$ c) $L = \left\{0; \frac{1}{9}\right\}$ d) $L = \{0; -5\}$

Aufgabe 12

a) $L = \{-2\}$ b) $L = \{-2; 2\}$ c) $L = \left\{0; \frac{1}{3}\right\}$ d) $L = \{-1; 5\}$

Aufgabe 13

a) $L = \{-1; 3\}$ b) $L = \{-5; -1\}$ c) $L = \{1; 5\}$ d) $L = \{\ \}$ e) $L = \{2\}$ f) $L = \{0; 3\}$

Aufgabe 14

a) $3x^2 = \quad$;	keine Lösung	☒ −2	☒ −1	☐ 0	☐ 1	☐ 2
b) $x^2 - 1 = \quad$;	zwei Lösungen	☐ −2	☐ −1	☒ 0	☒ 1	☒ 2
c) $x^2 - 2x + \quad = 0$;	genau eine Lösung	☐ −2	☐ −1	☐ 0	☒ 1	☐ 2
d) $x^2 - 2 \quad x + 4 = 0$;	genau eine Lösung	☒ −2	☐ −1	☐ 0	☐ 1	☒ 2

Aufgabe 15

x: Zahl

$x^2 + 33 = 82$

Die gesuchte Zahl ist −7 oder 7.

Aufgabe 16

x: Zahl; x + 1: Nachfolger

$x \cdot (x + 1) = x + 16$

Die gedachte Zahl lautet −4 oder 4.

Aufgabe 17

x: eine Zahl; x − 3: zweite Zahl

$x^2 + (x - 3)^2 = 29$

Die beiden Zahlen sind 5 und 2 oder −2 und −5.

Aufgabe 18

x: eine Zahl; 21 − x: zweite Zahl

$x \cdot (21 - x) = 108$

Die beiden Zahlen sind 9 und 12.

Aufgabe 19

x: eine Seite; 4x: zweite Seite

$4x^2 = 900$

Das Dreieck ist 15 cm breit und 60 cm lang.

Aufgabe 20

x: Grundseite; x – 9: Höhe

$\frac{1}{2}x \cdot (x - 9) = 180$

Das Dreieck ist 24 cm breit und 15 cm hoch.

Aufgabe 21

Seite des Quadrates: x; Flächeninhalt Quadrat: x^2; Flächeninhalt Rechteck: $170{,}1 \cdot 35$

Gleichung: $x^2 = \frac{1}{3} \cdot 170{,}1 \cdot 35$

Lösungen: 44,55 (rechnerisch wäre –44,55 auch eine Lösung, ein solches Quadrat gibt es aber nicht.)

Das quadratische Grundstück ist also 44,55 m lang.

Lösungen zum Abschlusskompetenzcheck

	Lösung

1

Gleichung	nicht quadratisch	reinquadratisch	gemischtquadratisch
$x^2 + 5x = 14$	☐	☐	☒
$2x - 7 = 0$	☒	☐	☐
$(x - 2)^2 = 0$	☐	☐	☒
$(x - 1) \cdot x = 0$	☐	☐	☒

2 a) $L = \{\ \}$ b) $L = \{-1; 1\}$ c) $L = \{0\}$

3
a) $a = 2;\ b = -6;\ c = 4$
b) $a = 1;\ b = -1;\ c = 1$
c) $a = -3;\ b = -18;\ c = -29$

4 a) $p = -2;\ q = 1$ b) $p = 10;\ q = 9$ c) $p = -2;\ q = -8$

5 a) $L = \{-2; 3\}$ b) $L = \{5; 9\}$ c) $L = \{1\}$

6 a) $L = \{0; -4\}$ b) $L = \{0; 3\}$ c) $L = \{0; 3\}$

7

Gleichung	Wurzel ziehen	Lösungsformel	Satz vom Nullprodukt	Lösung
$-x^2 + 3x = 0$	☐	☐	☒	$0; 3$
$2x^2 = 8$	☒	☐	☐	$-2; 2$
$2x^2 + 8x = -8$	☐	☒	☐	-2
$2x^2 - 2 = 7x - 7$	☐	☒	☐	$1; \frac{5}{2}$

8
a) $-2x^2 + \square = -2$; eine Lösung ☒ −2 ☐ −1 ☐ 0 ☐ 1 ☐ 2
b) $2x^2 - 2x\ \square = 0$; keine Lösung ☐ −2 ☐ −1 ☐ 0 ☒ 1 ☒ 2

9
a) Die gesuchte Zahl heißt entweder −9 oder 9.
b) Eine Seite des Quadrats ist 18 cm lang.

5 Quadratische Funktionen

Kompetenzcheck
Quadratische Funktionen mit $f(x) = x^2$ – die Normalparabel

Aufgabe 1

☒ $f(x) = -2x^2 - 3x$ ☐ $f(x) = x^2 + 4x^3$ ☒ $f(x) = x(x-1)$

Aufgabe 2

☐ A(−3 | −9) ☒ B(0,5 | 0,25) ☐ C(4 | 8)

Aufgabe 3

A(1,2 | 1,44) B(0,8 | 0,64) oder B(−0,8 | 0,64) C(−1,5 | 2,25)

Kompetenzcheck
Verschiebung in y-Richtung – Parabeln mit $y = x^2 + e$

Aufgabe 1

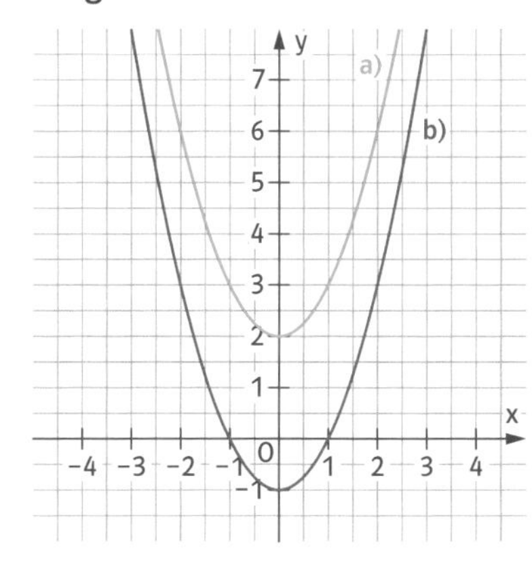

Aufgabe 2

a) $y = x^2 - 2{,}5$ b) $y = x^2 + 0{,}5$

Aufgabe 3

☐ A(−3 | −9) ☒ B(1 | −2) ☒ C(−2 | 1)

Aufgabe 4

A(1,5 | 4,25)
B(2 | 6) oder B(−2 | 6)
C(−4 | 18)

Kompetenzcheck
Verschiebung in x-Richtung – Parabeln mit $y = (x - d)^2$

Aufgabe 1

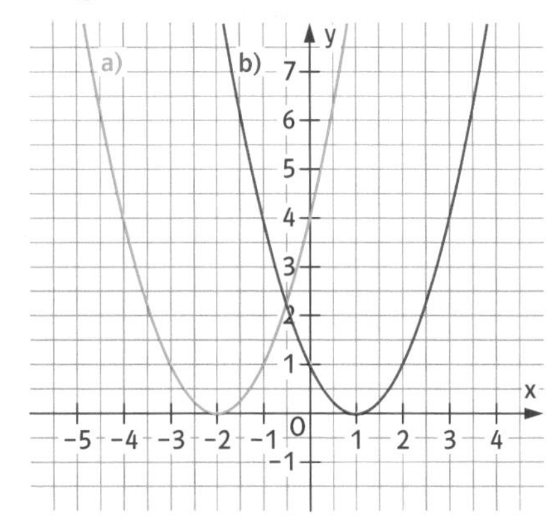

Aufgabe 2

a) $y = (x - 2{,}5)^2$ b) $y = (x + 3)^2$

Aufgabe 3

☐ A(−3 | −9) ☐ B(1 | −2) ☒ C(−2 | 1)

Aufgabe 4

A(3 | 25)
B(2 | 16) oder B(−6 | 16)
C(−4 | 4)

Kompetenzcheck
Verschiebung in x- und in y-Richtung – Parabeln mit $y = (x - d)^2 + e$

Aufgabe 1

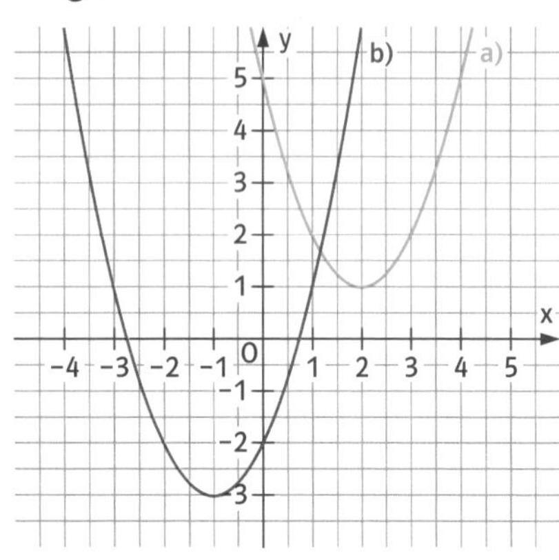

Aufgabe 2

a) $y = (x + 1)^2 + 4$
b) $y = (x - 3)^2 + 1$

Aufgabe 3

☒ A(3 | 6) ☐ B(1 | −2) ☒ C(2 | 3)

Kompetenzcheck
Strecken in y-Richtung und nach unten geöffnet – Parabeln mit $y = ax^2$

Aufgabe 1

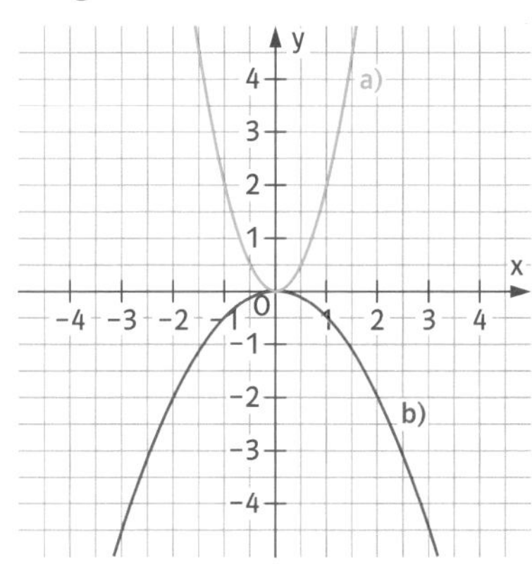

Aufgabe 2

a) $y = 3x^2$ b) $y = -1{,}5x^2$ c) $y = -\frac{1}{2}x^2$

Aufgabe 3

☐ A(−1 | −3) ☒ B(2 | 12) ☒ C(−3 | 27)

Kompetenzcheck
Verschoben, gespiegelt und gestreckt – Parabeln in Scheitelpunktform

Aufgabe 1

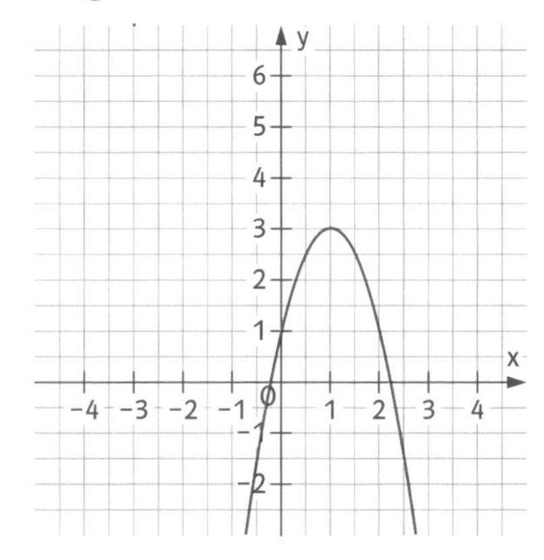

Aufgabe 2

a) $y = -\frac{1}{2}(x + 2)^2 + 4$

b) $y = 2(x - 3)^2 - 4$

Aufgabe 3

Die Normalparabel wird …

a) um 2 Einheiten nach rechts verschoben, mit dem Faktor 5 in y-Richtung gestreckt und um 10 Einheiten nach oben verschoben.

b) um 8 Einheiten nach links verschoben, mit dem Faktor $\frac{1}{3}$ in y-Richtung gestaucht, an der x-Achse gespiegelt und um 6 Einheiten nach unten verschoben.

Kompetenzcheck
Die allgemeine quadratische Funktion – Funktionen in Normalform mit $f(x) = ax^2 + bx + c$

Aufgabe 1

a) $f(x) = 2x^2 - 12x + 15$

b) $f(x) = -x^2 + 2x + 1$

Aufgabe 2

a) $f(x) = (x - 4)^2 - 1$

b) $f(x) = 2(x + 3)^2 - 4$

Kompetenzcheck
Nullstellen von quadratischen Funktionen

Aufgabe 1

a) $x_1 = -4;\ x_2 = 4$

b) $x_1 = 0;\ x_2 = 3$

c) $x_1 = -4;\ x_2 = 6$

d) keine Nullstellen

Aufgabe 2

$f(x) = (x + 2)(x - 3) = x^2 - x - 6$

Aufgabe 1

- [x] $f(x) = 3x^2 \rightarrow$ nur x^2
- [ ] $f(x) = x^3 \rightarrow x^3$
- [x] $f(x) = (x-3)^2 \rightarrow x^2$ als höchste Potenz
- [x] $f(x) = 2x^2 - 3x + 4 \rightarrow x^2$ als höchste Potenz
- [ ] $f(x) = 2x - 3 \rightarrow$ nur x
- [x] $f(x) = 1 - x^2 \rightarrow x^2$ als höchste Potenz
- [ ] $f(x) = 5 \rightarrow$ kein x^2
- [ ] $f(x) = (x-4)(x+5) = x^2 + x - 20$; $\rightarrow x^2$ als höchste Potenz

Aufgabe 2

- [ ] A(−1,5 | −2,25)
- [x] B(0,5 | 0,25)
- [x] C(2,5 | 6,25)
- [x] D(−2 | 4)
- [ ] E(−1,25 | 2,5)

Aufgabe 3

- [ ] A(−5 | −25)
- [x] $B\left(-\frac{1}{4} \middle| \frac{1}{16}\right)$
- [x] C(−1,6 | 2,56)
- [ ] D(1,5 | 1,25)

Aufgabe 4

a) A(4 | 16)
b) $B\left(-\frac{1}{2} \middle| \frac{1}{4}\right)$
c) C(−3 | 9)
d) D(1,6 | 2,56)
e) E(0 | 0)
f) F(6 | 36) oder F(−6 | 36)
g) G(0,7 | 0,49) oder G(−0,7 | 0,49)
h) $H\left(\frac{1}{3} \middle| \frac{1}{9}\right)$ oder $H\left(-\frac{1}{3} \middle| \frac{1}{9}\right)$

Aufgabe 5

Aussage	richtig	falsch
Die Normalparabel geht durch den Punkt P(2 | −4).	☐	☒
Wenn P(2,5 | 6,25) auf der Parabel liegt, dann liegt auch Q(−2,5 | 6,25) auf der Parabel.	☒	☐
Für $x < 0$ fällt die Normalparabel.	☒	☐
Wird der x-Wert vervierfacht, vervierfacht sich auch der Funktionswert.	☐	☒

Aufgabe 6

a)

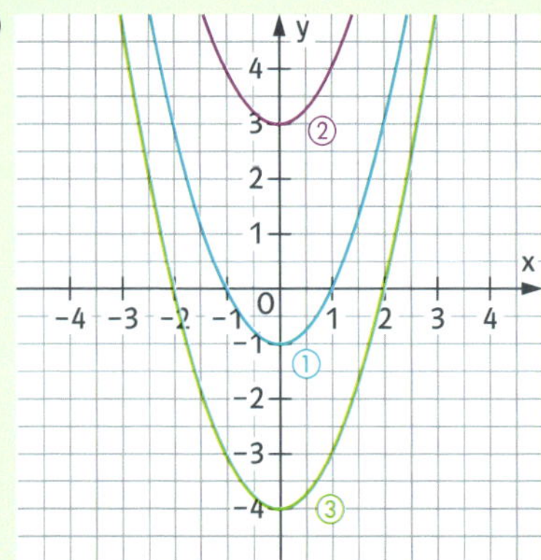

b) A liegt auf ①,
B auf ①,
C auf ③ und
D auf ①.

Aufgabe 7

Die Normalparabel wird …

a) um 0,5 Einheiten nach unten verschoben.

b) um 5 Einheiten nach oben verschoben.

c) um 3 Einheiten nach unten verschoben.

Aufgabe 8

a) $y = x^2 + 2{,}5$

b) $y = x^2 - 1$

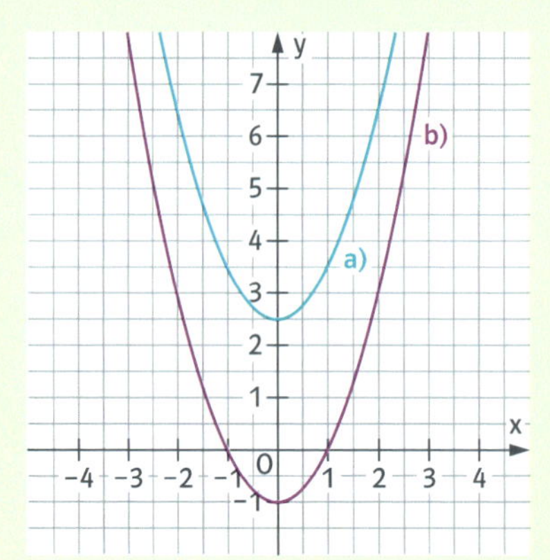

Aufgabe 9

a) $f(x) = x^2 + 2$ b) $f(x) = x^2 + 0{,}5$ c) $f(x) = x^2 - 2$ d) $f(x) = x^2 - 2{,}5$

Aufgabe 10

a) $y = x^2 + 5$; $S(0\,|\,5)$ b) $y = x^2 - 9$; $S(0\,|\,-9)$ c) $y = x^2 + 1$; $S(0\,|\,1)$

Aufgabe 11

a)

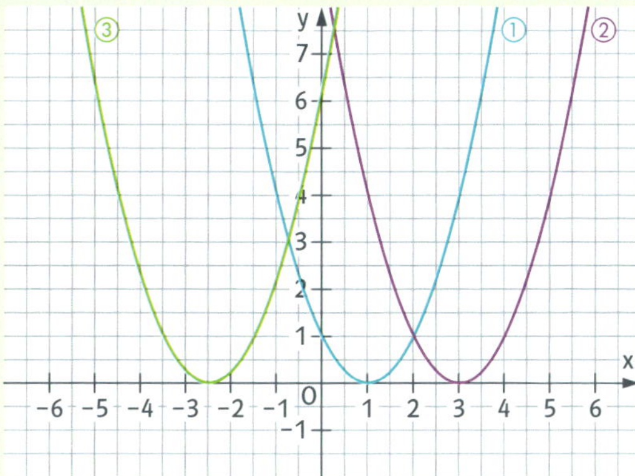

b) A liegt auf ①,
B auf ① und ②,
C auf ③ und
D auf ②.

Aufgabe 12

a) um 0,5 Einheiten nach rechts verschoben.
b) um 5 Einheiten nach links verschoben.
c) um 3 Einheiten nach rechts verschoben.

Aufgabe 13

a) $y = (x - 2{,}5)^2$
b) $y = (x + 1)^2$

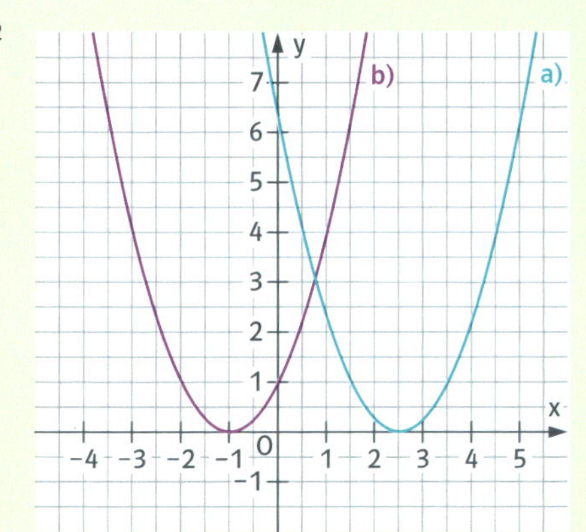

Aufgabe 14

a) $f(x) = (x + 3)^2$ b) $f(x) = (x + 1)^2$ c) $f(x) = (x - 2{,}5)^2$ d) $f(x) = (x - 4)^2$

Aufgabe 15

A(−1|16) B(−2|25) oder B(8|25) C(2|1)

Aufgabe 16

a) $y = (x + 9)^2$ b) $y = (x - 12)^2$ c) $y = (x - 5)^2$ oder $y = (x + 5)^2$

Aufgabe 17

a)

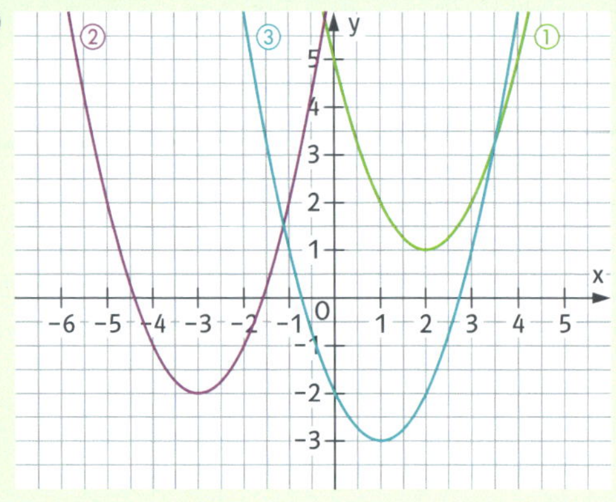

b) A liegt auf ③,
B auf ①,
C auf ② und
D auf ③.

Aufgabe 18

Die Normalparabel wird …

a) um 2,5 Einheiten nach rechts und 6 Einheiten nach oben verschoben.
b) um 5 Einheiten nach links und 4 Einheiten nach unten verschoben.
c) um 6 Einheiten nach rechts und 2 Einheiten nach unten verschoben.

Aufgabe 19

a) $y = (x - 1{,}5)^2 - 3$
b) $y = (x + 1)^2 + 3$

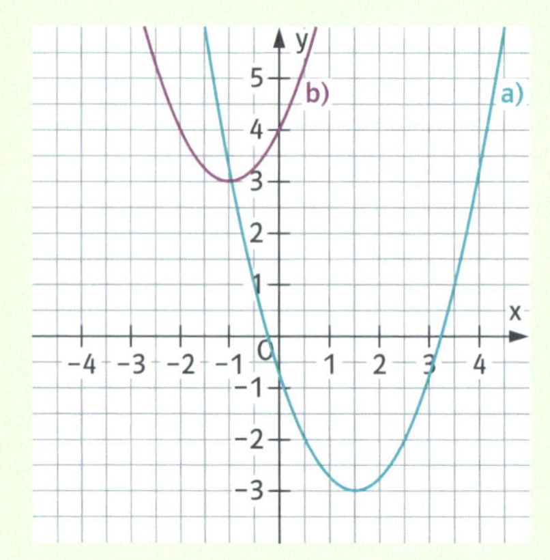

Aufgabe 20

a) $f(x) = (x + 3)^2 - 1$
b) $f(x) = (x + 2)^2 + 3$
c) $f(x) = x^2 - 3$
d) $f(x) = (x - 2)^2 - 1$
e) $f(x) = (x - 3)^2 + 2$
f) $f(x) = (x - 4)^2$

Aufgabe 21

Gleichung der Parabel	Scheitelpunkt	Verschiebung in x-Richtung	Verschiebung in y-Richtung
$y = (x+2)^2 - 6$	$S(-2\mid-6)$	2 Einheiten nach links	6 Einheiten nach unten
$y = (x-8)^2 + \frac{3}{4}$	$S\left(8\mid\frac{3}{4}\right)$	8 Einheiten nach rechts	0,75 Einheiten nach oben
$y = (x+3)^2 + 6$	$S(-3\mid6)$	3 Einheiten nach links	6 Einheiten nach oben
$y = (x+4)^2 + 10$	$S(-4\mid10)$	4 Einheiten nach links	10 Einheiten nach oben

Aufgabe 22

a) $y = \left(x + \frac{1}{2}\right)^2 + 3$ b) $y = (x-4)^2 - 1$ c) $y = (x-2)^2 - 4$ d) $y = (x+3)^2 - 5$

Aufgabe 23

a)

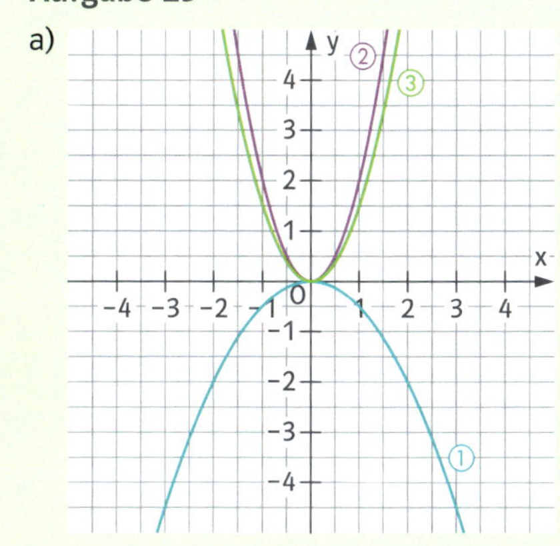

b) A liegt auf ①, ② und ③,
B auf ①,
C auf ③ und
D auf ②.

Aufgabe 24

Die Normalparabel wird …

a) mit dem Faktor 2,5 in y-Richtung gestreckt und an der x-Achse gespiegelt.

b) mit dem Faktor 5 in y-Richtung gestreckt.

c) mit dem Faktor $\frac{1}{3}$ in y-Richtung gestaucht und an der x-Achse gespiegelt.

Aufgabe 25

a) $y = -2x^2$
b) $y = \frac{1}{4}x^2$

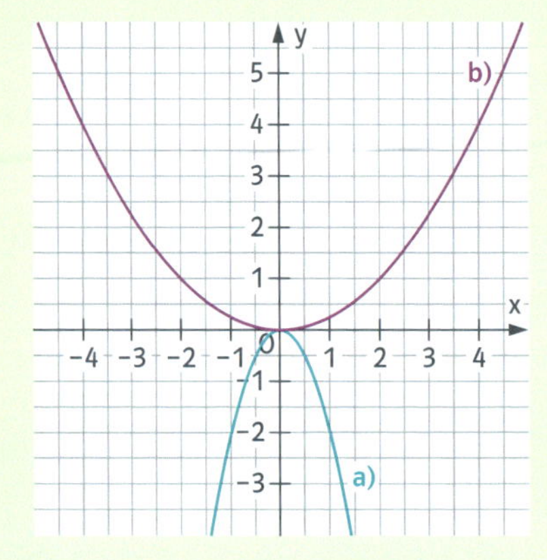

Aufgabe 26

Gleichung der Parabel	Normalparabel	gestreckt	gestaucht	nach oben geöffnet	nach unten geöffnet
$y = -4x^2$	☐	☒	☐	☐	☒
$y = \frac{3}{5}x^2$	☐	☐	☒	☒	☐
$y = -x^2$	☒	☐	☐	☐	☒
$y = \frac{4}{3}x^2$	☐	☒	☐	☒	☐
$y = -1{,}2x^2$	☐	☒	☐	☐	☒

Aufgabe 27

a) $f(x) = 4x^2$
b) $f(x) = 2{,}5x^2$
c) $f(x) = 0{,}75x^2$
d) $f(x) = -0{,}25x^2$
e) $f(x) = -x^2$
f) $f(x) = -2x^2$

Aufgabe 28

a) $y = 4x^2$
b) $y = -0{,}2x^2$

Aufgabe 29

a) $y = -3x^2$
b) $y = \frac{1}{4}x^2$
c) $y = -\frac{1}{3}x^2$

Aufgabe 30

a)

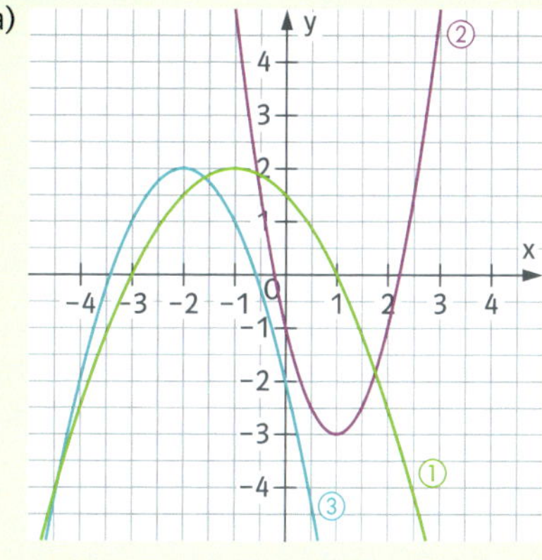

b) A liegt auf ②,
B auf ①,
C auf ③ und
D auf ③.

Aufgabe 31

Die Normalparabel wird …

a) um 2 Einheiten nach rechts verschoben, mit dem Faktor $\frac{1}{2}$ in y-Richtung gestaucht, an der x-Achse gespiegelt und um 3 Einheiten nach oben verschoben.

b) um 4 Einheiten nach links verschoben, mit dem Faktor 5 in y-Richtung gestreckt und um 2 Einheiten nach unten verschoben.

c) um 3 Einheiten nach rechts verschoben, mit dem Faktor $\frac{1}{3}$ in y-Richtung gestaucht, an der x-Achse gespiegelt und um 5 Einheiten nach oben verschoben.

Aufgabe 32

a) $y = -2(x + 3)^2 + 4$

b) $y = \frac{1}{2}(x - 1)^2 + 3$

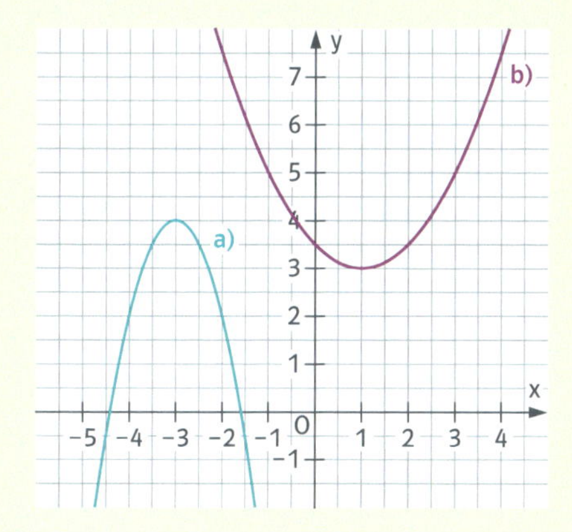

Aufgabe 33

a) ②

b) ①

c) ③

Aufgabe 34

a) $y = -(x - 3)^2 + 6$

b) $y = -2(x + 1)^2 + 4{,}5$

c) $y = \frac{1}{4}(x - 2)^2 - 1$

Aufgabe 35

a) ① b) ② c) ③ d) ④

Aufgabe 36

a) $2x^2 - 4x - 1$ b) $-x^2 - 4x - 2$ c) $-\frac{1}{2}x^2 - x + 1{,}5$

d) $5x^2 + 40x + 78$ e) $2x^2 - 12x + 18$ f) $x^2 + 6x + 8$

Aufgabe 37

a) $-2(x-1)^2 = -2x^2 + 4x - 2$ b) $1{,}5(x+4)^2 - 3 = 1{,}5x^2 + 12x + 21$

c) $3(x+2)^2 + 1 = 3x^2 + 12x + 13$ d) $2(x-3)^2 - 2{,}5 = 2x^2 - 12x + 15{,}5$

Aufgabe 38

a) $x^2 + 2x + 1$ b) $x^2 - 8x + 16$ c) $x^2 + 6x + 9$

d) $x^2 - 4x + 4$ e) $x^2 + 10x + 25$ f) $x^2 - 2x + 1$

Aufgabe 39

a) $(x+6)^2$ b) $(x-5)^2$ c) $(x+4)^2$ d) $(x-7)^2$

Aufgabe 40

a) $(x-8)^2$ b) $(x+3)^2$ c) $(x+9)^2$

Aufgabe 41

a) $(x+4{,}5)^2$ b) $\left(x+\frac{1}{2}\right)^2$ c) $(x-2{,}5)^2$

Aufgabe 42

a) $x^2 + 6x + 9$ b) $x^2 - 12x + 36$ c) $x^2 + 14x + 49$

d) $x^2 - 22x + 121$ e) $x^2 + 20x + 100$ f) $x^2 - 9x + 20{,}25$

Aufgabe 43

a) $x^2 + 12x + 36 - 36$ b) $x^2 + 8x + 16 - 16$ c) $x^2 + 14x + 49 - 49$

d) $x^2 - 10x + 25 - 25$ e) $x^2 - 2x + 1 - 1$ f) $x^2 - 3x + 2{,}25 - 2{,}25$

Aufgabe 44

a) $2(x^2 + 14x + 49 - 49)$
$= 2\left((x+7)^2 - 49\right)$
$= 2(x+7)^2 - 98$

b) $3(x^2 - 12x + 36 - 36)$
$= 3\left((x-6)^2 - 36\right)$
$= 3(x-6)^2 - 108$

c) $\frac{1}{2}(x^2 + 4x + 4 - 4)$
$= \frac{1}{2}\left((x+2)^2 - 4\right)$
$= \frac{1}{2}(x+2)^2 - 2$

d) $-(x^2 - 2x + 1 - 1)$
$= -\left((x-1)^2 - 1\right)$
$= -(x-1)^2 + 1$

e) $5(x^2 + 8x + 16 - 16)$
$= 5\left((x+4)^2 - 16\right)$
$= 5(x+4)^2 - 80$

f) $-4(x^2 - 6x + 9 - 9)$
$= -4\left((x-3)^2 - 9\right)$
$= -4(x-3)^2 + 36$

Aufgabe 45

a) $x^2 + 2x + 1 - 1 - 3$
$= (x + 1)^2 - 4$

b) $x^2 - 8x + 16 - 16 + 5$
$= (x - 4)^2 - 11$

c) $x^2 - 10x + 25 - 25 + 15$
$= (x - 5)^2 - 10$

d) $x^2 + 6x + 9 - 9 + 2$
$= (x + 3)^2 - 7$

Aufgabe 46

a) $4(x^2 - 2x + 1 - 1) + 1$
$= 4\left((x - 1)^2 - 1\right) + 1$
$= 4(x - 1)^2 - 3$

b) $-(x^2 - 2x + 1 - 1) + 3$
$= -\left((x - 1)^2 - 1\right) + 3$
$= -(x - 1)^2 + 4$

c) $3(x^2 + 6x + 9 - 9) + 5$
$= 3\left((x + 3)^2 - 9\right) + 5$
$= 3(x + 3)^2 - 22$

d) $\frac{1}{2}\left(x^2 + x + \frac{1}{4} - \frac{1}{4}\right) + 4$
$= \frac{1}{2}\left(\left(x + \frac{1}{2}\right)^2 - \frac{1}{4}\right) + 4$
$= \frac{1}{2}\left(x + \frac{1}{2}\right)^2 + 3\frac{7}{8}$

Aufgabe 47

a) $f(x) = -x^2 + 4x + 5$
$d = \frac{b}{-2a}$, also $d = \frac{4}{-(-2)} = 2$
$e = c - ad^2$, also $e = 5 - (-1) \cdot 2^2 = 9$
$f(x) = -(x - 2)^2 + 9$

b) $f(x) = (x - 2)^2 - 1$

c) $f(x) = 2(x - 1{,}5)^2 - 2$

d) $f(x) = -\frac{1}{2}(x - 2)^2 + 2$

Aufgabe 48

Um herauszufinden, ob ein Punkt auf der Parabel liegt, mache die Punktprobe. Setze die erste Koordinate für x ein und die zweite Koordinate für y bzw. f(x).

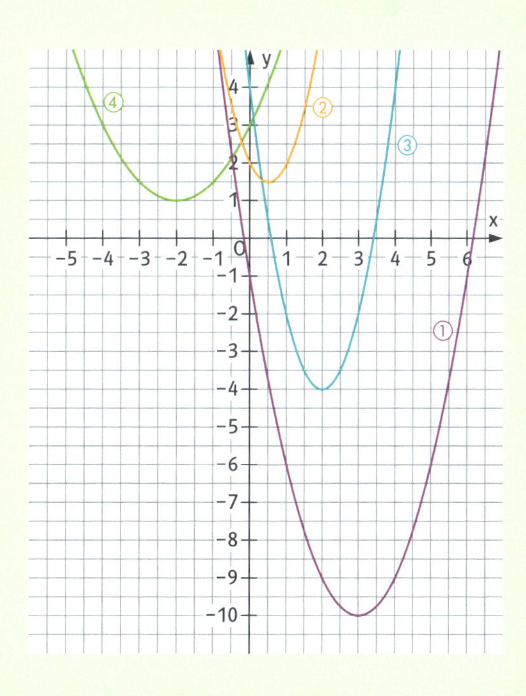

Aufgabe 49

① f); ② b); ③ c); ④ a); ⑤ e); ⑥ d)

Aufgabe 50

a) $x_1 = -1;\ x_2 = 1$ b) $x_1 = -4;\ x_2 = 4$ c) $x_1 = -2;\ x_2 = 2$

d) $x_1 = 0$ e) keine Nullstellen f) $x_1 = -\frac{1}{3};\ x_2 = \frac{1}{3}$

Aufgabe 51

a) $x_1 = 0;\ x_2 = -5$ b) $x_1 = 0;\ x_2 = 6$ c) $x_1 = 0;\ x_2 = 1$

d) $x_1 = 0;\ x_2 = -4$ e) $x_1 = 0;\ x_2 = \frac{1}{2}$ f) $x_1 = 0;\ x_2 = \frac{1}{4}$

Aufgabe 52

a) keine Nullstellen b) $x_1 = -1;\ x_2 = 1{,}5$ c) $x_1 = 1;\ x_2 = 2$ d) $x_1 = 2;\ x_2 = -8$

Aufgabe 53

a) $x_1 = 3;\ x_2 = -2$ b) $x1 = 0;\ x_2 = 4$ c) $x_1 = 2{,}5;\ x_2 = 1$ d) $x_1 = 4;\ x_2 = -4$

Aufgabe 54

a) $f(x) = (x + 1)(x - 3) \quad (= x^2 - 2x - 3)$ b) $f(x) = (x + 5)(x + 2) \quad (= x^2 + 7x + 10)$

c) $f(x) = (x - 2)(x - 6) \quad (= x^2 - 8x + 12)$ d) $f(x) = \left(x + \frac{1}{2}\right)(x - 6) \quad (= x^2 - 5{,}5x - 3)$

Aufgabe 55

a) $f(x) = (x + 1)(x - 3) = x^2 - 2x - 3$ b) $f(x) = \left(x + \frac{1}{2}\right)(x - 2) = x^2 - 1{,}5x - 1$

c) $f(x) = (x + 2) \cdot x = x^2 + 2x$ d) $f(x) = x \cdot (x - 5) = x^2 - 5x$

	Lösung		
1	a) S(−3 | 2); nach **oben** geöffnet S(2 | 1); nach **unten** geöffnet	b) 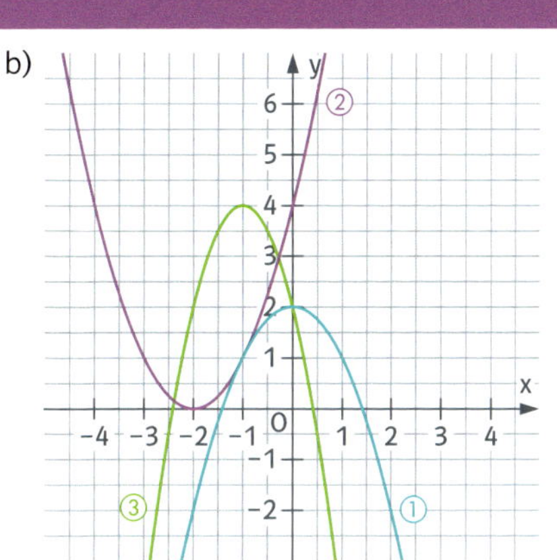	
2	a) $y = x^2 - 1{,}5$	b) $y = (x + 2)^2 + 3$	c) $y = -\frac{1}{3}(x - 1)^2 - 3$
3	a) $y = 2x^2$ d) $y = -(x + 3)^2$	b) $y = -x^2 + 3$ e) $y = \frac{1}{2}(x - 3)^2 - 2$	c) $y = (x - 2)^2$ f) $y = -2(x + 2)^2 + 4$
4	Die Normalparabel wird … a) um 2 Einheiten nach rechts verschoben, mit dem Faktor 5 in y-Richtung gestreckt und um 10 Einheiten nach oben verschoben. b) um 8 Einheiten nach links verschoben, mit dem Faktor $\frac{1}{3}$ in y-Richtung gestaucht, an der x-Achse gespiegelt und um 6 Einheiten nach unten verschoben.		
5	a) $y = -\frac{1}{2}x^2$ b) $y = -4(x - 2)^2 + 3$		
6	(siehe Tabelle unten)		
7	a) $f(x) = \frac{1}{2}x^2 - 2x + 3$	b) $f(x) = -x^2 - 6x - 7$	
8	a) $f(x) = (x - 1)^2 - 4$	b) $f(x) = -2(x + 1)^2 + 5$	
9	a) $x_1 = -3$; $x_2 = 3$	b) $x_1 = 0$; $x_2 = \frac{1}{2}$	c) $x_1 = -9$; $x_2 = 5$

Aufgabe 6:

Die Parabel ist …	$y = \frac{1}{2}x^2 + 3$	$y = -(x - 3)^2$	$y = 3(x + 2)^2 - 1$
in y-Richtung verschoben.	☒	☐	☒
in x-Richtung verschoben.	☐	☒	☒
in y-Richtung gestreckt/gestaucht.	☒	☐	☒
nach unten geöffnet.	☐	☒	☐